普通高等教育"十一五"国家级规划教材

"十三五"普通高等教育本科系列教材

燃气轮机与联合循环

（第二版）

主　编　姚秀平
编　写　丁家峰　齐　进　张　莉　郑莆燕
主　审　杜朝辉　李录平

中国电力出版社
CHINA ELECTRIC POWER PRESS

内 容 提 要

本书全面介绍了燃气轮机与联合循环发电装置。全书共八章：第一章从热功转换有效性的视角引出了燃气-蒸汽联合循环发电方式，介绍了联合循环的原理、类型和特点，分析了余热锅炉型联合循环的基本特性；第二章根据热力学原理分析了燃气轮机的基本特性；第三章介绍了燃气轮机各部件的工作原理和特性；第四章分析了燃气轮机的整体结构特点和运行调节特性；第五章简要介绍了联合循环所用余热锅炉、汽轮机和其他一些热力设备的工作原理和特性，并分析了联合循环机组的整体布置方案；第六章介绍了燃气轮机与联合循环的运行与控制系统；第七章介绍了燃煤流化床和整体煤气化联合循环；第八章简要介绍了几种新兴的、以燃气轮机为核心的联合循环。每章之后都附有思考题，部分章节还附有练习题。

本书既可作为普通高等院校能源与动力工程专业本、专科高年级学生的选修课教材，也可作为有关专业研究生及从事电站研究、设计、试验、运行等工作的技术人员和管理人员的阅读参考书。

图书在版编目（CIP）数据

燃气轮机与联合循环/姚秀平主编. —2版. —北京：中国电力出版社，2017.6（2025.6重印）
普通高等教育"十一五"国家级规划教材 "十三五"普通高等教育本科规划教材
ISBN 978-7-5198-0732-0

Ⅰ.①燃… Ⅱ.①姚… Ⅲ.①燃气轮机—联合循环发电 ②蒸汽—燃气联合循环—高等学校—教材 Ⅳ.①TK47 ②TK14

中国版本图书馆CIP数据核字（2017）第101184号

出版发行：中国电力出版社
地　　址：北京市东城区北京站西街19号（邮政编码100005）
网　　址：http://www.cepp.sgcc.com.cn
责任编辑：吴玉贤（010-63412540）
责任校对：常燕昆
装帧设计：左　铭
责任印制：吴　迪

印　　刷：三河市航远印刷有限公司
版　　次：2010年5月第一版　2017年6月第二版
印　　次：2025年6月北京第十六次印刷
开　　本：787毫米×1092毫米　16开本
印　　张：11.5
字　　数：277千字
定　　价：38.00元

前　言

本书第一版于2010年出版，六年来共印刷了五次。六年之中，燃气轮机与联合循环的教学、科研和生产实践都有了新的发展，对教材提出了新的要求；同时，教材在使用过程中也发现了一些问题和不足，因此需要进行修订。

本次修订在体系和章节上未做变动，但在内容上包括插图既有删减、调整，也有补充、修正。主要修订内容有三：

一是删减了一些失去时效的内容。主要包括：第一章对凝汽式汽轮机发展的预测、对联合循环形式发展的预测、对联合循环各设备相对重要性的讨论；第七章燃煤流化床联合循环中的部分内容；第八章程氏循环中的部分内容等。

二是对在教学中的一些难点做了进一步的阐述。主要包括：第三章压气机的分轴防喘振、透平的特性；第四章燃气轮机的变工况特性、燃气轮机的运行调节；第六章燃气轮机的温度控制、压气机进口导叶安装角的控制等。

三是更新了一些数据，修正了某些观点，强化了表述的严密性。

编者在本书的修订过程中，参阅了一些新出版的教材、著作、论文和来自国内外发电企业的技术资料，在此谨对上述文献资料的作者致以衷心感谢！

本书内容既涉及很深的理论基础，也涉及很专业的实践知识，因而难免有不妥之处，恳请读者不吝赐教！

编　者

2017年6月

第一版前言

20 世纪 90 年代以来，燃气 - 蒸汽联合循环发电技术在全世界得到了快速发展。在此背景下，自 1999 年开始，编者在上海电力学院开出了一门旨在向热能与动力工程专业高年级学生介绍燃气 - 蒸汽联合循环发电技术基本知识的课程，同时也多次应邀向电厂技术人员介绍相关理论知识。在这些教学中，编者迫切感到需要有一本简明而系统、深刻而易懂的参考书，于是，在自己历年讲义的基础上，于 2004 年编写出版了一本力图贯彻该要求的教学用书，定名为《燃气轮机及其联合循环发电》。该书出版后曾为不少高校和电力企业在教学和职工培训中所采用，他们在使用过程中向编者反馈了一些有价值的意见。根据这些意见，编者感到有必要对前书在体例上作些调整以增加教学应用上的灵活性，在内容上作些扩充以满足电力企业职工培训需要，于是提出了本书的编写计划。

燃气 - 蒸汽联合循环是由燃气轮机、汽轮机、余热锅炉和其他许多热力设备按照一定的功能和工艺要求组合在一起的庞大复杂的系统，要认识和理解其原理、特性和运行控制规律，不掌握其各构成设备的原理、结构、特性和运行控制规律不行。然而，要在一本为适应宽口径、大专业教育背景下高年级选修课教学需要而设计的篇幅有限的教材中，循序渐进、科学准确地阐述这些内容，选材和体系组织面临着很大挑战。

经再三斟酌，编者决定采取以下几项原则：第一，以“够用”为度但至少能反映燃气 - 蒸汽联合循环发电系统全貌的要求来决定取材的广度；第二，以“够用”为度但至少能比较清楚地阐述燃气 - 蒸汽联合循环发电系统原理、特性、运行控制规律的要求来决定取材的深度；第三，在不破坏知识系统性、叙述连贯性和内容均衡性的前提下，根据所要面向读者的知识结构和学习能力，对所涉及的不同教学内容作详简不同的安排；第四，尽可能以新观点、新素材、新例证阐释经典内容，以充分反映这项科学和技术的发展与进步；第五，着重于概念阐释、现象描述、原理分析和定性讨论，而不拘泥于细节和精确计算。

依据上述原则，编者将在书中对燃气轮机作相对较详细的阐述，而对余热锅炉、汽轮机和其他热力设备仅作简要的介绍。这是因为：第一，燃气轮机是联合循环中最核心、最具有决定意义、原理和特性也最复杂的设备；第二，所要面对的读者在学习本课程以前基本上都已经掌握了常规汽轮机发电系统方面的知识，但对燃气轮机的知识相对生疏。正因如此，本书采用了《燃气轮机与联合循环》的名称。

本书由上海电力学院姚秀平教授主编。全书共八章，其中第三章第一节由张莉编写，第五章第一节由郑莆燕编写，第六章第三、四节由齐进编写，其余各章节的编写和全书的统稿工作由姚秀平完成。第一章首先从热功转换有效性的视角分析现有两种主要发电方式的优缺点，引出联合循环这种热功转换效率最高的发电方式，然后介绍联合循环的原理、类型和特性，分析发电厂目前应用最广泛的余热锅炉型联合循环的基本特性；第二章根据热力学循环理论分析燃气轮机这一联合循环中最重要设备的基本特性；第三章介绍燃气轮机各部件的工作原理和特性；第四章分析燃气轮机的整体结构特点和运行调节特性；第五章简要介绍联合循环所用余热锅炉、汽轮机和其他一些热力设备的工作原理和特性，并讨论联合循环机组的整体布置方案；第六章介绍燃气轮机与联合循环的运行与控制系统；第七章介绍燃煤流化床和整体煤气化联合循环这两种最具有代表性、最有发展前途的燃煤型联合循环；最后一章简要介绍其他几种新兴的、以燃气轮机为核心的联合循环。每章之后都附思考题，部分章节还附有练习题，希望这些思考题和练习题能帮助读者融会贯通、提炼总结各章的内容。

本书既可作为热能与动力工程专业本、专科高年级学生的选修课教材，也可供有关专业研究生及从事电站设计、研究、试验和运行等工作的技术人员和管理人员阅读参考。本书在结构上已尽可能模块化，这样将使教师根据教学目的和教学时数灵活选择教学内容成为可能。比如，在以介绍联合循环发电技术为目的而教学时数有限的教学中，可以不讲第六章甚至第三、四章而不会产生不完整、不连贯的感觉。相反，在以介绍燃气轮机为目的的教学中，可以只讲第二、三、四章和第六章。在使用本书之前，读者应已具备热力学、流体力学、传热学、燃烧学以及汽轮机原理等方面的基本知识。

编者在本书编写的过程中参阅了一些公开出版的教材、著作、论文和来自国内外制造企业的技术资料，也听取并采纳了审稿人上海交通大学杜朝辉教授和长沙理工大学李录平教授在详细阅读全书文稿之后从多方面，特别是从体例安排方面所提出的重要意见和建议。在书稿付梓印刷之际，谨对上述文献资料的作者和杜朝辉、李录平两位教授致以衷心感谢！

由于编者理论水平所限，实践经验不足，书中难免有不妥之处，恳请读者不吝赐教！

编　者

2009 年 11 月

目　　录

绪　　论

自然界天然形态的能源（即一次能源）包括煤炭、石油、天然气、核能、水能、风能、太阳能、生物质能、海洋能、地热能等，除少数能直接被人类所使用外，大多数要再转换成二次能源，如电、汽油、柴油、焦炭、煤气、蒸汽、热水、氢等之后，才能方便地使用。在各种各样的二次能源中，电能由于清洁且便于远距离输送而为人类所青睐。随着科学技术的进步和社会文明程度的提高，电能在世界终端能源消费中所占的比重将会不断提高。

电能的生产（俗称发电）方式因一次能源种类而异，大体上有两种类型：一类是热力发电，即先将一次能源转换成热能，然后转换为机械功，再通过发电机转换为电能；另一类是非热力发电，即不经过热能而直接将一次能源转换为电能。前者如火力发电、核能发电、地热发电、太阳能热发电、垃圾焚烧发电、海水温差发电等；后者如水力发电、风力发电、太阳能光伏发电、潮汐发电等。目前，热力发电仍占据着统治地位，其发电量估计占世界总发电量的70%以上。

热力发电的技术核心是热机，热机是用于将热能转换为机械功的机械装置。迄今为止，已经发展成熟且适合大规模发电应用的热机主要是汽轮机和燃气轮机。

汽轮机是最早被应用于发电领域的热机，它是一种依靠由不同热源产生的高温高压蒸汽推动安装在轮轴上的叶轮而旋转的机械装置。世界上的第一台汽轮机诞生于1883年，由瑞典工程师古斯塔夫·拉伐尔设计并制造，是一种只有一个叶轮的单级冲动式汽轮机，容量不大。不久（1884年），英国工程师查尔斯·帕森斯就设计出了装有多个叶轮的多级反动式汽轮机，突破了容量上的限制。此后，汽轮机逐渐被广泛地应用在发电领域。

燃气轮机应用于发电领域的时间则晚很多。燃气轮机是一种依靠由燃料与空气混合燃烧而形成的高温高压燃气推动轮轴上的叶轮而旋转的机械装置。这种装置的雏形出现得很早，公元690年左右，我国古代天文学家张遂就曾用燃气使铜轮转动；至公元959年前后，我国民间已开始大量流行用蜡烛燃烧热气流推动的走马灯；1550年，意大利达·芬奇（Leonardo da Vinci）设计出了利用壁炉烟道烟气推动叶轮转动的装置。到18世纪末，人们已开始主动利用热力循环知识来设计燃气轮机，1791年，巴贝尔（J. Barber）曾建议带有往复式压气机的气轮机；1872年，侨居英国的美国工程师布雷顿（G. Brayton）创建了一种把压缩缸与膨胀缸分开、等压加热的煤气机。

然而，直到20世纪40年代，燃气轮机才从试验模型发展成为具有工业价值的动力装置。1939年，瑞士BBC公司制成了世界上第一台发电用燃气轮机，功率4000kW，效率18%；同年，EW公司（后并入BBC公司）制成了第一台闭式循环气轮机，Heinkel工厂制成了第一台涡轮喷气式飞机发动机；1940年，BBC公司又制成了第一台燃气机车，其功率为2200马力，效率达16%。自此以后，燃气轮机技术受到各种需求，尤其是航空业需求的刺激，经历了几个快速发展时期。不过，直到20世纪80年代，燃气轮机才开始广泛地用于发电领域。

上述两种热机各有自己的特性。汽轮机的优点是对一次能源几乎不加选择，只要能用于产生高温高压蒸汽，不管是煤炭、石油、天然气、核能、太阳能、生物质能、地热，还是可燃垃圾，都可以接受，缺点是需要比较笨重的辅助设备及系统；燃气轮机的优点是轻便、灵活，缺点是只适合燃用石油、天然气等液体和气体燃料。

与燃气轮机几乎同时出现的，还有另外一种大功率的热力发电技术，这就是燃气－蒸汽联合循环。实质上，燃气－蒸汽联合循环并不是一种独立的热机，而是一种将汽轮机和燃气轮机耦合在一起的发电系统。与单独的汽轮机或单独的燃气轮机发电技术相比，燃气－蒸汽联合循环的突出优点是热效率高，同时，可部分地保留燃气轮机轻便灵活的特性，经进一步发展后，也可部分地保留汽轮机能利用煤炭等固体燃料的特性，并且可以与燃料电池等新型发电技术相结合，派生出各种各样其他形式的发电系统。因此，就全世界而言，燃气－蒸汽联合循环目前已成为发电领域的首选技术。

在对前述各种发电技术的发展前景进行展望时，可以概括地说，人类选择什么样的发电技术，除了与技术本身的有效性和成熟度有关，更重要的取决于有什么样的一次能源可供利用。

就全球来看，人类社会目前正处在由常规能源时代向新能源时代过渡的时期。在这个过渡期内，一次能源演化的总趋势可能会是：由以石油天然气为主，逐步向以比较丰富的煤炭为主，再到以核聚变能和各种可再生能源为主演化。在这个过程的起点即当今的石油天然气时代，燃气－蒸汽联合循环是首选发电技术。之后，燃煤的联合循环可能会发挥重要作用。再以后，核聚变能和各种可再生能源发电技术就会担当起主要角色。

在我国，由于资源的限制，石油天然气时代可能永远也不会到来。我国一次能源演化的总趋势可能会是：由以煤炭为主，到煤炭与各种能源并存，再到以核聚变能和各种可再生能源为主演化。基于此，我国的发电技术可能会从以常规汽轮机发电为主，过渡到各种发电技术并存，再过渡到核聚变能和各种可再生能源发电为主。

无论如何，燃气－蒸汽联合循环都是一项重要的发电技术。

第一章　联合循环概论

第一节　联合循环的热力学原理

一、汽轮机循环与燃气轮机循环的局限性

由热力学原理可知，任何一种热机循环所能达到的最高热效率均可表示为

$$\eta = 1 - \frac{\overline{T}_2}{\overline{T}_1} \tag{1-1}$$

式中　$\overline{T}_1$——循环工质在高温热源的平均吸热温度，K；

$\overline{T}_2$——循环工质在低温热源（冷源）的平均放热温度，K。

由此可见，欲使热机循环达到较高的热效率，必须使工质的平均吸热温度 $\overline{T}_1$ 尽可能地高、平均放热温度 $\overline{T}_2$ 尽可能地低。然而，实际情况往往是：一种单独的热机循环可以实现较低的工质平均放热温度，却不能实现较高的工质平均吸热温度；或者相反。发电行业传统上采用的汽轮机循环和燃气轮机循环就是这样两种具有相反特征的例子。

汽轮机是以水和水蒸气为工质的热机，在最简单情况下，由给水泵、锅炉、汽轮机和凝汽器四大设备按照图 1-1 所示的方式组成热力系统。系统中：给水泵的作用是提高工质的压力，为实现热能向机械功的转换提供条件；锅炉的作用是提高工质的温度，将燃料的化学能转换为工质的热能；汽轮机的作用是通过工质的膨胀将其热能转换为机械功，并带动发电机产生电能；凝汽器的作用是用冷却水吸收掉工质中的废热，并回收工质。

理想汽轮机循环的温熵图如图 1-2 所示。在该循环中，单位质量工质从高温热源（锅炉）吸收的热量可由图上的面积 *a*-2-3-4-5-*b*-*a* 表示，对外所做的功可由面积 1-2-3-4-5-6-1 表示，向低温热源（凝汽器）放出的热量可由面积 *a*-1-6-*b*-*a* 表示，效率可由面积 1-2-3-4-5-6-1 与面积 *a*-2-3-4-5-*b*-*a* 之比间接表示。

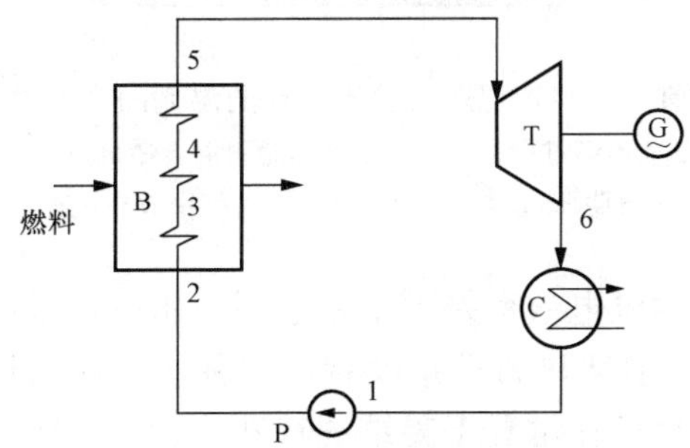

图 1-1　汽轮机循环的热力系统

P—给水泵；B—锅炉；T—汽轮机；C—凝汽器；G—发电机

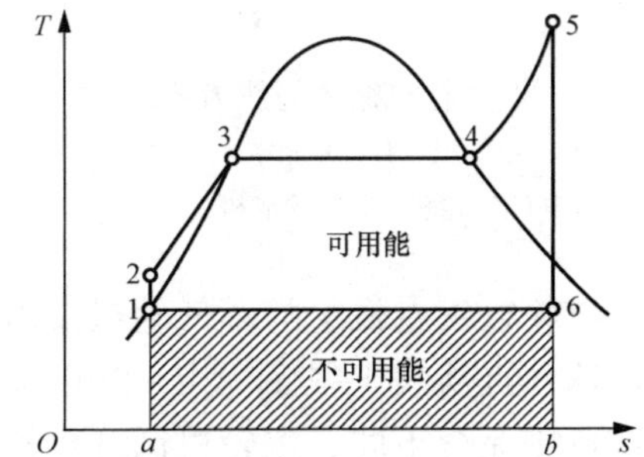

图 1-2　理想汽轮机循环的温熵图

1—2—给水压缩过程；2—3—4—5—给水转化为蒸汽过程；5—6—蒸汽膨胀过程；6—1—排汽凝结过程

燃气轮机是以空气和燃气为工质的热机。如图 1-3 所示，它一般由压气机（compressor)、燃烧室（combustor）和透平（turbine）三大部件构成，其中：压气机的作用与汽轮机循环中给水泵的作用类似，是提高工质的压力；燃烧室的作用与汽轮机循环中锅炉的作用类似，是提高工质的温度，将燃料的化学能转换为工质的热能；透平与汽轮机循环中汽轮机的作用类似，是通过工质的膨胀将其热能转换为机械功。与汽轮机所不同的是，燃气轮机中的压气机是由透平直接驱动的，透平发出的机械功在抵消掉压气机的耗功之后才能带动发电机产生电能，如图 1-4 所示。

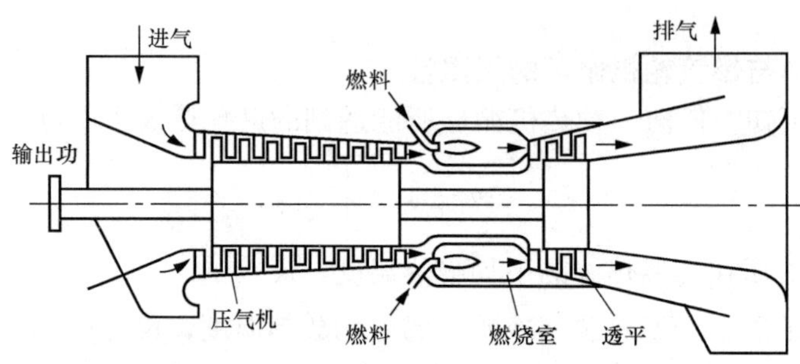

图 1-3 燃气轮机的组成及工作过程示意

理想燃气轮机循环的温熵图如图 1-5 所示。在该循环中，单位质量工质所获得的热量可由图上的面积 *a*-2-3-*b*-*a* 表示，对外所做的功可由面积 1-2-3-4-1 表示，向大气放出的热量可由面积 *a*-1-4-*b*-*a* 表示，效率可由面积 1-2-3-4-1 与面积 *a*-2-3-*b*-*a* 之比间接表示。

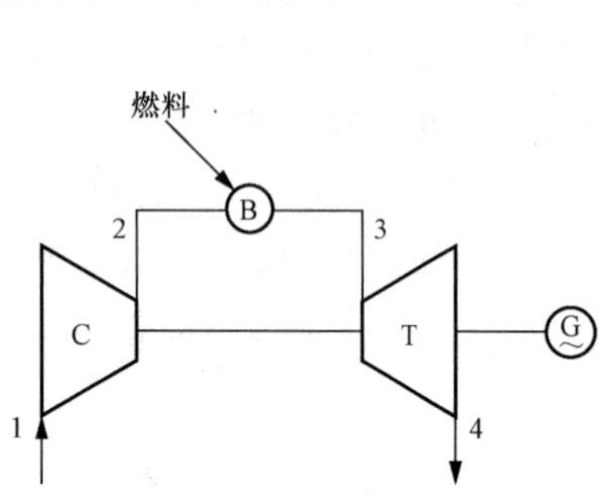

图 1-4 燃气轮机循环的热力系统

C—压气机；B—燃烧室；
T—燃气轮机；G—发电机

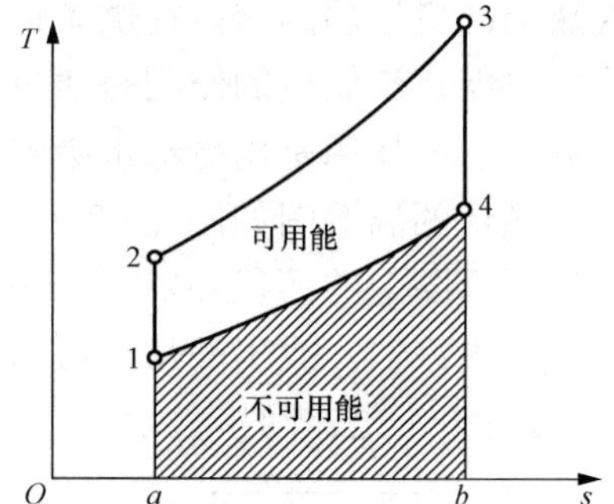

图 1-5 理想燃气轮机循环的温熵图

1—2—空气压缩过程；2—3—空气与燃料混合燃烧过程；
3—4—燃气膨胀过程；4—1—排气在大气中放热过程

目前，汽轮机发电机组与燃气轮机发电机组的供电效率差不多处于同一水平，最高都在45%左右，这一点从表 1-1 和表 1-2 可以看出。但从热力学角度看，两种机组所采用的热力循环的特点则完全不同。汽轮机循环利用了蒸汽可在常温下凝结的特性，达到了较低的工质平均放热温度，但工质平均吸热温度不高。例如，国产汽轮发电机组的排汽温度一般在32℃左右，主蒸汽温度最高则为 610℃。燃气轮机循环的工质平均吸热温度很高，燃气初温最高达到了 1550℃，但工质平均放热温度不低，排气温度往往在 500℃以上，大功率燃气轮机的排气温度更是高达 550～650℃。

表 1-1　国产大功率燃煤汽轮发电机组的主要技术参数

单机容量 (MW)	蒸汽参数		煤耗率与供电效率			
	压力 (MPa)	主蒸汽温度/再热蒸汽温度（℃）	煤耗率 (g/kWh)	平均煤耗率 (g/kWh)	供电效率 (%)	相对煤耗率 (%)
300	16.70	538/538	320～340	330	37.8	100
600	16.70	538/538	310～330	320	39.0	97.0
600	24.20	566/566	290～300	295	42.3	89.4
1000	25.00	600/610	270～290	280	44.6	84.8

注　我国汽轮发电机组的排汽压力一般为 0.004 9MPa，对应的饱和温度为 32℃左右。

表 1-2　国外一些先进燃气轮机发电机组（50Hz）的主要技术参数

制造公司	机组型号	ISO 基本功率① (MW)	压比	燃气初温（℃）	供电效率（%）	备　注
GE	PG9351FA	255.6	15.4	1327	36.0	
	MS9001HA.02	470	21.8	1566	41.5	
	LSM100	100	42.0	1380	46.0	航机改型
西门子	V94.3A	265	17.0	1310	38.5	
	SGT5-8000H	375	19.2	1556	40.0	
三菱重工	M701F	270	17.0	1400	38.2	
	M701G2	334	21.0	1500	39.5	
安萨尔多（前 ABB 技术）	GT26	320	30.0	1260	40.0	

注　所列燃气轮机的排气温度均为 550℃～650℃。

①　ISO 基本功率是指在国际标准化委员会所规定的 ISO 环境条件下燃气轮机连续运行所能达到的功率。ISO 环境条件：温度 15℃，压力 0.101 3MPa，相对湿度 60%。

一般来说，提高汽轮机循环的工质平均吸热温度是困难的。这是因为，要提高蒸汽的平均吸热温度，需要同时提高主蒸汽的压力和温度，而压力和温度的同时提高必然要求锅炉汽包、汽轮机汽缸等部件壁厚加大，使其在热态下工作的可靠性变差，机组的安全性难以保证。据预测，汽轮机进一步发展的方向大体有两个：一是开发新材料以便把主蒸汽参数提高到 35.0MPa/700℃/720℃的水平；二是采用两次再热等手段改进热力系统及设备的设计。这两种手段结合起来，大约可使汽轮机组的供电效率提高到 50%左右，但是需要付出艰苦的努力。

与汽轮机相比，燃气轮机的工作压力不高，高温部件的结构可以做得比较轻巧，在采用空气或水蒸气对燃烧室与透平关键部件进行冷却的基础上，提高燃气初温相对容易一些，但降低工质的平均放热温度却很困难。因为燃气轮机在进气温度一定时，要降低排气温度，必须提高循环的压比，而在目前的技术水平下，既提高燃气轮机的压比，又保证其具有良好的运行性能还存在困难。总的来看，燃气轮机发展的主要方向也仍然是提高燃气平均吸热温度。从理论上讲，燃气初温再提高 100～200℃是可能的，这可以使燃气轮机发电机组的供电效率在现有基础上再提高几个百分点。但即便加上其他方面的改进，简单循环燃气轮机的供电效率也很难提高到50%以上。

二、联合循环的热力学原理

既然单独的汽轮机循环和燃气轮机循环由于自身的局限性，效率上难以有大幅度突破，那么能否将两者结合起来，构成一种效率更高的循环呢？答案是肯定的，这就是所谓的燃气-蒸汽联合循环。

图1-6所示为余热锅炉型联合循环的热力系统图，图1-7为其在理想条件下的温熵图。该系统的原理是：用余热锅炉（heat recovery steam generator，HRSG）吸收燃气轮机排气的热量产生蒸汽，然后用汽轮机将蒸汽的热量转换为机械功。由于燃气轮机排气的温度比较高，而汽轮机循环能够利用的蒸汽温度又比较低，所以理论上是可以实现的。

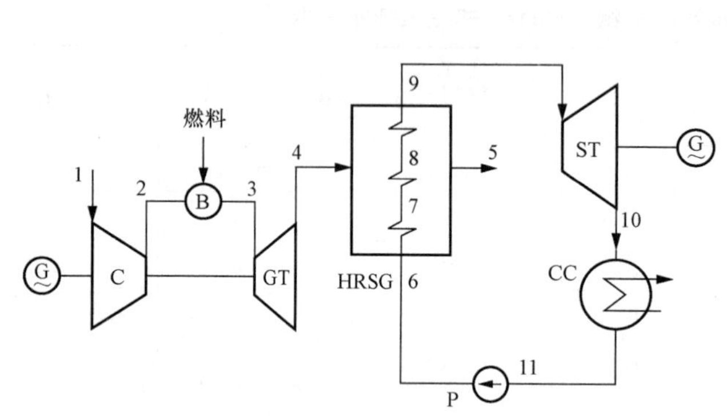

图1-6　余热锅炉型联合循环的热力系统

C—压气机；B—燃烧室；GT—透平；HRSG—余热锅炉；ST—汽轮机；CC—凝汽器；P—给水泵；G—发电机

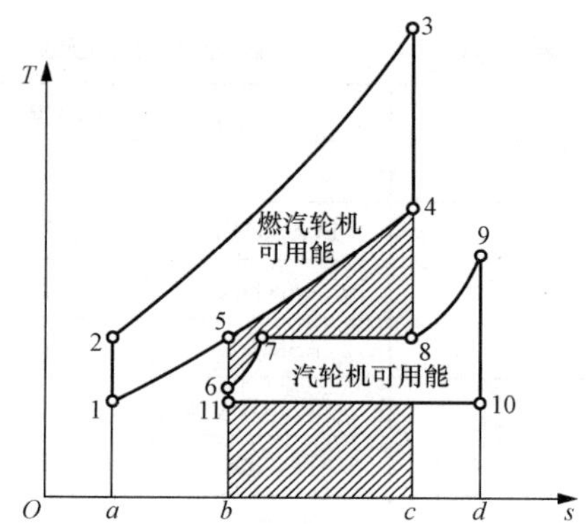

图1-7　理想余热锅炉型联合循环的温熵图

在该循环的燃气轮机子循环中，单位质量工质所获得的热量可由温熵图上的面积 a-2-3-c-a 表示，对外所做的功可由面积1-2-3-4-1表示，通过余热锅炉传向给水的热量可由面积 b-5-4-c-b 表示，向外界放出的热量可由面积 a-1-5-b-a 表示。

在该循环的汽轮机子循环中，与单位质量空气相对应的蒸汽（注意：当流过燃气轮机的空气量为单位值时，流过汽轮机的蒸汽量并不一定为单位值）从余热锅炉吸收的热量可由面积 b-6-7-8-9-d-b 表示，它与面积 b-5-4-c-b 相等，对外所做的功可由面积6-7-8-9-10-11-6表示，通过凝汽器向外界放出的热量可由面积 b-11-10-d-b 表示。显然，在联合循环中，汽轮机子循环的可用能来自燃气轮机子循环，是后者不可用能的一部分。

在一定意义上可以认为，燃气轮机是工作于高温区的一种热机，宜于利用高品位的热量；汽轮机是工作于低温区的一种热机，宜于利用低品位的热量；而联合循环按照热量梯级利用的原则将燃气轮机和汽轮机结合起来，可以将高品位和低品位的热量同时利用起来。由于联合循环同时利用了燃气轮机循环平均吸热温度高和汽轮机循环平均放热温度低的优点，又同时克服了两者的缺点，所以可以达到较高的循环效率。

国外某些燃用天然气的联合循环发电机组（50Hz）的主要技术数据见表1-3，将其与表1-1和表1-2做一对比可以看出，联合循环发电机组的供电效率一般比单独的汽轮机或燃气轮机发电机组高出15～20个百分点，最高效率已达到60%以上。

表 1-3　　国外某些联合循环发电机组（50Hz）的技术数据（燃天然气时）

公司名称	机组型号	ISO 基本功率（MW）	供电效率[①]（%）	所配燃气轮机情况	备注
GE	S-109FA	390.8	56.7	1 台 9FA，三压汽轮机	单轴[②]
	S-209FA	786.9	57.1	2 台 9FA，三压汽轮机	多轴[③]
	S-109HA.02	701.0	61.4	1 台 9HA.02，三压汽轮机	单轴
西门子	GUD1S.94.3A	390.0	57.3	1 台 V94.3A，三压汽轮机	单轴
	GUD2S.94.3A	780.0	57.3	2 台 V94.3A，三压汽轮机	多轴
	SCC5-8000H	570.0	60.7	1 台 SGT5-8000H，三压汽轮机	单轴
三菱重工	MPCP1（701F）	398.0	57.0	1 台 M701F，三压汽轮机	单轴
	MPCP2（701F）	804.7	57.4	2 台 M701F，三压汽轮机	多轴
	MPCP1（701G）	498.0	59.3	1 台 M701G2，三压汽轮机	单轴
安萨尔多（前 ABB 技术）	KA26-1	467.0	59.5	1 台 GT26，三压汽轮机	单轴

① 机组效率有高热值（HHV）和低热值（LHV）之分，本书未作声明时，一律采用低热值效率。

② 燃气轮机与汽轮机同轴，共同驱动一台发电机的联合循环机组称为单轴机组。

③ 燃气轮机与汽轮机不同轴，各驱动一台发电机的联合循环机组称为多轴机组。

第二节　联合循环的类型及特点

一、联合循环的类型

图 1-6 所示为一种最简单的联合循环，实际上，联合循环的形式多种多样。广义地说，凡是将两个或两个以上的热机循环耦合在一起的循环均为联合循环。一般联合循环须由前置（topping，又称为顶置）循环和后置（bottoming，又称为底置）循环两部分构成。前置循环是工作于高温区、输入大部分热量的循环，它会产生大量的余热；后置循环是工作于低温区、以前置循环的余热为主要热源的循环。前置循环和后置循环通常用换热设备耦合在一起。到目前为止，应用最广泛的联合循环是燃气-蒸汽联合循环。这种循环能获得广泛应用的原因如下：

（1）组成联合循环的设备已在其各自单一循环的动力机组上经过了长期运行考验，可靠性高，开发费用低。

（2）燃气轮机与汽轮机所采用的工质都是易得、廉价的物质。

（3）现代燃气轮机排气的温度水平与现代汽轮机蒸汽过程的温度水平具有良好的搭配。

燃气-蒸汽联合循环的形式也是多种多样的，其分类见表 1-4。按照前置循环与后置循环相耦合的方式不同，可将它们分为余热锅炉型联合循环、补燃余热锅炉型联合循环、增压锅炉型联合循环、排气助燃锅炉型联合循环、给水加热型联合循环、程氏循环、湿空气透平循环、以卡林那循环为基础的联合循环。按照循环所用的燃料不同，可将它们分为常规燃油（气）型联合循环、燃煤型联合循环和核能型联合循环。按照煤被燃烧利用的方式不同，燃煤型联合循环又分为常压流化床联合循环、增压流化床联合循环、整体煤气化联合循环、直接燃煤（煤粉或水煤浆）的联合循环。按照用途，可将它们分为单纯发电的联合循环、热电联产联合循环和冷热电三联供联合循环。各种循环都有其自己的特点，分别适用于不同的场合。本书的主要论述对象是单纯发电用的联合循环。

表 1-4　　燃气-蒸汽联合循环分类

按照前置循环与后置循环相耦合的方式分类	按照燃料性质分类	按照用途分类
余热锅炉型联合循环 补燃余热锅炉型联合循环 增压锅炉型联合循环 排气助燃锅炉型联合循环 给水加热型联合循环 程氏循环 湿空气透平循环 以卡林那循环为基础的联合循环	常规燃油（气）型联合循环 燃煤型联合循环： （1）常压流化床联合循环 （2）增压流化床联合循环 （3）整体煤气化联合循环 （4）直接燃煤联合循环 核能型联合循环	单纯发电的联合循环 热电联产联合循环 冷热电三联供联合循环

二、三种基本形式的联合循环

在上述各种类型的燃气-蒸汽联合循环中，余热锅炉型、补燃余热锅炉型和增压锅炉型是三种最基本的联合循环，也是联合循环发电机组所采用的主要形式。现简要介绍这三种联合循环的基本工作原理和特点。

余热锅炉型联合循环是目前燃气-蒸汽联合循环机组所采用的主要形式，其热力系统和其在理想条件下的温熵图已分别表示在图 1-6 和图 1-7 中。这种形式联合循环的优点是：技术成熟、系统简单、造价低、启停速度快。其汽轮机功率一般占机组总功率的 30%～35%。

补燃余热锅炉型联合循环的热力系统和其在理想条件下的温熵图分别如图 1-8 和图 1-9 所示。它与余热锅炉型联合循环的主要不同在于在余热锅炉中也加入一定燃料，利用燃气中剩余的氧气燃烧，提高余热锅炉效率以及蒸汽的参数。在热力过程上可以理解为：温度为T_4 的燃气轮机排气首先被补充的燃料加热到温度T_{12}，然后用来对给水加热，温度降低到T_5 后排向大气。燃气在余热锅炉中放出的热量可由面积 b-5-4-12-c-b 表示，它与给水在过程 6-7-8-9 中吸收的热量，即面积 b-6-7-8-9-d-b 相等。

补燃余热锅炉型联合循环的优点是：在燃气轮机参数低、效率低、排气温度低的特定条件下，可使蒸汽参数及流量大幅度提高，从而使机组的容量增大、效率提高；同时，机组的变工况性能也可得到改善。但是，补燃余热锅炉型联合循环并不是纯粹能量梯级利用的联合循环，其中有一部分热量只参与了汽轮机循环。所以，只有在由小型燃气轮机构成的联合循环或者在由常规燃煤机组改造而成的联合循环中，这种形式才有优越性。

增压锅炉型联合循环的热力系统和其在理想条件下的温熵图分别如图 1-10 和图 1-11 所示。它将产生燃气的燃烧室与产生蒸汽的锅炉合二为一，利用外置的锅炉省煤器来回收透平的排气余热。在热力过程上可以理解为：由压气机送来的温度为T_2 的空气在增压锅炉中被加热到T_{13}的温度，首先经过 13-3 的放热过程将部分热量传向给水，使其经历过程 12-7-8-9 变为过热蒸汽，然后进入汽轮机膨胀做功；燃气轮机的排气在省煤器中将热量传向给水，温度降低到T_5 后排向大气；给水在省煤器中吸收燃气轮机排气的热量后，其温度从T_6 升高到T_{12}。燃气在增压锅炉和省煤器中放出的热量可由面积 b-5-4-3-13-c-b 表示，它与给水吸收的热量，即面积 b-6-7-8-9-d-b 相等。

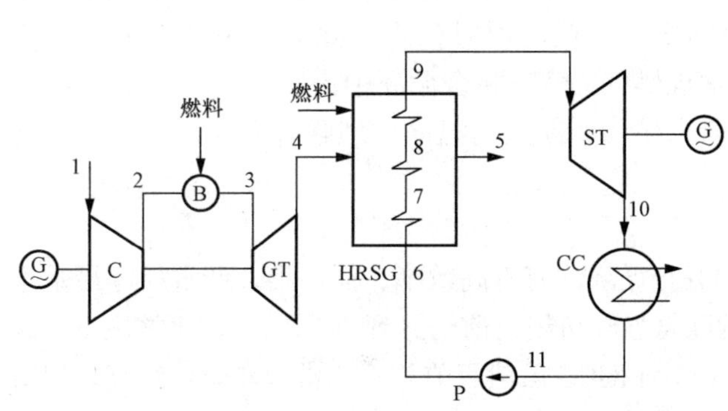

图 1-8 补燃余热锅炉型联合循环的热力系统

C—压气机；B—燃烧室；GT—透平；HRSG—余热锅炉；ST—汽轮机；CC—凝汽器；P—给水泵；G—发电机

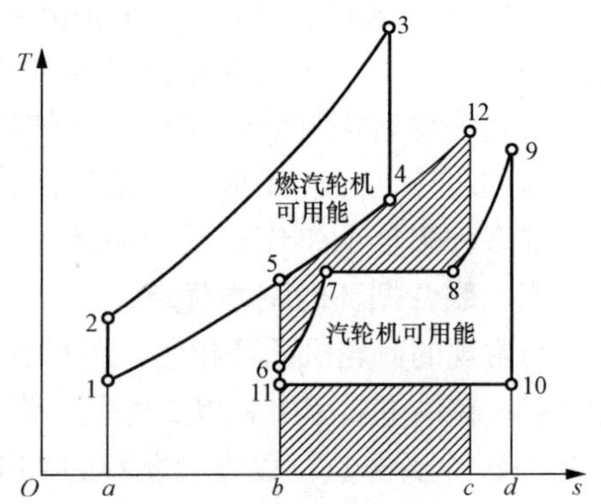

图 1-9 理想补燃余热锅炉型联合循环的温熵图

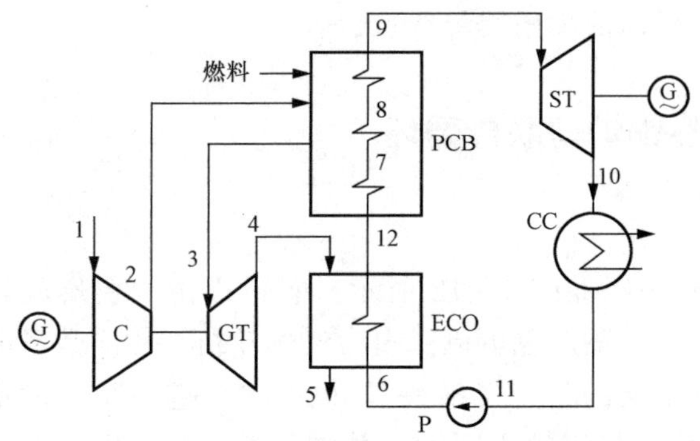

图 1-10 增压锅炉型联合循环的热力系统

C—压气机；GT—透平；PCB—增压锅炉；ECO—省煤器；ST—汽轮机；CC—凝汽器；P—给水泵；G—发电机

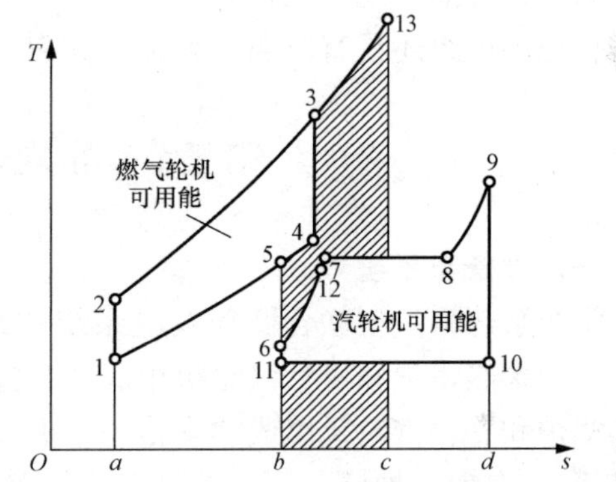

图 1-11 理想增压锅炉型联合循环的温熵图

增压锅炉型联合循环的优点是：在燃气轮机排气温度较低的情况下，可使蒸汽参数及流量不受限制，从而可达到较大的机组容量和较高的机组效率。同时，由于燃烧是在较高的压力下进行的，且烟气的质量流速较高，所以锅炉的传热效率高，所需的传热面积小，锅炉尺寸紧凑。但是，这种形式的联合循环存在着系统复杂、制造技术要求高、燃气轮机不能单独运行的缺点。另外，与补燃余热锅炉型联合循环类似，它并不是纯粹能量梯级利用的联合循环，其中有一部分热量只参与了汽轮机循环。所以，目前只在燃煤的联合循环中采用。

三、燃煤型联合循环

20 世纪 70 年代以来，世界各主要工业国都曾努力发展过燃煤的燃气-蒸汽联合循环发电技术。目前，已有一些燃煤的联合循环在世界各地投入示范运行，其中最主要的两种是增压流化床联合循环和整体煤气化联合循环。

增压流化床联合循环（pressurized fluidized bed combustion combined cycle，PFBC-CC）是按照前述增压锅炉型联合循环方案开发的燃煤型联合循环发电技术，其中的增压锅炉是具有洁净燃煤特点的增压流化床锅炉。与常规燃油（气）型的增压锅炉型联合循环相比，最主要的区别是高温高压的烟气需经过除尘、净化后才能送入透平。

整体煤气化联合循环（integrated gasification combined cycle，IGCC）的技术路线是：使煤在气化炉中气化成为中热值或低热值的煤气，然后通过处理，除去其中的灰分、硫化物、氮化物等有害物质，代替天然气供到常规燃气 - 蒸汽联合循环中去。

除此之外，人们还提出了常压流化床联合循环、新型高温锅炉型联合循环、外燃式联合循环等多种多样的燃煤型联合循环。

四、联合循环的基本优点

与常规的汽轮机循环相比，各种各样的联合循环均有着高效率、低污染、低水耗等最基本的优点。在供电效率上，以天然气为燃料的联合循环机组目前已达到60%以上，比常规机组高出 10～20 个百分点；以煤为燃料的 PFBC - CC 和 IGCC 虽然目前并不比常规燃煤机组高，但潜力很大，预计其供电效率可以达到 50%以上。在主要有害物质 SO_2、NO_x及粉尘的排放，特别是 SO_2排放方面，各种联合循环机组都比常规燃煤机组低很多。由于联合循环机组中的燃气轮机不需要大量冷却水，所以其耗水量一般仅为同容量常规燃煤机组的 30%～50%。

另外，燃油（气）联合循环机组还具有系统简单、启停快、比投资费用低等优点，燃煤的联合循环机组还具有可燃用高硫、高灰分、低热值劣质煤等优点。

第三节　常规余热锅炉型联合循环

一、设备与系统

常规余热锅炉型联合循环发电系统的组成一般如图 1 - 12 所示。它可以由一台燃气轮机、一台余热锅炉和一台汽轮机组成“一拖一”方案，也可以由多台燃气轮机、相应数目的余热锅炉和一台汽轮机组成“多拖一”方案（常见的是“二拖一”，也有“三拖一”、“四拖一”等）。在前一种情况下，它可以采用燃气轮机与汽轮机同轴、共同配置一台发电机的单轴方案，也可以采用两者不同轴、各配置一台发电机的双轴方案。而在后一种情况下，它只能采用燃气轮机与汽轮机不同轴、每台燃气轮机和汽轮机都配置一台发电机的多轴方案。图 1 - 12 是一套由 4 台燃气轮机（图中仅画出了 1 台）、4 台余热锅炉和 1 台汽轮机组成的“四拖一”常规余热锅炉型联合循环发电系统。在该系统中，每台燃气轮机的排气由烟道进入余热锅炉，将从汽轮机系统返回的给水加热成过热蒸汽，放出热量后的烟气由烟囱排向大气，各台锅炉产生的蒸汽通过蒸汽母管进入汽轮机。

在图 1 - 12 所示的系统中，每台余热锅炉都配有一个旁通烟道，每条蒸汽管路也都配有一条蒸汽旁路。必要时，燃气轮机排气可通过旁通烟道直接排向大气，余热锅炉产生的蒸汽也可通过蒸汽旁路减温、减压后直接排入凝汽器。

配置旁通烟道的好处有以下几点：

（1）启停时，不必对燃气轮机、余热锅炉和汽轮机的工作状态进行严格协调。

（2）增加运行调节的灵活性，并方便临时性的检修及事故处理。

（3）必要时，可使燃气轮机维持单循环运行。

（4）可对整个工程进行分段建设、分期投运，从而可合理投入资金，更快地获得回报。

但配置旁通烟道需要增大投资和占地面积，并且即使在正常运行的情况下，旁通挡板处也往往存在 0.3%～0.5%的烟气泄漏损失，所以究竟是否配置旁通烟道需视具体情况而定。

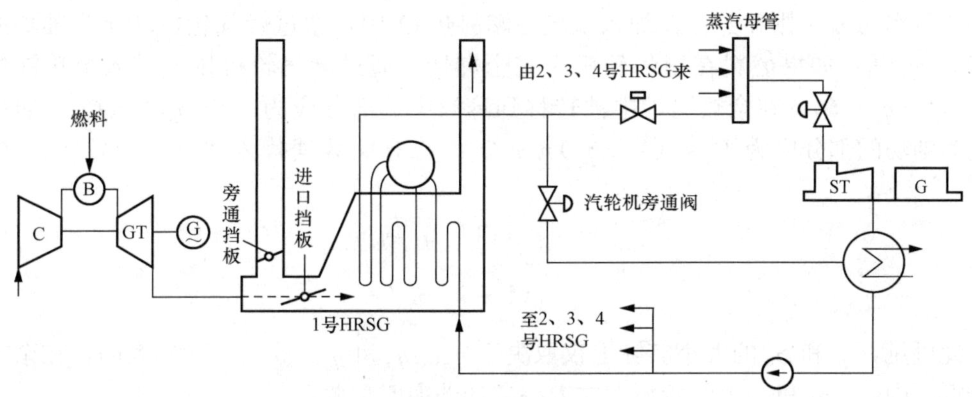

图 1-12　余热锅炉型燃气-蒸汽联合循环发电系统

C—压气机；GT—透平；HRSG—余热锅炉；ST—汽轮机；G—发电机

大功率联合循环机组目前大多不再配旁通烟道。蒸汽旁路的作用与在常规蒸汽机组中相类似。

联合循环机组与常规蒸汽循环机组的热力系统有很多差别，最大的差别在于：常规蒸汽循环机组中设有多级给水加热系统，该系统利用汽轮机的抽汽将给水逐级加热到比较高的温度后再送入锅炉，以提高汽水工质在锅炉中的平均吸热温度，从而提高循环效率；而联合循环机组一般不设给水加热系统，并且应使送入余热锅炉的给水温度尽可能地低（当然，需考虑锅炉尾部受热面材料低温腐蚀的限制）。其原因在于：常规蒸汽锅炉都装有空气预热器，它可以进一步利用锅炉汽水受热面后的烟气余热而不至于使余热损失掉；而联合循环机组中的余热锅炉并无空气预热器，因此若给水温度太高，汽水受热面后的烟气余热只能损失掉。第二个主要的区别是常规机组设有专门除氧器，而联合循环机组往往将除氧器与余热锅炉或凝汽器合为一体，其原因也在于为了尽可能地利用烟气余热。

余热锅炉型联合循环有两个最基本的热力参数，即热效率和功比率。热效率是指通过燃气轮机获得的轴功和通过汽轮机获得的轴功之和在加入系统的燃料热中所占有的比例，记为 η_{cc}。功比率是指汽轮机与燃气轮机的轴功之比，记为 S_{cc}。在不补燃的余热锅炉型联合循环中，燃料全部是从燃气轮机的燃烧室加入的。设单位时间内，从燃气轮机燃烧室加入的燃料的热量为 Q_f(单位为 kJ/s)，通过燃气轮机得到的轴功为 P_{gt}（单位为 kW)；通过汽轮机得到的轴功为 P_{st}（单位为 kW)，则

$$\eta_{cc}=\frac{P_{gt}+P_{st}}{Q_f} \tag{1-2}$$

$$S_{cc}=\frac{P_{st}}{P_{gt}} \tag{1-3}$$

不难想象，η_{cc}和 S_{cc}应该与联合循环中的燃气轮机的热效率、汽轮机的热效率和余热锅炉的热效率存在某种联系。设燃气轮机的热效率为 η_{gt}[❶]，汽轮机循环的热效率为 η_{st}[❷]，余热

❶ 这里所述的燃气轮机热效率一般比联合循环系统中实际选用的燃气轮机的铭牌效率低 1～2 个百分点，这是由于联合循环系统中，透平的排气压损因装有余热锅炉而有所增大的缘故。

❷ 这里所述的汽轮机循环热效率一般也比联合循环系统中实际选用的原型汽轮机循环效率低 1～2 个百分点，这是由于原型汽轮机用于联合循环时，给水加热系统一般要去除或进行一些改造，由此影响汽轮机循环的效率。

锅炉的热效率为 η_h，则显然：在加入系统的燃料热 Q_f 中，通过燃气轮机转化为轴功的部分应为 $P_{gt}=\eta_{gt}Q_f$；如果燃料在燃气轮机中完全燃烧，通过燃气轮机排气带入余热锅炉的部分应为（$1-\eta_{gt}$）Q_f；在余热锅炉中被转移到蒸汽中的部分应为（$1-\eta_{gt}$）$\eta_h Q_f$；通过汽轮机转化为轴功的部分应为 $P_{st}=(1-\eta_{gt})\eta_h\eta_{st}Q_f$。将有关数据代入式（1-2）和式（1-3）可得

$$\eta_{cc}=\eta_{gt}+(1-\eta_{gt})\eta_h\eta_{st} \tag{1-4}$$

$$S_{cc}=[(1-\eta_{gt})\eta_h]\frac{\eta_{st}}{\eta_{gt}} \tag{1-5}$$

由此可见，η_{cc}和 S_{cc}的大小实际上仅取决于 η_{gt}、η_{st}和 η_h。式（1-5）表明，在余热锅炉型联合循环中，汽轮机与燃气轮机存在着一定的功率匹配关系。

应当指出，式（1-5）既没有考虑燃料的不完全燃烧损失，也没有考虑机组的机械电气损失和厂用电损失，因此只可用于联合循环效率的估算。图 1-13 给出了一幅较为详细的余热锅炉型联合循环能量流程图，图中的数据是基于 Siemens 公司生产的某台 GUD1S94.3A 联合循环机组计算得出的。由图可见，在该机组中，燃料热中的 55.4%被转换成了电能，34.1%通过凝汽器排掉，9.1%通过余热锅炉的排烟和散热被损失掉，其余的 1.4%消耗在机械电气损失和厂用电方面。这些数据对这一等级的联合循环机组而言是有代表性的。

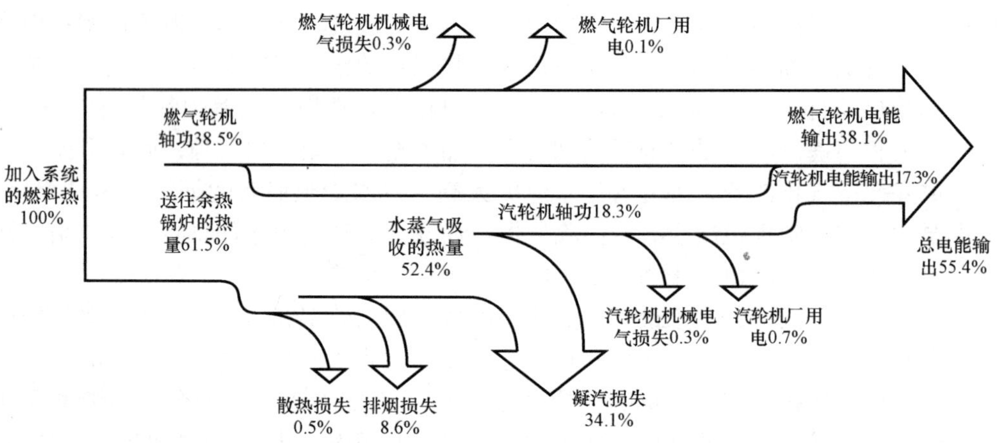

图 1-13 余热锅炉型联合循环发电机组的能量流程图

【例 1-1】 设某发电用燃气轮机的设计功率 P_{gt} 为 260MW，燃气轮机效率 η_{gt} 为 0.385，现为其匹配一台热效率 η_h 为 0.90 的余热锅炉和一台循环效率 η_{st} 为 0.35 的汽轮机构成余热锅炉型联合循环发电系统，假定配成联合循环系统时，燃气轮机的功率和效率均不改变，试估算：

（1）联合循环的效率 η_{cc}可以达到多少？

（2）联合循环的总功率 P_{cc}可以达到多少？

解 （1）由 $\eta_{cc}=\eta_{gt}+(1-\eta_{gt})\eta_h\eta_{st}$，得

$$\eta_{cc}=0.385+(1-0.385)\times0.90\times0.35=0.579=57.9\%$$

（2）由 $S_{cc}=[(1-\eta_{gt})\eta_h]\frac{\eta_{st}}{\eta_{gt}}$，得 $S_{cc}=[(1-0.385)\times0.90]\times\frac{0.35}{0.385}=0.503$

这样，$P_{cc}=P_{gt}+P_{st}=P_{gt}(1+S_{cc})=260\times(1+0.503)=390.8(\mathrm{MW})$

在余热锅炉型联合循环中，汽轮机的功率一般占总功率的30%～35%，也就是说，联合循环的功比率一般应为0.5左右。这个算例很好地说明了这一点。

二、余热锅炉型联合循环的基本特性

1. 优点

燃油或天然气的余热锅炉型联合循环除了具有效率高、污染轻、耗水量少的优点外，还具有下述优点。

（1）启停时间短，便于调峰运行。对联合循环机组，一般将停机在72h以上的启动称为冷态启动，10～72h之间称为温态启动，1～10h之间称为热态启动，1h之内称为极热态启动。图1-14为日本三菱公司生产的MPCP1型机组（配用M701F型燃气轮机、ISO基本功率为398MW的单轴余热锅炉型联合循环机组）的热态启动曲线。由图可见，在热态下，该机组点火后20min即可并网发电，全部启动时间不超过80min。联合循环机组的启动时间会随设备配置情况的不同而不同，但对单轴机组，冷态启动时间一般在180min左右；温态启动时间一般不超过140min；热态启动时间一般不超过80min；极热态启动一般不超过60min。相对于常规大功率燃煤机组而言，这些启动时间都是相当短的。

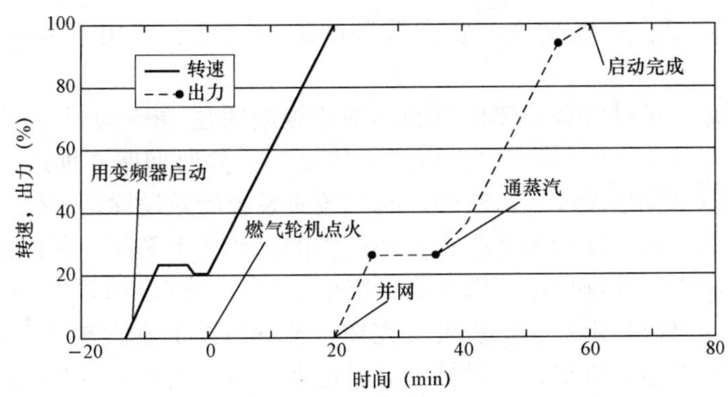

图1-14 MPCP1型机组的热态启动曲线

（2）部分负荷下的热经济性高。联合循环电站一般将若干台同类型的单轴机组或一台多轴机组作为一个系统来管理，对负荷进行统一调度。由于机组的启停相对比较方便，所以往往采用增减运行机组台数的方法来满足负荷变化的要求。这样做的最大好处是，在较大的负荷范围内可保持系统的热效率与在额定负荷时相接近。以一个由5台单轴机组构成的系统为例：当其负荷为100%额定负荷时，5台机组全部以额定出力运行，系统内每台机组的热效率均为额定热效率；当其负荷为90%额定负荷时，5台机组全部以90%额定出力运行，系统内每台机组的热效率均为90%额定出力时的热效率；但当其负荷为80%额定负荷时，则停掉1台机组，其他4台机组恢复100%额定出力运行，每台运行着的机组的热效率仍为额定出力时的效率；依次类推，当系统的负荷分别为60%、40%、20%的额定负荷时，分别停掉2、3、4台机组，剩余的机组恢复100%额定出力运行，这样，即使系统的负荷降到了20%时，运行着的机组的热效率仍为额定出力时的效率。相比较而言，大功率的常规汽轮发电机组则很难做到这一点，效率比较如图1-15所示。

（3）占地面积小。现代大功率联合循环机组的设备集成化程度很高，布置紧凑，特别是不需要规模庞大的燃料和除灰系统，有些情况下甚至不需要厂房，所以整个电站占用的场地

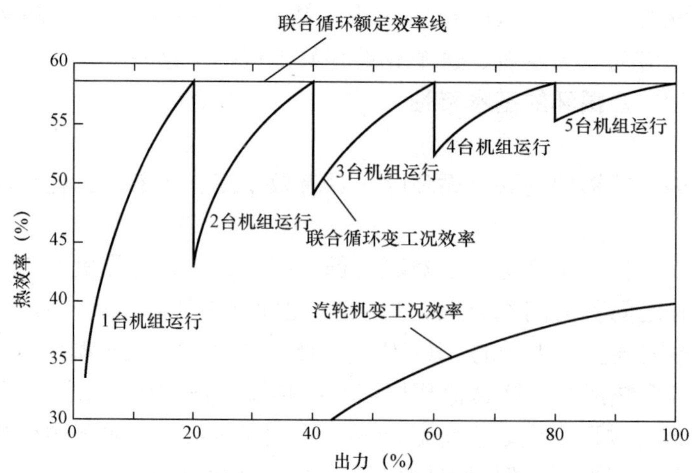

图 1-15 联合循环机组和汽轮发电机组的变工况效率比较

面积很小。

（4）比投资费用低。一般来说，联合循环电站的比投资费用仅为燃煤汽轮机电站的40%～70%。

（5）建设周期短。单轴联合循环机组的典型建设周期是 18～24 个月；多轴联合循环机组的建设周期可能会长 1～2 个月，但余热锅炉如果配置旁通烟囱或烟道，其燃气轮机系统和汽轮机系统就可以分期建设投产，其中，燃气轮机系统的建设周期远低于汽轮机系统。

（6）管理费用低。由于现代大型联合循环机组的自动化水平高，所以机组运行管理人员的数目可以大幅度减少，管理费用可以大幅度降低。已有实例表明，“一拖一”的单轴联合循环机组的启停操作可以只由 2 名值班人员完成，整套机组的常设员工数可以限制在 32 名以内。即使复杂一些的多轴机组，常设员工数目也差不多。例如，由 Siemens 公司以交钥匙工程方式承建的英国 Rye House 电厂，总功率为 700MW，采用了“三拖一”形式的燃天然气联合循环机组，该电厂的常设员工数只有 33 人。

（7）机组的运行性能高于或至少相当于常规燃煤机组。联合循环机组的运行性能主要由可靠性、可用率和启动可靠性等指标来衡量。可靠性的定义：机组实现预期功能的概率，记为 RE，其表达式为

$$RE=\frac{PH-FOH}{PH}\times 100\% \tag{1-6}$$

式中 PH——指定的时间周期内的总时数，一般以一年为周期，总时数为 8760h；

FOH——PH 内的故障停机时数。

可用率的定义：机组处于使用状态和备用状态的时间之和与指定时间周期内的总时数之比，记为 AV，其表达式为

$$AV=\frac{PH-UH}{PH}\times 100\% \tag{1-7}$$

式中 UH——PH 内总的不可用时数，包括故障停机、启动失败和计划维修的时数。

启动可靠性的定义：机组在规定的时间内成功启动的概率，记为 SR，其表达式为

$$SR=\frac{SS}{AS}\times 100\% \tag{1-8}$$

式中　AS——总的启动次数；

SS——在规定的时间内成功启动的次数。

三菱公司生产的F级燃气轮机及其联合循环机组的可靠性据介绍一直维持在99.3%以上。GE公司生产的50MW以上的燃气轮机和联合循环机组的可靠性，据美国国家电气可靠性联合会通报，分别达到了99.0%和98.3%，可用率分别达到了96.5%和95%。在更大范围内的统计表明，承担基本负荷的燃天然气的联合循环机组的运行可用率一般可达到85%～90%，而承担基本负荷的常规燃煤机组的运行可用率一般仅为80%～85%。由此可见，燃天然气的联合循环机组的运行性能已高于常规燃煤机组。

2. 缺点

当然，联合循环机组也存在一些缺点，主要有以下三点。

(1) 机组的出力和效率受环境条件，特别是环境温度的影响较大。如图1-16所示，对简单循环的燃气轮机而言，在额定环境温度附近，环境温度每提高10℃，出力降低4%～8%（相对值，下同），效率降低0.8%～2%。对联合循环机组而言，环境温度每提高10℃，出力降低2%～5%，效率大体不变或略有升高。燃气轮机的出力和效率受环境温度影响的原因：①环境温度升高时，空气密度减小，而定转速燃气轮机的吸气容积流量基本上是恒定的，所以，环境温度升高，必然导致燃气轮机的质量流量减小，出力下降；②燃气轮机中压气机的耗功是随环境温度的升高而增大的，而透平的膨胀功并不随环境温度升高而增大，所以，环境温度升高时，燃气轮机的效率要略有降低。

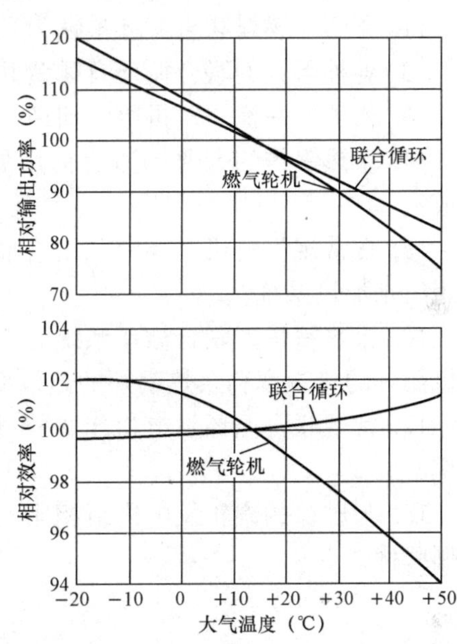

图1-16　某燃气轮机及其联合循环的功率和效率随环境温度的变化

(2) 常规联合循环机组只能燃用石油、天然气等优质燃料，当本地区不具备这些资源时，燃料成本可能会比较高。

(3) 燃气轮机的维护费用很高。国内近几年的实践表明，在燃气轮机的一个生命周期内，其维护费用可以达到一两台燃气轮机价格的水平。

思考题

1. 试绘出理想汽轮机循环的温熵图，并说明图上的哪些面积表示单位质量工质从高温热源吸收的热量、对外所做的功以及向低温热源放出的热量。

2. 试绘出理想燃气轮机循环的温熵图，并说明图上的哪些面积表示单位质量工质从高温热源吸收的热量、对外所做的功以及向低温热源放出的热量。

3. 从热力学角度看，汽轮机循环有哪些优缺点？进一步发展的方向如何，潜力如何？

4. 从热力学角度看，燃气轮机循环有哪些优缺点？进一步发展的方向如何，潜力如何？

5. 从热力学角度看，燃气-蒸汽联合循环怎样吸收了汽轮机循环和燃气轮机循环的优点，克服了它们的局限性？

6. 何谓燃气轮机的 ISO 基本功率？

7. 何谓单轴联合循环机组？何谓多轴联合循环机组？

8. 何谓联合循环的前置循环？何谓联合循环的后置循环？两者一般怎样耦合？

9. 最基本的联合循环形式是哪三种？试绘出这三种联合循环的热力系统图和理想温熵图，并说明图上的哪些面积表示单位质量工质从高温热源吸收的热量、对外所做的功以及向低温热源放出的热量。

10. 三种基本联合循环各有哪些优缺点？

11. 哪两种燃煤联合循环被认为是最主要的燃煤型联合循环方案？

12. 各种形式的联合循环有哪些共同的、最基本的优点？

13. 何谓“一拖一”机组？何谓“二拖一”机组？两者在轴系布置上有何差别？

14. 余热锅炉的旁通烟道有何用处？为什么大功率联合循环机组目前大多不再配旁通烟道？

15. 在常规汽轮机循环中采用给水加热系统可以获得哪些好处？为什么联合循环机组不采用给水加热系统？

16. 余热锅炉型联合循环系统的热效率和功比率与系统内的燃气轮机循环的热效率、汽轮机循环的热效率和余热锅炉的热效率之间存在什么关系？

17. 常规联合循环发电机组怎样才能在较大出力范围内保持与额定出力时相接近的热效率？

18. 与燃煤的汽轮发电机组相比，以天然气为燃料的常规余热锅炉型联合循环发电机组有哪些优缺点？

练 习 题

某发电用燃气轮机的设计功率 270MW，循环效率为 0.39，现为其匹配一台热效率为 0.90 的余热锅炉和一台循环效率为 0.36 的汽轮机以构成余热锅炉型联合循环发电系统。假定配成联合循环系统时，燃气轮机的功率和效率均不改变，请估算：联合循环的热效率可以达到多少？联合循环的总功率可以达到多少？

第二章　燃气轮机的热力循环

第一节　主要参数和性能指标

一、主要热力参数

现代电站用燃气轮机多数都由压气机、燃烧室和透平三大部件按照图 1-4 所示的方式组成。在分析其特性时，人们习惯将工质在燃气轮机进气道之后压气机入口法兰之前的状态点记为“1”点、在压气机出口处的状态点记为“2”点、在透平进口处的状态点记为“3”点、在透平末级之后排气道之前的状态点记为“4”点。燃气轮机循环的性能主要取决于压缩比和温度比两个热力参数。

（1）压缩比（简称压比）的定义为压气机出口压力与进口压力之比，用 π 表示，则

$$\pi = \frac{p_2^*}{p_1^*} \tag{2-1}$$

式中　p_1^*——燃气轮机进气道后、压气机入口法兰前的滞止压力（上角标“ * ”表示“滞止”状态，下同），Pa 或 MPa；

p_2^*——压气机出口处的滞止压力，Pa 或 MPa。

严格而言，式（2-1）所定义的是滞止压比应记为 π^*，但对整台压气机而言，滞止压比与静压比差别很小，为方便起见，本书不对它们作严格区分。下述温比、效率、焓降等参数的处理与此同。

（2）温度比（简称温比）的定义为透平进口处的温度与压气机进口处的温度之比，用 τ 表示，则

$$\tau = \frac{T_3^*}{T_1^*} \tag{2-2}$$

式中　T_1^*——燃气轮机进气道后、压气机入口法兰前的滞止温度，K；

T_3^*——透平进口处的滞止温度，K。

二、主要性能参数

描述燃气轮机性能的主要指标是比功和循环热效率。

（1）所谓比功（也称比输出）是指压气机吸入单位质量空气时，燃气轮机向外界输出的净功，记为 w_n。在不考虑燃气轮机的机械损失时，w_n 的计算式为

$$w_n = w_t - w_c \tag{2-3}$$

式中　w_t——压气机吸入单位质量空气时透平的膨胀功，kJ/kg；

w_c——压气机吸入单位质量空气时的压缩功，kJ/kg。

燃气轮机的比功大，说明在同样工质流量和同样的装置尺寸下，燃气轮机的功率大，或者在同样的功率下，工质的流量小，燃气轮机的尺寸小。所以，比功总是大一些好。

（2）燃气轮机循环热效率的含义是：当工质完成一个循环时，输入的热量中转化为输出功的部分所占的百分数，记为 η_{gt}，其计算式为

$$\eta_{gt}=\frac{w_n}{fQ_{net}}=\frac{w_n}{q_b} \tag{2-4}$$

式中 f——压气机吸入单位质量空气时，燃烧室所加入的燃料量，称为燃料空气比；

Q_{net}——燃料的发热量，通常指低位发热量，kJ/kg；

q_b——压气机吸入单位质量空气时，流过燃烧室的空气所吸取的热量，在不考虑燃料的不完全燃烧损失和燃烧室的散热损失时，$q_b=fQ_{net}$，kJ/kg。

第二节 理想简单循环的特性

一、理想简单循环

所谓简单循环是指由压气机、燃烧室和透平三个基本部件，按照图 1-4 所示的方式构成的燃气轮机循环。所谓理想循环，是指满足下列条件的循环：

（1）工质为理想气体，其比定压热容 c_p 和等熵指数 κ 不随气体成分、温度、压力的变化而变化。

（2）压气机中的压缩过程和透平中的膨胀过程均为等熵过程。

（3）不考虑燃烧室和燃气轮机进排气道的压力损失。

（4）不考虑燃料的不完全燃烧损失和燃烧室的散热损失。

（5）不考虑燃气流量与空气流量之间的差别。

（6）不考虑机械摩擦与传动损失。

下面针对这种简化的燃气轮机循环来分析其比功、效率与压比、温比的关系，以了解燃气轮机的性能怎样随其热力参数的变化而变化。

二、比功与压比、温比的关系

由热力学原理可知，在理想简单燃气轮机循环中，单位质量空气流过压气机时，压气机所消耗的等熵压缩功应为

$$w_c=h_2^*-h_1^*=c_pT_2^*-c_pT_1^*=c_p(T_2^*-T_1^*) \tag{2-5}$$

式中 h_1^*——压气机进口处空气的比焓，kJ/kg；

h_2^*——压气机出口处空气的比焓，kJ/kg。

在不考虑燃气流量与空气流量之间的差别时，与压气机吸入单位质量空气相对应的透平膨胀功应为

$$w_t=h_3^*-h_4^*=c_pT_3^*-c_pT_4^*=c_p(T_3^*-T_4^*) \tag{2-6}$$

式中 h_3^*——透平进口处燃气的比焓，kJ/kg；

h_4^*——透平出口处燃气的比焓，kJ/kg。

根据比功的定义式（2-3），有

$$\begin{aligned}w_n&=w_t-w_c=c_p(T_3^*-T_4^*)-c_p(T_2^*-T_1^*)\\&=c_pT_3^*\left(1-\frac{1}{\frac{T_3^*}{T_4^*}}\right)-c_pT_1^*\left(\frac{T_2^*}{T_1^*}-1\right)\end{aligned} \tag{2-7}$$

由于过程 1-2 和 3-4 均为等熵过程，过程 2-3 和 4-1 均为等压过程（见图 1-5），所以，T_2^* 与 T_1^*、T_3^* 与 T_4^*、p_2^* 与 p_1^*、p_3^* 与 p_4^* 以及它们相互之间必然存在着以下与燃烧

等因素无关的关系：

$$\frac{p_3^*}{p_4^*}=\frac{p_2^*}{p_1^*}=\pi \tag{2-8}$$

$$\frac{T_2^*}{T_1^*}=\left(\frac{p_2^*}{p_1^*}\right)^{\frac{\kappa-1}{\kappa}}=\pi^{\frac{\kappa-1}{\kappa}} \tag{2-9}$$

$$\frac{T_3^*}{T_4^*}=\left(\frac{p_3^*}{p_4^*}\right)^{\frac{\kappa-1}{\kappa}}=\pi^{\frac{\kappa-1}{\kappa}} \tag{2-10}$$

于是，式（2-7）可进一步改写为

$$\begin{aligned}w_{\mathrm{n}}&=c_pT_1^*\left[\frac{T_3^*}{T_1^*}\left(1-\frac{1}{\pi^{\frac{\kappa-1}{\kappa}}}\right)-(\pi^{\frac{\kappa-1}{\kappa}}-1)\right]\\&=c_pT_1^*\left[\tau\left(1-\frac{1}{\pi^{\frac{\kappa-1}{\kappa}}}\right)-(\pi^{\frac{\kappa-1}{\kappa}}-1)\right]\end{aligned} \tag{2-11}$$

式（2-11）表明，在进气条件一定时，比功 w_{n} 的大小仅取决于压比 π 和温比 τ，在 $c_p=1.005$kJ/（kg・K），$\kappa=1.4$，$T_1^*=288$K 时，这一关系如图 2-1 所示。由图可见：

（1）压比 π 一定时，温比 τ 越高，比功 w_{n} 就越大。

（2）温比 τ 一定时，改变压比 π，可使比功 w_{n} 取得最大值。换句话说，从使比功最大的角度来看，压比存在着最佳值，即最佳压比，记为 $\pi_{w\max}$。

（3）最佳压比 $\pi_{w\max}$ 与温比 τ 有关；温比 τ 越高，$\pi_{w\max}$ 就越大。由式（2-11）求 $\frac{\partial w_{\mathrm{n}}}{\partial \pi}$ 并令其等于零，可以求得 $\pi_{w\max}$ 与 τ 之间的关系为

$$\pi_{w\max}=\tau^{\frac{\kappa}{2(\kappa-1)}} \tag{2-12}$$

前两条结论借助于温熵图很容易说明。如图 2-2 所示，在压比一定时，如果提高燃气轮机的初温，使透平的进口状态点由点 3 改变为点 3′，则代表比功的面积就会由 1-2-3-4-1 增大到 1-2-3′-4′-1，说明压比一定时，温比越高，比功越大；在温比一定时，如果分别降低和提高压比，使压气机的出口状态点由点 2 分别改变为点 2″和点 2‴，则代表比功的面积将都会减小，说明在这两个压比之间存在着能够使比功达到最大值的最佳压比。

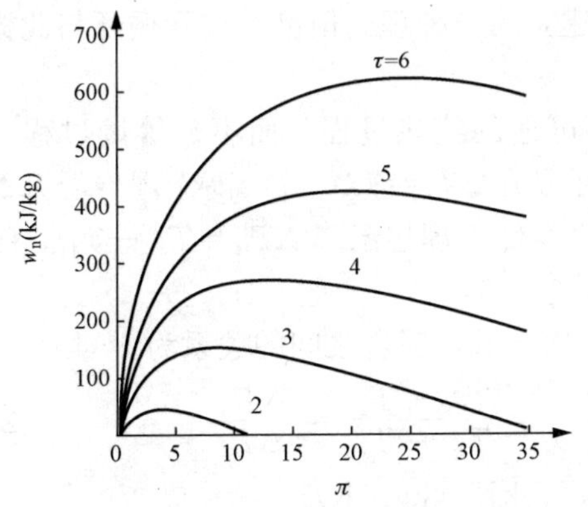

图 2-1　理想简单循环的比功与压比和温比的关系

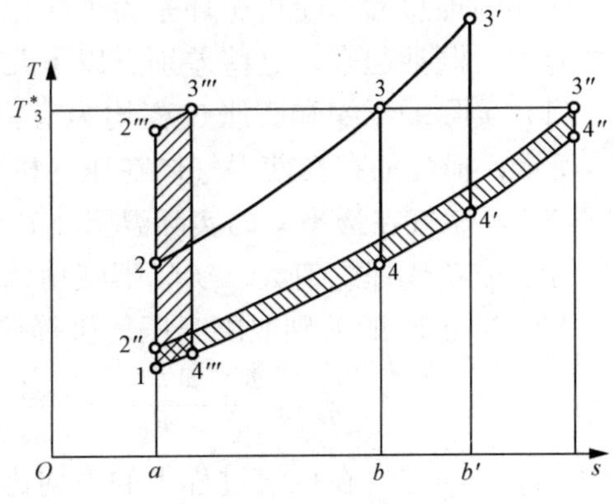

图 2-2　温熵图

三、效率与压比、温比的关系

由热力学原理可知，在理想简单循环中，有

$$q_b = h_3^* - h_2^* = c_p T_3^* - c_p T_2^* = c_p(T_3^* - T_2^*) \tag{2-13}$$

于是，式（2-4）可进一步改写为

$$\begin{aligned}\eta_{gt} &= \frac{w_n}{q_b} = \frac{c_p(T_3^* - T_4^*) - c_p(T_2^* - T_1^*)}{c_p(T_3^* - T_2^*)} \\ &= 1 - \frac{T_4^* - T_1^*}{T_3^* - T_2^*} = 1 - \frac{T_3^* \dfrac{1}{\pi^{\frac{\kappa-1}{\kappa}}} - T_1^*}{T_3^* - T_1^* \pi^{\frac{\kappa-1}{\kappa}}} \\ &= 1 - \frac{1}{\pi^{\frac{\kappa-1}{\kappa}}}\end{aligned} \tag{2-14}$$

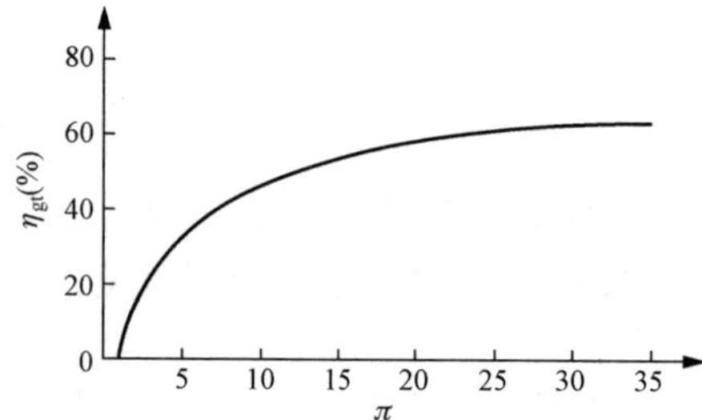

图 2-3 理想简单循环的效率与压比和温比的关系

式（2-14）表明：燃气轮机的循环效率 η_{gt} 仅取决于压比 π，而与温比 τ 无关；压比 π 越高，效率 η_{gt} 就越高，在图 2-3 中可以更清楚地看出这一点。

该结果也可以借助于图 2-2 所示的温熵图说明：在压比一定时，如果提高温比，使透平的进口状态点由点 3 改变为点 3′，代表比功的面积 1-2-3-4-1 就会增大到 1-2-3′-4′-1，但与此同时，代表吸热量的面积 a-2-3-b-a 也会按比例增大到 a-2-3′-b'-a，比功与吸热量的比值仍保持不变；在温比一定时，如果提高压比，使压气机的出口状态点由点 2 变为点 2‴，面积 1-2-3-4-1 就会变为 1-2‴-3‴-4‴-1，显然，在这种情况下，代表效率的两个面积之比将增大。应该指出，该结论与经验有一定矛盾，产生这一矛盾的原因在于理想分析中忽略了太多的实际因素。

第三节 实际简单循环的特性

一、实际循环与理想循环的差别

前述的理想燃气轮机循环是为了简化分析而建立的一种理论模型，实际循环与此模型有很大差别。概括起来，这些差别有以下几点。

（1）实际的压缩和膨胀过程均为有损耗、不可逆的绝热过程，而不是等熵过程。如图 2-4所示，损耗的存在使得气体在压气机中的实际温升 $\Delta T_c = T_2^* - T_1^*$ 高于理想温升 $\Delta T_{cs} = T_{2s}^* - T_1^*$，燃气在透平中的实际温降 $\Delta T_t = T_3^* - T_4^*$ 低于理想温降 $\Delta T_{ts} = T_3^* - T_{4s}^*$，结果导致实际压缩功比理想值大，实际膨胀功比理想值小。

ΔT_c 与 ΔT_{cs} 的差别取决于压气机等熵效率 η_c 的高低，三者之间的关系为

$$\eta_c = \frac{h_{2s}^* - h_1^*}{h_2^* - h_1^*} = \frac{c_{pa}(T_{2s}^* - T_1^*)}{c_{pa}(T_2^* - T_1^*)} = \frac{T_{2s}^* - T_1^*}{T_2^* - T_1^*} = \frac{\Delta T_{cs}}{\Delta T_c} \tag{2-15}$$

式中 c_{pa}——空气在压缩过程中的平均比定压热容，kJ/（kg·K）。

ΔT_t 与 ΔT_{ts} 的差别取决于透平内效率 η_t 的高低，三者之间的关系为

$$\eta_t = \frac{h_3^* - h_4^*}{h_3^* - h_{4s}^*} = \frac{c_{pg}(T_3^* - T_4^*)}{c_{pa}(T_3^* - T_{4s}^*)} = \frac{T_3^* - T_4^*}{T_3^* - T_{4s}^*} = \frac{\Delta T_t}{\Delta T_{ts}} \tag{2-16}$$

式中 c_{pg}——燃气在膨胀过程中的平均比定压热容，kJ/(kg·K)。

目前，η_c 一般为 0.80～0.92；η_t 一般为 0.87～0.94。

(2) 工质流过压气机进气道、燃烧室和透平排气道时都会产生一定的压力损失。设压气机进气道、燃烧室和透平排气道的压力损失分别为 Δp_c、Δp_b 和 Δp_t，显然，Δp_c 的存在将使压气机进口处的压力低于环境压力，并使压气机出口处的压力低于理论值；Δp_b 的存在将使透平进口处的压力低于压气机出口处的压力；Δp_t 的存在将使透平出口处的压力高于环境压力，如图 2-5 所示。这些压力损失均导致透平的膨胀比 π_t（$=p_3^*/p_4^*$）低于燃气轮机的压比 π，使透平的膨胀功减小。

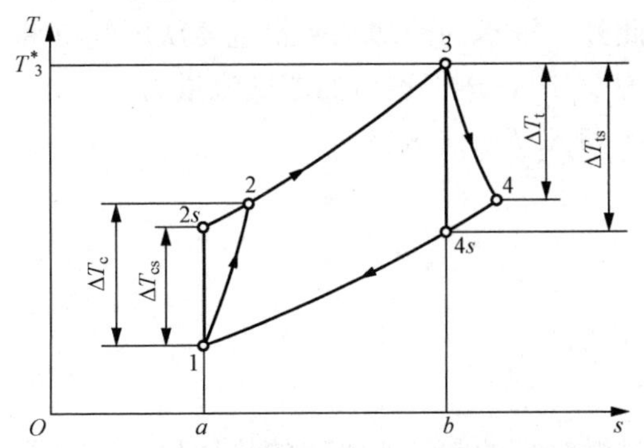

图 2-4　考虑压缩和膨胀过程不可逆性的简单燃气轮机循环的温熵图

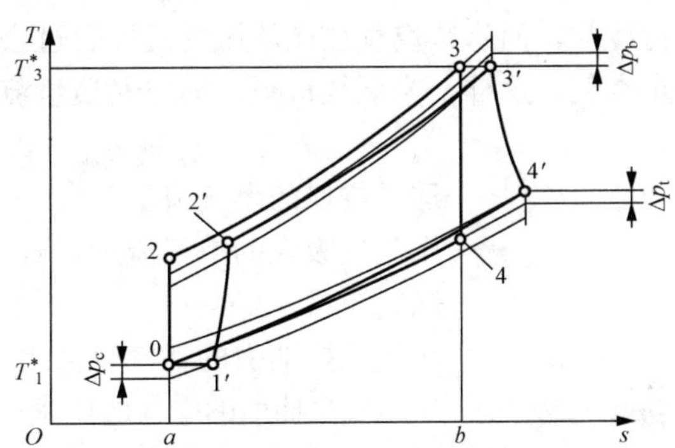

图 2-5　考虑各种流动不可逆性的简单燃气轮机循环的温熵图

工程中通常采用压损率 ε 来表示各处压力损失的大小，对在联合循环中使用的燃气轮机，压损率 ε 的定义和数值范围分别由下列公式表示：

进气道的压损率　$$\varepsilon_c=\frac{\Delta p_c}{p_0^*}=0.01\sim0.015$$

燃烧室的压损率　$$\varepsilon_b=\frac{\Delta p_b}{p_2^*}=0.03\sim0.06$$

排气道的压损率　$$\varepsilon_T=\frac{\Delta p_T}{p_4^*}=0.025\sim0.07$$

式中　p_0^*——进气道前的压力，对开式循环即环境压力 Pa。

根据压损率的定义，可以导出透平膨胀比与压气机压比之间的关系为

$$\begin{aligned}\pi_t&=\frac{p_3^*}{p_4^*}=\frac{p_1^*}{p_0^*}\frac{p_2^*}{p_1^*}\frac{p_3^*}{p_2^*}\frac{p_0^*}{p_4^*}\\&=\frac{p_0^*-\Delta p_c}{p_0^*}\frac{p_2^*-\Delta p_B}{p_2^*}\frac{p_4^*-\Delta p_T}{p_4^*}\pi\\&=(1-\varepsilon_c)(1-\varepsilon_b)(1-\varepsilon_t)\pi\approx(1-\sum\varepsilon)\pi\end{aligned}\tag{2-17}$$

考虑以上两种实际因素之后，燃气轮机的循环过程在图 2-5 所示的温熵图上将由 0-2-3-4-0 变化到 0-1′-2′-3′-4′-0。

(3) 实际的燃气轮机，燃烧室中总存在一定的燃烧不完全燃烧损失和散热损失。这些损失导致空气所吸收的热量 q_b 小于所加入燃料的理论燃烧热量 fQ_{net}。对此可用燃烧室效率 η_b 来描述，即

$$\eta_b=\frac{q_b}{fQ_{net}}\tag{2-18}$$

目前，η_b 一般为 0.96～0.99。

（4）空气和燃气的比定压热容 c_p 和等熵指数 κ 互不相等，且空气的比定压热容 c_{pa} 和等熵指数 κ_a 要随温度的变化而变化，燃气的比定压热容 c_{pg} 和等熵指数 κ_g 既随温度而变，也随燃气成分而变。精确计算时，燃气轮机各处的 c_p 和 κ 都需借助专用图表查取。粗略估算时，也可将它们取为常数，但最好针对不同的工质和不同的温度范围取不同的值。

（5）在实际的燃气轮机中，压气机进口的空气流量与透平进口的燃气流量不会相同。其原因之一是燃烧室中总有一定的燃料喷入，之二是高温燃气轮机透平的很多部位都要用空气进行冷却，而这些空气往往从压气机抽引过去。此外，轴承的冷却和密封也要从压气机抽引一定空气。这样，当压气机吸入的空气质量流量为 q_m 时，透平进口的燃气流量为

$$q_{mgs} = q_m + q_{mf} - \Delta q_m = (1 + f - \mu_{cl})q_m \tag{2-19}$$

式中 q_{mgs}——透平进口的燃气流量，kg/s；

q_m——压气机吸入的空气流量，kg/s；

q_{mf}——燃料流量，kg/s；

Δq_m——从压气机抽引的空气流量之和，kg/s；

$\mu_{cl}=\Delta q_m/q_m$——从压气机抽引的空气的比率。

这样，当压气机吸入单位质量的空气时，流过燃烧室的空气所吸取的热量与流过透平的燃气所做的膨胀功分别为（假定 Δq_m 掺入燃气时不做功）

$$q_b = (1 + f - \mu_{cl})h_3^* - (1 - \mu_{cl})h_2^* \tag{2-20}$$

$$w_t = (1 + f - \mu_{cl})(h_3^* - h_4^*) \tag{2-21}$$

在燃气轮机中，f 值一般为 0.02～0.03，而 μ_{cl} 视燃气轮机的初温高低和所采用的冷却方案，一般为 0.02～0.12。所以 q_{mgs} 一般比 q_m 小，导致燃气轮机的比功和效率都降低。在燃气轮机设计中，应尽可能经济地利用冷却空气。

（6）实际燃气轮机中存在轴承摩擦等外部机械损失，这一因素在计算中也是需要加以考虑的。最简单的考虑方法是引入一个机械效率 η_m，将比功修正为

$$w_n = \eta_m(w_t - w_c) \tag{2-22}$$

二、实际循环的比功、效率与压比、温比的关系

考虑上述各种实际因素后，燃气轮机循环的比功、效率与压比、温比之间的关系必须根据具体情况，借助于专用的图表通过计算才能获得。为简明起见，本书不介绍该计算方法，而仅对其结果进行简要分析。对计算方法感兴趣的读者可参阅相关方面的其他著作。

图 2-6 和图 2-7 是在 $T_1^*=15℃$，$\eta_c=0.87$，$\eta_t=0.88$，$\eta_b=0.98$，$\eta_m=0.97$，$\mu_{cl}=0.04$，$(1-\sum\varepsilon)=0.94$ 的条件下，通过计算得出的比功、效率随压比、温比变化的情况。研究表明：

（1）就比功 w_n 与压比 π、温比 τ 的关系而言，实际循环的情况与理想循环的情况在定性上一致，即在一定的压比下，温比越高，比功就越大；在一定的温比下，存在一个特定的压比 $\pi_{w\max}$，使比功 w_n 取得最大值；温比越高，$\pi_{w\max}$ 就越大。

（2）就效率 η_{gt} 与压比 π 和温比 τ 的关系而言，实际循环的情况与理想循环的情况大不相同。在实际循环中，效率 η_{gt} 不仅与压比 π 有关，而且还与温比 τ 有关。在一定的压比下，温比越高，效率就越高；在一定的温比下，存在一个特定的压比 $\pi_{\eta\max}$，使效率 η_{gt} 取得最大值。换句话说，从使效率最高的角度来看，也存在着最佳压比；而且温比越高，$\pi_{\eta\max}$ 就

越大。

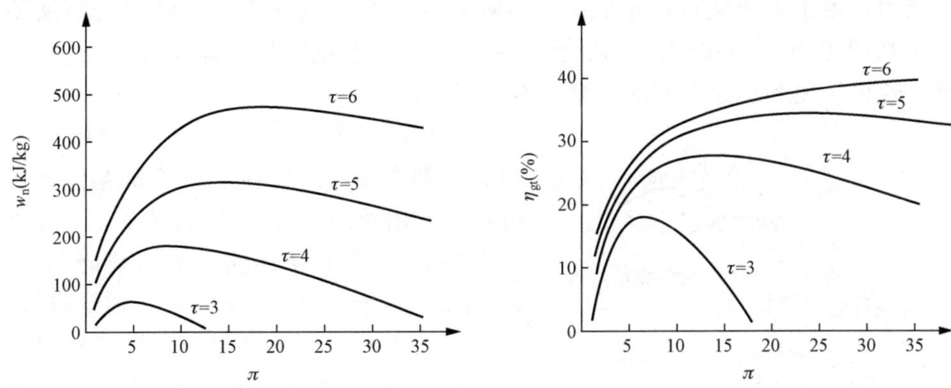

图 2-6　实际循环的比功与压比和温比的关系　图 2-7　实际循环的效率与压比和温比的关系

(3) 使比功最大的最佳压比 $\pi_{w\max}$ 和使效率最高的最佳压比 $\pi_{\eta\max}$ 一般不相等，通常，$\pi_{\eta\max}>\pi_{w\max}$。

实际循环存在最佳压比 $\pi_{\eta\max}$ 的原因很容易解释：压比过小，譬如 $\pi=1$ 时，工质既无压缩也无膨胀，则 $w_n=0$，$\eta_{gt}=0$；压比过大时，温度 T_2^* 将很接近于 T_3^*，燃烧室中可加入的热量 q_b 将非常小，但由于机器有各种损耗，所加热量的有用功可能仅够抵消损耗，机器的净功 $w_n=0$，同样使 $\eta_{gt}=0$。既然 π 过大过小都会导致 $\eta_{gt}=0$，那么必然存在一个最佳压比 $\pi_{\eta\max}$，使得 η_{gt} 达到最大值。

实际循环温比越高，效率就越高的现象也容易解释。当 τ 提高时，T_3^* 将提高，q_b 将增大，w_n 也将增大，但与此同时，机械损耗等并不按比例增大，结果使效率提高。

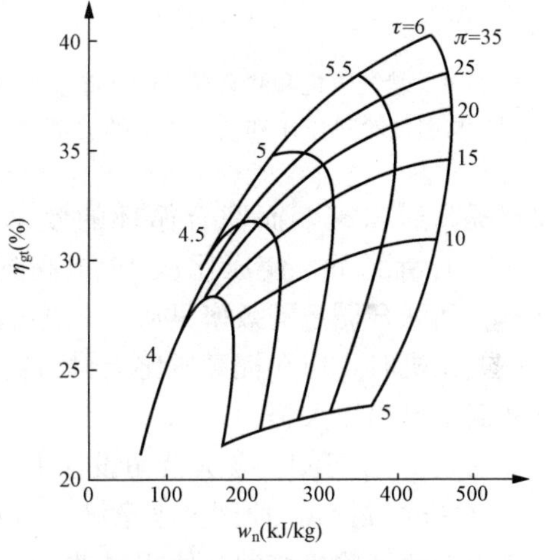

图 2-8　实际燃气轮机循环的比功、效率与压比和温比之间的关系

图 2-6 和图 2-7 所表示的比功、效率与压比、温比之间的关系还可以合并表示在一幅图中，如图 2-8 所示。在图 2-8 上，可以更加清楚地看出不同 τ 时的 $\pi_{w\max}$、$\pi_{\eta\max}$ 以及它们之间的相对大小。例如，由图可见，$\tau=4$ 时，$\pi_{w\max}$ 大约为 8，$\pi_{\eta\max}$ 则大约为 15。

第四节　联合循环燃气轮机的设计压比

在燃气轮机的设计中，毫无疑问地应该以最佳压比为设计压比。但是，燃气轮机有两个最佳压比，究竟应该选择哪一个呢？这要看具体情况。一般来说：对在航空和机车上用的燃气轮机，或者对承担尖峰负荷用的电站燃气轮机，应该选用使比功最大的最佳压比 $\pi_{w\max}$，因为在这种情况下，机组尺寸和质量小、机动性能好是关键；对在电站承担基本负荷用的燃气轮机，则应该选用使效率最高的最佳压比 $\pi_{\eta\max}$，因为在这种情况下，热经济性好是关键。

但是应该注意到，以上讨论的最佳压比都是指简单循环燃气轮机的最佳压比，如果在联合循环中使用，由于需要从对整个联合循环机组有利的角度来考虑，情况会有所不同。图2-9绘出了初温为900～1300℃、压比为6～30时，简单循环燃气轮机和联合循环的效率、比功与燃气轮机压比和初温之间的关系。由图可见：

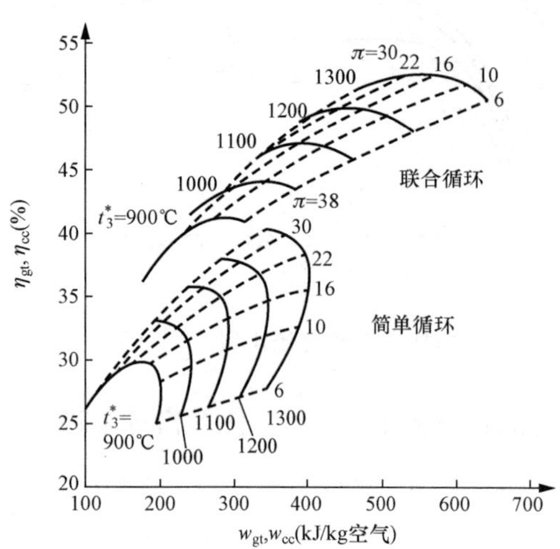

图2-9 燃气轮机和联合循环的效率、比功与燃气轮机压比和初温之间的关系

（1）燃气轮机在联合循环中使用时，其$\pi_{w\max}$和$\pi_{\eta\max}$都要降低。如在1100℃的初温下，燃气轮机独立使用时的$\pi_{w\max}$在15左右，$\pi_{\eta\max}$在35左右，而在联合循环中使用时，$\pi_{w\max}$要降低到6以下（具体数值在图上看不到），$\pi_{\eta\max}$则要降低到15左右。再如在1300℃的初温下，燃气轮机独立使用时的$\pi_{w\max}$在17左右，$\pi_{\eta\max}$在38以上（具体数值在图上看不到），而在联合循环中使用时，$\pi_{w\max}$要降低到6以下（具体数值在图上看不到），$\pi_{\eta\max}$则要降低到17左右。

（2）简单循环燃气轮机的效率对燃气初温不很敏感，而对压比较敏感。相反，联合循环的效率对燃气初温较敏感，而对压比不很敏感。例如：在压比为16的情况下，使燃气初温从1200℃提高到1300℃，简单循环燃气轮机的效率大约从34%提高到35%，而联合循环的效率则会从49%左右提高到52%左右；在燃气初温为1300℃的情况下，使压比从16提高到22，简单循环燃气轮机的效率大约从35%提高到38%，而联合循环的效率只从52%左右提高到53%左右。这就告诉我们，在发展简单循环的燃气轮机时，应在提高压比上付出更大努力，而在发展联合循环燃气轮机时，应在提高燃气初温上付出更大努力。

由表1-2可知，各大公司设计生产的初温为1300℃左右的燃气轮机，压比均选取在17左右（GT26除外，原因见本章第五节）。而由图2-9可以看出，这一压比大体上是与该温度等级的燃气轮机在独立使用时的$\pi_{w\max}$和在联合循环中使用时的$\pi_{\eta\max}$相对应的。据此可以推测，各大公司在为这款燃气轮机选择压比时，除考虑了设计制造方面的因素外，可能还基于了这样一种策略：在独立使用，使机组的比功接近最大值，因为这种情况下，机组一般承担尖峰负荷；在联合循环中使用时，使机组的效率接近最大值，因为这种情况下，机组一般承担基本负荷。这实际上就是电站燃气轮机设计中所应遵循的原则。

第五节 复杂循环简介

一、中间再热循环

燃气轮机设计所追求的目标之一是尽可能地增大比功和提高效率，因为增大比功就意味着燃气轮机的尺寸可以做得小一些，提高效率就意味着燃气轮机的热经济性可以好一些。中间再热就是增大燃气轮机比功的最有效措施之一。如图2-10所示，若将燃气轮机的透平分成高、低压两个部分，在高、低压透平之间增加一个燃烧室，使燃气在流出高压透平、进入低压透平之前再次与燃料混合燃烧，就构成了中间再热（又称为再燃）燃气轮机循环。理想中间再热循环的温熵图如图 2-11 所示。

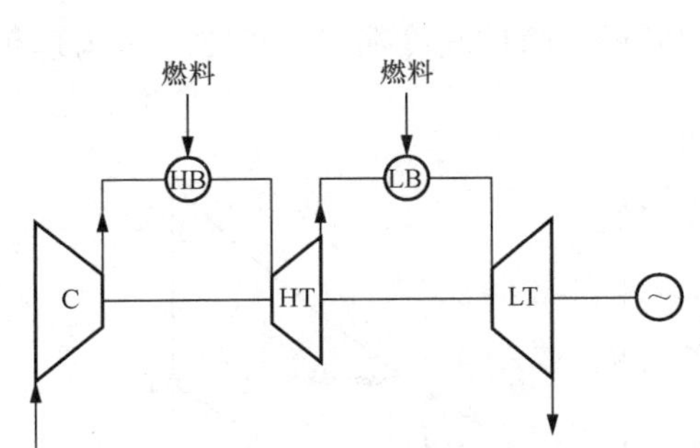

图 2-10　中间再热燃气轮机循环的热力系统

C—压气机；HB—高压燃烧室；LB—低压燃烧室；HT—高压透平；LT—低压透平

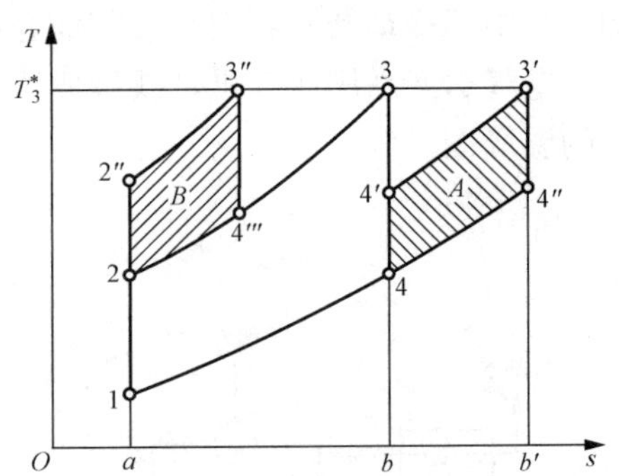

图 2-11　理想中间再热燃气轮机循环的温熵图

一般来说，在压比和温比都不改变的情况下，采用中间再热可以使循环的比功增大，但效率将有所降低。如图 2-11 所示，假定原先的简单循环的过程为 1-2-3-4-1，现在采用再热循环，如果压比和温比都不变，循环过程将改变为 1-2-3-4′-3′-4″-1。显然，将简单循环改为再热循环，相当于增加了一个净功为面积 A 的附加循环 4-4′-3′-4″-4，该附加循环的效率就等于面积 A 与面积 b-4′-3′-b'-b 的比值。因为附加循环的效率低于基本循环，所以再热后，循环的效率将有所降低。

但如果在采用再热循环的同时提高燃气轮机的压比，循环的效率就有可能提高。如图 2-11所示，假定在采用再热循环的同时，使温比不变，压比提高，循环的过程将改变为 1-2″-3″-4‴-3-4-1。在这种情况下，循环的吸热面积增加了面积 B，净功面积也增加了 B，效率必然有所提高。再热循环方案在发电用大功率燃气轮机实践中已经有所应用，前 Alstom 公司生产的 GT26 型燃气轮机就是采用再热循环的燃气轮机。

应该指出，采用再热循环时，燃气轮机的最佳压比 $\pi_{w\max}$ 和 $\pi_{\eta\max}$ 都将有所提高，但高出多少则与压比的分配方案有关。一般来说，将总压比在高压透平和低压透平之间进行平均分配是最佳的分配方案，在这种情况下，最佳压比将提高一倍左右。各大公司生产的 1300℃等级的燃气轮机所采用的压比一般为 15～19（见表 1-2）。研究发现，该压比大体上对应于联合循环效率最高的最佳压比 $\pi_{\eta\max}$，所以对在联合循环中使用的燃气轮机而言，该压比是合适的。GT26 型燃气轮机也属于 1300℃等级，并且主要是在联合循环中使用，但它所采用的压比则提高到 30，原因就在于它是一种采用中间再热循环的燃气轮机。

从理论上讲，再热型燃气轮机很适合在余热锅炉型联合循环中使用，因为在再热循环的所谓附加循环中加入的燃料热除一部分被燃气轮机直接转化为机械功外，其余的部分都留在了燃气轮机的排气中，这虽然会对独立使用的燃气轮机的循环效率产生不利影响，但对联合循环而言却是有利的。目前，在再热型燃气轮机的高低压透平之间的狭小轴向空间内布置一个再热燃烧室，燃烧组织上还存在着一定困难，然而，这并不意味着对再热型燃气轮机发展的否定。事实上，随着进一步提高燃气初温难度的加大，燃气轮机，尤其是余热锅炉型联合循环中使用的燃气轮机必将向着再热的方向发展。

二、中间冷却循环

如图 2-12 所示，若将燃气轮机的压气机分成高、低压两个部分，在高、低压压气机之间增加一个中间冷却器，利用水或其他介质对从低压压气机中流出的空气进行冷却，然后将冷却后的空气送入高压压气机，就构成了中间冷却循环，简称间冷循环。图 2-13 为理想间冷循环的温熵图。

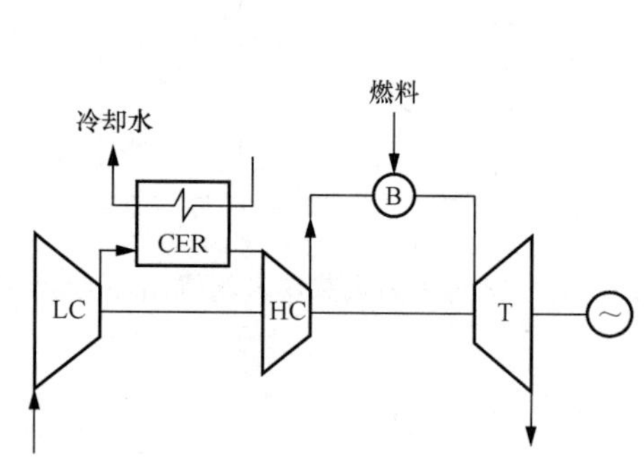

图 2-12　中间冷却燃气轮机循环的热力系统

LC—低压压气机；CER—中间冷却器；

HC—高压压气机；B—燃烧室；T—透平

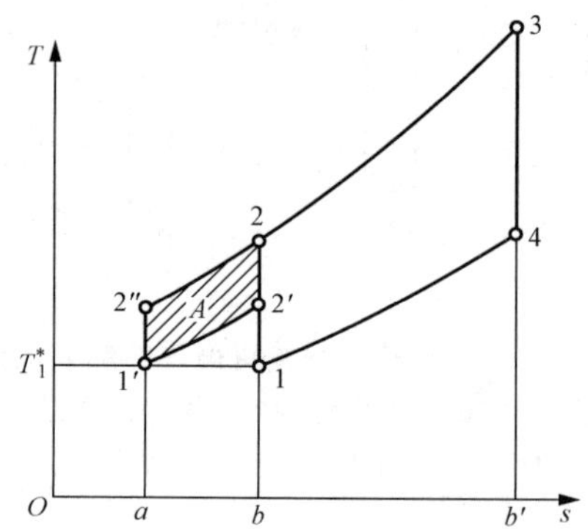

图 2-13　理想间冷循环的温熵图

一般来说，间冷可以减少压气机的耗功，并增加工质的吸热量，这样可增加比功，但在压比和温比都不改变的情况下，效率将有所降低。如图 2-13 所示，假定原先简单循环的过程为 1-2-3-4-1，现在采用间冷循环，如果压比和温比都不改变，循环过程将变为 1-2′-1′-2″-3-4-1，显然，将简单循环改变为间冷循环，相当于增加了一个净功为面积 A 的附加循环 1′-2″-2-2′-1′，因为该附加循环的效率低于基本循环，所以采用中间冷却后，循环的效率将有所降低。但如果在采用中间冷却的同时，能提高燃气轮机的压比，循环的效率也有可能提高。所以不难推想，间冷循环的最佳压比 $\pi_{w\max}$ 和 $\pi_{\eta\max}$ 必然高于简单循环的最佳压比。

间冷循环须将压气机分成高、低压两个部分，且须增加一个间冷器，这会使机组的尺寸和质量增加，并使系统复杂化，所以过去采用得不多。但是，近年来这种方案已经开始出现在发电用大功率燃气轮机上。如 GE 公司的 LMS100 型航机改型燃气轮机就是采用间冷循环的燃气轮机，其设计压比达到了 42，额定工况下的热效率达到了 46%，是所有单循环燃气轮机中效率最高的一种机型（见表 1-2）。

从理论上分析，间冷型燃气轮机不宜在余热锅炉型联合循环中使用，因为在这种循环的所谓附加循环中所加入的燃料热，除一部分被燃气轮机直接转化为机械功外，其余的部分都通过间冷器散失到了环境中，没有留在排气中，对后续的循环不利。然而，近年来正在发展的燃煤型联合循环和湿空气透平循环，不少都采用了间冷方案，一个原因是在这些场合，从间冷器中放出的热量存在着被利用的可能性。另一个原因是采用中间冷却的方案，容易使压气机达到较高的压缩比。

三、回热循环

如图 2-14 所示，若在燃气轮机燃烧室的进口前增加一个回热器，利用燃气轮机的高温排气对进入燃烧室前的空气进行预加热，就构成了回热循环。图 2-15 所示为理想回热循环的温熵图。图中，过程 4-4′即燃气轮机排气在回热器中放热的过程，阴影面积 A 表示与单位质量空气相对应的燃气轮机排气所放出的热量；过程 2-2′则为空气在回热器中吸热的过程，阴影面积 B 表示单位质量空气吸收的热量，面积 B 与面积 A 相等。由于有回热，燃料的热量节省了面积 B，但压气机的耗功和透平的膨胀功基本不受影响，所以，回热循环的效率比简单循环高，而比功则基本不受影响。

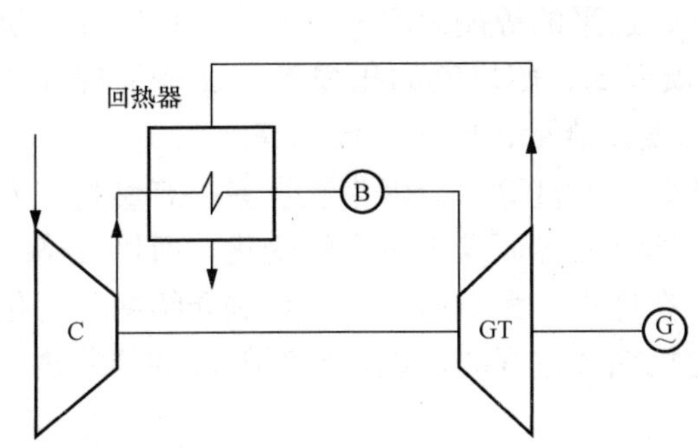

图 2-14　回热燃气轮机循环的热力系统
C—压气机；B—燃烧室；GT—透平

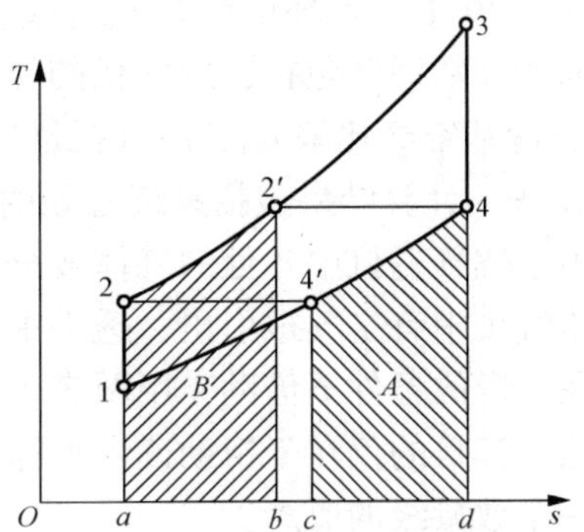

图 2-15　理想回热循环的温熵图

一般来说，回热循环的 $\pi_{w\max}$ 与简单循环基本相等或略高一些，但其 $\pi_{\eta\max}$ 则比后者低很多，因为压比降低时，压气机的排气温度会降低，而透平的排气温度会升高，这对简单循环来说是不利的，但对回热循环来说，较低的压气机排气温度和较高的透平排气温度正好可提高回热效果。正因如此，回热循环的 $\pi_{w\max}$ 与 $\pi_{\eta\max}$ 很接近。

回热循环虽然能提高机组的效率，并能使 $\pi_{w\max}$ 与 $\pi_{\eta\max}$ 相接近，但机组的尺寸和质量可能会增大许多，运行上也没有简单循环燃气轮机那样灵活方便，所以在工程实际中用得不多，在余热锅炉型联合循环中更不会考虑采用，因为在采用回热循环之后，燃气轮机的最终排气温度已经很低，采用余热锅炉型联合循环的必要性已不大。但是，近年来正在发展的微型燃气轮机都采用了回热方案。这是因为微型燃气轮机中的压气机大多为单级离心式压气机，压比不高，在这种情况下，采用回热能大幅度地提高机组的效率。

四、间冷、再热和回热联合使用的循环

单独采用间冷循环或中间再热循环可增大比功，而单独采用回热循环可提高效率，所以将这几种措施结合起来可以达到最理想的效果。图 2-16 所示为同时采用间冷、再热和回热措施的理想循环的温熵图。在该循环中，外界加给单位质量空气的燃料热为阴影面积 A，而循环排向外界的热量仅为阴影面积 B，如果间冷和再热的次数足够多，整个循环就趋向于等温等压的回热循环，其效率可以达到卡诺循环的效率。当然，这很难做到，实际应用中，采用一次间冷和一次再热，机组就会变得相当复杂，不大可能考虑采用多次间冷和多次再热的方案。

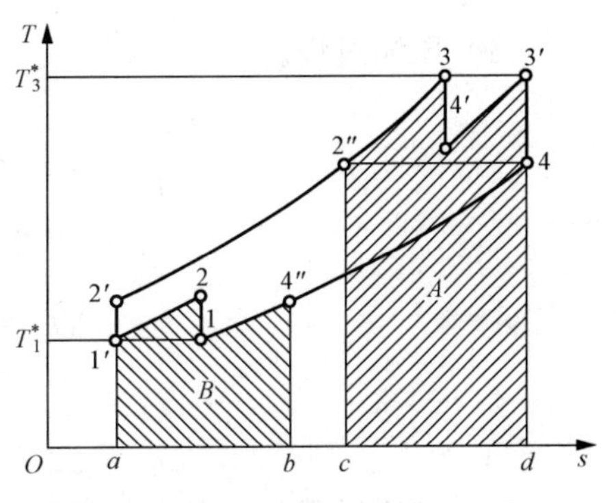

图 2-16　理想间冷、再热、回热循环的温熵图

第六节 循 环 计 算

在燃气轮机的设计和运行中，经常会遇到循环计算问题。计算的目的，在设计中是为了优化方案，在运行中是为了了解各处的热力参数和总体热力特性。已知条件一般包括：环境温度 T_a（或 T_1^*）、环境压力 p_a（或 p_1^*）、轴功率 P_{gt}、压比 π 及燃气初温 T_3^* 等。需根据情况选取的参数通常包括：压气机的等熵效率 η_c、透平的等熵效率 η_t、燃烧室效率 η_b、机械效率 η_m、冷却空气比率 μ_{cl}、压气机进气道的压损率 ε_c、燃烧室的压损率 ε_b、透平排气道的压损率 ε_t 等。计算结果包括系统各处的压力、温度、流量、比功、效率等。

由于燃气轮机中各处的气体成分、物性参数、流量等，会因为燃烧室中有燃料加入并燃烧、压气机中有空气被引出、透平中有冷却空气掺混等而发生一定的变化，所以准确的计算必须在一定的条件下借助专用图表才能进行。在这里，我们通过一个算例介绍两种简化的计算方法，其目的仅在于帮助读者加深对燃气轮机循环过程的认识，并对循环各处的热力参数建立一个数量级的概念。

两种简化计算方法均以不变的比定压热容和等熵指数代替变化着的比定压热容和等熵指数，但根据目前大型燃气轮机的工作温度范围和所用的燃料情况，对压气机中的空气取压缩过程起点和终点之间的平均值 $c_{pa}=1.03$kJ/(kg·K)、$\kappa_a=1.386$，对透平中的燃气取膨胀过程起点和终点之间的平均值 $c_{pg}=1.20$kJ/(kg·K)、$\kappa_g=1.315$。方法一不考虑压气机、燃烧室、透平之间的流量差别；方法二考虑这些流量之间的差别，但假定冷却空气全部从压气机出口引出，掺混到燃气中时不做功（冷却空气掺混做功的情况很复杂，这里不作介绍）。

计算顺序一般与工质流经燃气轮机部件的次序相同，对于简单循环的燃气轮机而言，一般首先计算压气机的压缩过程得到 T_2^* 和 w_c，然后计算燃烧室的燃烧过程得到 f 和 q_b，再计算透平的膨胀过程得到 T_4^* 和 w_t，最后计算 w_n 和 η_{gt} 等。

【例 2-1】 现拟定如图 1-4 所示的简单燃气轮机循环方案，其轴功率 $P_{gt}=270$MW，大气条件为 $T_a=288$K、$p_a=0.101\ 3$MPa，试通过计算确定燃气轮机的空气流量 q_m、燃料流量 q_{mf}、比功、效率 η_{gt} 等。计算时取 $\eta_c=0.90$，$\eta_t=0.92$，$\eta_b=0.98$，$\eta_m=0.99$，$\varepsilon_c=0.01$，$\varepsilon_b=0.03$，$\varepsilon_t=0.01$，$\mu_{cl}=0.05$，$\pi=17$，$T_3^*=1623$K，燃料发热量 $Q_{net}=43\ 124$kJ/kg。

解一（采用简化方法一）取 $c_{pa}=1.03$kJ/(kg·K)，$\kappa_a=1.386$，$c_{pg}=1.20$kJ/(kg·K)，$\kappa_g=1.315$

（1）压缩过程。

$$T_1^*=T_a=288\text{K}$$

$$T_{2s}^*=T_1^*\pi^{\frac{\kappa_a-1}{\kappa_a}}=288\times17^{\frac{1.386-1}{1.386}}=634.0(\text{K})$$

$$\Delta T_{cs}=T_{2s}^*-T_1^*=634.0-288=346.0(\text{K})$$

$$\Delta T_c=\frac{\Delta T_{cs}}{\eta_c}=\frac{346.0}{0.90}=384.4(\text{K})$$

$$T_2^*=T_1^*+\Delta T_c=288+384.4=672.4(\text{K})$$

$$w_c=c_{pa}\Delta T_c=1.03\times384.4=395.9(\text{kJ/kg})$$

（2）燃烧过程（不考虑各处流量之差别）。

$$T_3^*=1623\text{K}$$

$$q_b = c_{pg}T_3^* - c_{pa}T_2^* = 1.20\times1623 - 1.03\times672.4 = 1255(\text{kJ/kg})$$

$$f = \frac{q_b}{\eta_b Q_{net}} = \frac{1255}{0.98\times43\ 124} = 0.029\ 7\ [\text{kg（燃料）/kg（空气）}]$$

（3）膨胀过程（不考虑各处流量之差别）。

$$\pi_t = (1-\varepsilon_c)(1-\varepsilon_b)(1-\varepsilon_t)\pi = (1-0.01)\times(1-0.03)\times(1-0.01)\times17 = 16.16$$

$$T_{4s}^* = \frac{T_3^*}{\pi_t^{\frac{\kappa_g-1}{\kappa_g}}} = \frac{1623}{16.16^{\frac{1.315-1}{1.315}}} = 833.4(\text{K})$$

$$\Delta T_{ts} = T_3^* - T_{4s}^* = 1623 - 833.4 = 789.6(\text{K})$$

$$\Delta T_t = \eta_t \Delta T_{ts} = 0.92\times789.6 = 726.4(\text{K})$$

$$T_4^* = T_3^* - \Delta T_t = 1623 - 726.4 = 896.6(\text{K})$$

$$w_t = c_{pg}\Delta T_t = 1.20\times726.4 = 871.7(\text{kJ/kg})$$

（4）整体性能（不考虑各处流量之差别）。

$$w_n = \eta_m(w_t - w_c) = 0.99\times(871.7-395.9) = 471.0(\text{kJ/kg})$$

$$q_m = \frac{P_w}{w_n} = \frac{270\ 000}{471.0} = 573.2(\text{kg/s})$$

$$q_{mf} = fq_m = 0.029\ 70\times573.2 = 17.02(\text{kg/s})$$

$$\eta_{gt} = \frac{w_n}{fQ_{net}} = \frac{471.0}{0.029\ 70\times43\ 124} = 0.368 = 36.8\%$$

解二（采用简化方法二）取 $c_{pa}=1.03\text{kJ/(kg·K)}$；$\kappa_a=1.386$；$c_{pg}=1.20\text{kJ/(kg·K)}$；$\kappa_g=1.315$

（1）压缩过程。

与解一同，略。

（2）燃烧过程。

$$T_3^* = 1623\text{K}$$

由 $q_b=c_{pg}(1+f-\mu_{cl})T_3^*-c_{pa}(1-\mu_{cl})T_2^*$ 和 $f=\frac{q_b}{\eta_b Q_{net}}$，得

$$f = \frac{(1-\mu_{cl})(c_{pg}T_3^* - c_{pa}T_2^*)}{\eta_b Q_{net} - c_{pg}T_3^*} = \frac{(1-0.05)(1.20\times1623-1.03\times672.4)}{0.98\times43\ 124-1.20\times1623}$$

$$= 0.029\ 57[\text{kg(燃料)/kg(空气)}]$$

$$q_b = 1.20\times(1+0.029\ 57-0.05)\times1623-1.03\times(1-0.05)\times672.4$$

$$= 1250[\text{kJ/kg(空气)}]$$

（3）膨胀过程。

$$\pi_t = (1-\varepsilon_c)(1-\varepsilon_b)(1-\varepsilon_t)\pi = (1-0.01)\times(1-0.03)\times(1-0.01)\times17 = 16.16$$

$$T_{4s}^* = \frac{T_3^*}{\pi_t^{\frac{\kappa_g-1}{\kappa_g}}} = \frac{1623}{16.16^{\frac{1.315-1}{1.315}}} = 833.4(\text{K})$$

$$\Delta T_{ts} = T_3^* - T_{4s}^* = 1623 - 833.4 = 789.6(\text{K})$$

$$\Delta T_t = \eta_t \Delta T_{ts} = 0.92\times789.6 = 726.4(\text{K})$$

$$T_4^* = T_3^* - \Delta T_t = 1623 - 726.4 = 896.6(\text{K})$$

$$w_t = c_{pg}\Delta T_t(1+f-\mu_{cl}) = 1.20\times726.4\times(1+0.02957-0.05) = 853.9[\text{kJ/kg(空气)}]$$

（4）整体性能。

$$w_n = \eta_m(w_t - w_c) = 0.99\times(853.9-395.9) = 453.4[\text{kJ/kg(空气)}]$$

$$q_m = \frac{P_w}{w_n} = \frac{270\ 000}{453.4} = 595.5(\text{kg/s})$$

$$q_{mf} = fq_m = 0.029\ 57\times595.5 = 17.61(\text{kg/s})$$

$$\eta_{gt} = \frac{w_n}{fQ_{net}} = \frac{453.4}{0.029\ 57\times43\ 124} = 0.356 = 35.6\%$$

下面再通过两个算例说明如何根据燃气轮机部分已知或可测的参数，利用基本热力关系式估算未知或不可测的参数。

【例 2 - 2】 已知某燃气轮机的进口空气温度 T_1^* 为 288K，初温 T_3^* 为 1250K，排气温度 T_4^* 为 760K，压气机内效率 η_c 为 0.80，透平内效率 η_t 为 0.85，燃气轮机的进气管、燃烧室和排气管的压力损失均忽略不计（即 $\varepsilon_c=\varepsilon_b=\varepsilon_t=0$），试求压气机出口温度 T_2^*。

解 取 $\kappa_a=1.386$，$\kappa_g=1.315$

$$\Delta T_t = T_3^* - T_4^* = 1250-760=490(\text{K})$$

$$\Delta T_{ts} = \frac{\Delta T_t}{\eta_t} = \frac{490}{0.85} = 576(\text{K})$$

$$T_{4s}^* = T_3^* - \Delta T_{ts} = 1250-576=674(\text{K})$$

由 $\dfrac{T_3^*}{T_{4s}^*} = \pi_t^{\frac{\kappa_g-1}{\kappa_g}}$，得

$$\pi_t = \left(\frac{T_3^*}{T_{4s}^*}\right)^{\frac{\kappa_g}{\kappa_g-1}} = \left(\frac{1250}{674}\right)^{\frac{1.315}{1.315-1}} = 13.2$$

由于 $\pi=\pi_t=13.2$

所以，由 $\dfrac{T_{2s}^*}{T_1^*} = \pi^{\frac{\kappa_a-1}{\kappa_a}}$，得

$$T_{2s}^* = T_1^*\pi^{\frac{\kappa_a-1}{\kappa_a}} = 288\times13.2^{\frac{1.386-1}{1.386}} = 591(\text{K})$$

$$\Delta T_{cs} = T_{2s}^* - T_1^* = 591-288=303(\text{K})$$

$$\Delta T_c = \frac{\Delta T_{cs}}{\eta_c} = \frac{303}{0.80} = 378.8(\text{K})$$

$$T_2^* = T_1^* + \Delta T_c = 288+378.8=666.8(\text{K})$$

【例 2 - 3】 已知某燃气轮机的压比 π 为 12，燃气的排气温度 T_4^* 为 780K，其透平的内效率 η_t 为 0.87，燃气轮机的进气管、燃烧室和排气管的压力损失均忽略不计（即 $\varepsilon_c=\varepsilon_b=\varepsilon_t=0$），试求燃气轮机的初温 T_3^*。

解 取 $\kappa_g=1.315$

由 $\dfrac{T_3^*}{T_{4s}^*} = \pi_t^{\frac{\kappa_g-1}{\kappa_g}}$ 和 $\dfrac{T_3^*-T_4^*}{T_3^*-T_{4s}^*} = \eta_t$，得 $T_3^* = T_4^*\dfrac{1}{1-\eta_t+\eta_t\dfrac{1}{\pi_t^{\frac{\kappa_g-1}{\kappa_g}}}}$

代入数据，计算可得 $T_3^* = 1280(\text{K})$

思 考 题

1. 燃气轮机有哪些主要热力参数和性能指标？

2. 燃气轮机比功的大小与燃气轮机的几何尺寸和质量之间有什么联系？

3. 简单循环燃气轮机的比功与压比和温比之间有什么样的关系？

4. 简单循环燃气轮机的效率与压比和温比之间有什么样的关系？

5. 何谓透平的膨胀比？膨胀比与压比之间存在什么样的关系？

6. 试说明，燃气轮机存在哪两个最佳压比，为什么会存在这些最佳压比，它们的相对大小如何？

7. 简单循环燃气轮机的最佳压比与联合循环燃气轮机的最佳压比的相对大小如何？

8. 试借助于温熵图说明，为什么简单循环燃气轮机的效率对压比较敏感，而在联合循环燃气轮机的效率对压比不甚敏感？

9. 试借助于温熵图说明，为什么简单循环燃气轮机的效率对燃气初温不甚敏感，而在联合循环燃气轮机的效率对燃气初温较为敏感？

10. 再热循环燃气轮机的最佳压比与同一温比下的简单循环燃气轮机的最佳压比是否相等？若不相等，它们的相对大小如何？

11. 中间冷却循环燃气轮机的最佳压比与同一温比下的简单循环燃气轮机的最佳压比是否相等？若不相等，它们的相对大小如何？

12. 回热循环燃气轮机的最佳压比与同一温比下的简单循环燃气轮机的最佳压比是否相等？若不相等，它们的相对大小如何？

练 习 题

1. 已知某燃气轮机的进口空气温度 T_1^* 为 288K，压气机的压比 π 为 10，初温 T_3^* 为 1250K，压气机内效率 η_c 为 0.80，透平内效率 η_t 为 0.85，燃气轮机的进气管、燃烧室和排气管的压力损失均忽略不计（即 $\varepsilon_c=\varepsilon_b=\varepsilon_t=0$），空气和燃气的流量差别也忽略不计（即 $\mu_{cl}=0$），试求燃气轮机的比功 w_n。（注：计算时取 $c_{pa}=1.03\text{kJ/kg}$，$\kappa_a=1.386$；$c_{pg}=1.20\text{kJ/kg}$，$\kappa_g=1.315$）

2. 已知某燃气轮机的进口空气温度 T_1^* 为 288K，初温 T_3^* 为 1600K，排气温度 T_4^* 为 860K，压气机内效率 η_c 为 0.85，透平内效率 η_t 为 0.88，压气机进气道、燃烧室、透平排气道的压力损失均忽略不计（即 $\varepsilon_c=\varepsilon_b=\varepsilon_t=0$），试求压气机的出口温度 T_2^*。（注：计算时取 $\kappa_a=1.386$，$\kappa_g=1.315$）

3. 已知某燃气轮机的压比 π 为 17，燃气的排气温度 T_4^* 为 850K，其透平的内效率 η_t 为 0.90，燃气轮机的进气管、燃烧室和排气管的压力损失均忽略不计（即 $\varepsilon_c=\varepsilon_b=\varepsilon_t=0$），试求燃气轮机的初温 T_3^*。（注：计算时取 $\kappa_g=1.315$）

第三章　燃气轮机各部件的工作原理

第一节　压气机原理与特性

一、压气机的类型、结构及特点

压气机是燃气轮机的三大部件之一，其作用是连续不断地从周围环境吸取空气并将其压缩后供给燃气轮机的燃烧室。燃气轮机所使用的压气机主要有轴流式和离心式两种类型。轴流式压气机因机内气体在总体上沿轴向流动而得名。这类压气机的优点是流量大（最大已接近1000kg/s）、效率高（目前为80%～92%），缺点是级的增压能力低（级的压比一般为1.15～1.35）。离心式压气机因机内气体在总体上沿径向流动而得名。这类压气机的优点是级的增压能力高（级的压比可达4～4.5），缺点是流量小、效率低（目前为75%～85%）。两类压气机的特点不同，决定了它们的应用场合不同。小功率的燃气轮机主要采用离心式压气机，大功率的电站燃气轮机主要采用轴流式压气机。本书主要介绍轴流式压气机的工作原理和特性。

轴流式压气机的典型结构如图3-1所示。在结构上，轴流式压气机主要由两大部分构成：一是以转轴为主体的转子，转子上装有沿周向按照一定间隔排列的动叶片（或称工作叶片、动叶）；二是以机壳及装在机壳上的各静止部件为主体的静子，静子上装有沿周向按照一定间隔排列的静叶片（或称导叶、静叶）。为了达到燃气轮机所需要的高压比，轴流式压气机通常做成多级。级是压气机的基本工作单元，由一列动叶片和紧跟其后的一列静叶片构成。这种首尾串联的级构成了轴流压气机最主要的工作部分——通流部分。多数情况下首级前面还有一列附加的静叶片，称为进口导叶，其作用是使气流以一定的方向进入第一列动叶片。有时最后一级静叶片之后还有一列附加的静叶片，称为整流叶片，其作用是将从最后一级流出来的气流的方向调整为轴向，便于其在后面的环形扩压器中扩压。

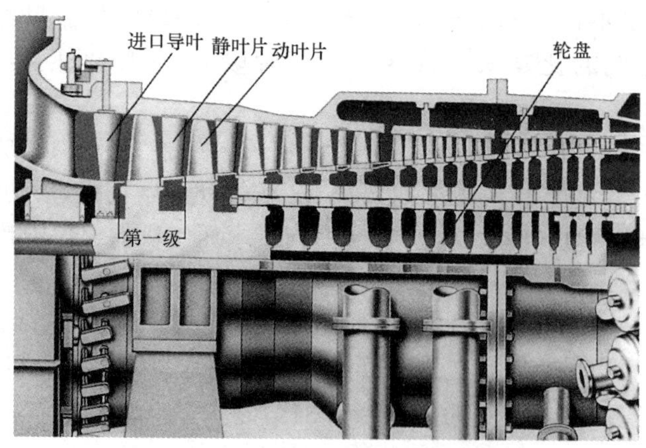

图3-1　轴流式压气机结构简图

表 3-1 列出了世界各主要燃气轮机制造公司在其典型大功率燃气轮机上所采用的压气机的情况。由表可见：①目前大功率燃气轮机所采用的压气机的级数一般为 13～22 级，压比为 15～30；②随着技术的进步，平均级压比在不断提高，整机压比也在不断提高。就全世界来看，压气机进一步发展的主要方向仍然是提高压比、通流量和效率。

表 3-1　世界各大燃气轮机公司所采用的压气机的情况

制造公司	GE		西门子		三菱重工		安萨尔多（前 ABB 技术）
燃气轮机型号	MS9001FA	MS9001HA.02	V94.3A	SGT5-8000H	M701F	M701G2	GT26
压气机型式、级数	轴流 18 级	轴流 14 级	轴流 15 级	轴流 13 级	轴流 17 级	轴流 14 级	轴流 22 级
压气机压比	15.4	21.8	17	19.2	17	21	30

二、轴流式压气机级的工作原理

（一）压气机的基本研究方法

由于压气机的基本工作单元是级，所以要了解整台压气机的工作原理，须首先了解级的工作原理。图 3-2 所示是一个轴流式压气机级的简图，气流在其动叶和静叶构成的环形通道内流过时，通过动叶从外界获得能量，压力升高。

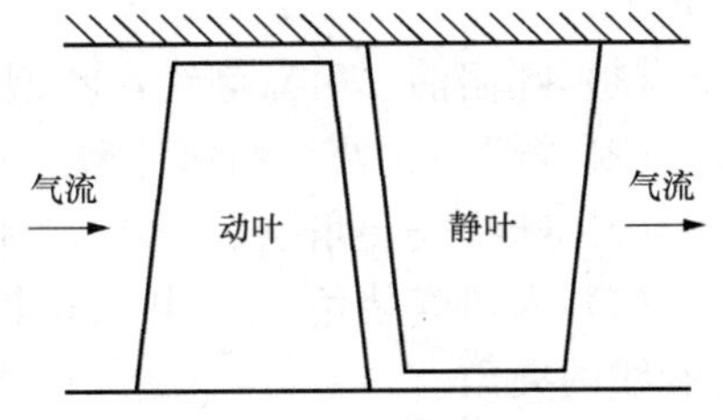

图 3-2　级的简图

研究级内的气体流动可以发现，由于叶片在径向有一定高度，而不同高度处的圆周速度不同，所以不同叶高截面上的气体流动情况各异。对于这种复杂的流动，一般可先从了解某一半径截面上的流动入手，进而了解不同半径截面以及整个级内的流动情况。为此需引入基元级的概念。所谓基元级是用一个假想的具有某一半径、厚度为无穷小、轴线与压气机相重合的圆柱面去切割级的叶片排，所得到的由一列动叶环形叶栅和一列静叶环形叶栅构成的一个高度为无穷小的级（见图 3-3）。显然，轴流式压气机的级可看做由无限多个半径不同的基元级叠加而成，因此，研究轴流式压气机级内的流动与工作原理可先从基元级着手，然后在半径方向将各基元级进行叠加，从而形成对级内气体流动及工作原理的认识，最后再掌握整台压气机的工作情况。实践证明，这样的研究方法是一种比较合理有效的方法。

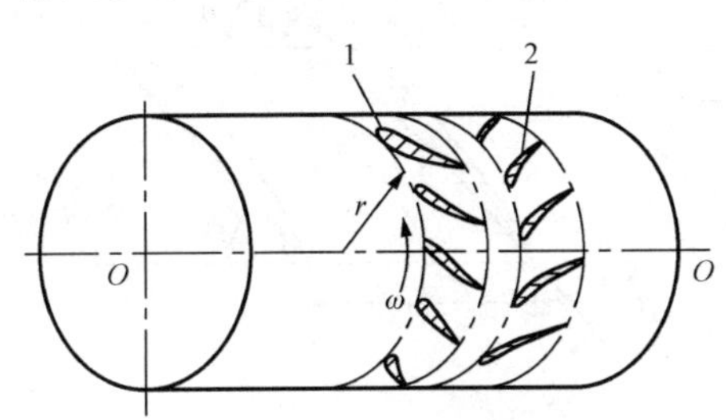

图 3-3　基元级的形成
1—动叶片；2—静叶片

（二）基元级的几何和气动参数

在研究基元级内的流动时，通常先将其环形叶栅在平面上展开，并假定展开后的叶栅在圆周方向无限长，这样就形成了便于研究的平面叶栅，如图 3-4 所示。无论是环形叶栅还是平面叶栅，都由一定数量形状相同的叶型在圆周面或在平面上彼此相隔一定距离排列而成，所以要了解气流在叶栅中的流动，有必要先对叶型、叶栅以及气流的主要参数有所了解。

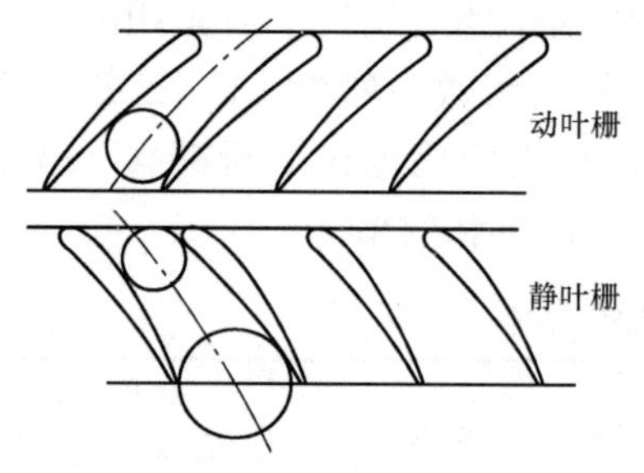

图 3-4 基元级展开形成的平面叶栅

1. 叶型几何参数

叶型是对叶片横截面形状的惯用称法。如图 3-5 所示，描述叶型几何特征的主要几何参数有以下几个。

(1) 型线：即叶型轮廓线，分为背弧型线和内弧型线，通常用 $y_1=f_1(x)$ 和 $y_2=f_2(x)$ 的函数形式描述。背弧和内弧的交接线为可将两者光滑地连接在一起的圆弧段。

(2) 中弧线：叶型型线所有内切圆圆心的连线。

(3) 弦长 b：型线在弦线方向的投影长度。弦线又有内、外之分，内弦线是指中弧线两端点之间的连线；外弦线是指内弧线进口边和出口边的公切线。工程上所说的弦长一般是指外弦长。

(4) 前、后缘方向角 χ_1、χ_2：叶型前、后缘点处，中弧线的切线与弦线间的夹角。

(5) 叶型弯曲角 θ：表征叶型弯曲程度的角度，$\theta=\chi_1+\chi_2$。

2. 叶栅几何参数

图 3-6 所示为一个环形叶栅的局部，以动叶栅为例，描述该叶栅的主要几何参数有以下几个。

(1) 叶栅前（后）额线：叶型前（后）缘点的连线。

(2) 栅距 t：两个相邻叶型上的同位点在圆周方向上的间距。

(3) 叶型安装角 γ_p：弦线与圆周方向之间的夹角。

(4) 入口安装角 β_{1j}、出口安装角 β_{2j}：叶型中弧线在前缘点和后缘点的切线与叶栅前、后额线的夹角。

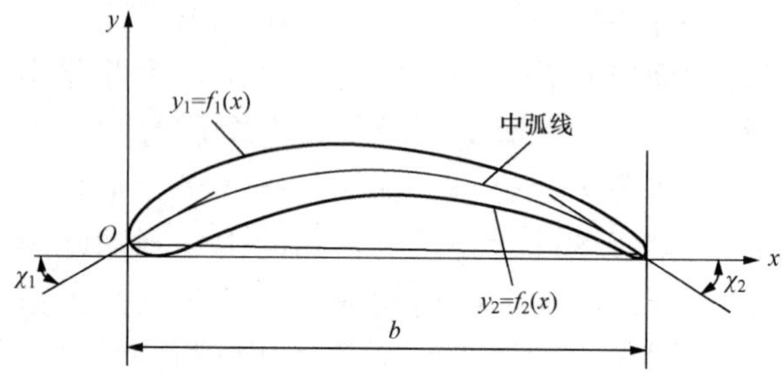

图 3-5 压气机叶型的几何参数

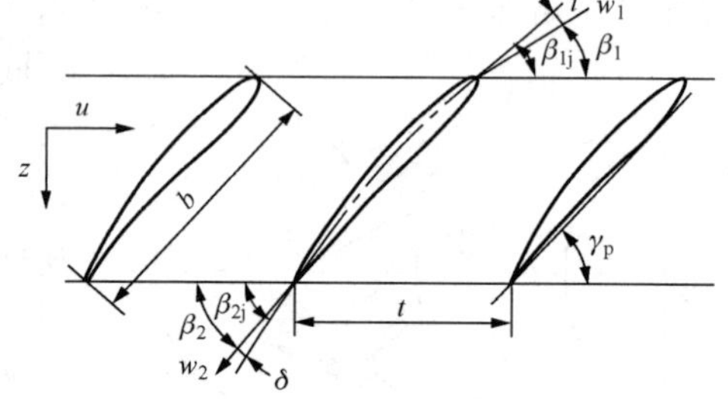

图 3-6 压气机叶栅的几何及气动参数

3. 主要气动参数

(1) 进、出气角 β_1 和 β_2：气流进口相对速度 w_1 与叶栅前额线的夹角为进气角 β_1，出口相对速度 w_2 与后额线的夹角为出气角 β_2，二者均为锐角。

(2) 进口冲角 i：气流流进叶栅时的进气角 β_1 与叶栅的入口安装角 β_{1j} 不一定会重合，它们之间的差值称为进口冲角，简称冲角，即

$$i=\beta_{1j}-\beta_1 \tag{3-1}$$

(3) 出口落后角 δ：气流流出叶栅时的出气角 β_2 与叶栅的出口安装角 β_{2j} 也不一定会重合。一般情况下，由于黏性和惯性的作用，β_2 略小于 β_{2j}，它们之间的差值称为出口落后角，简称落后角，即

$$\delta = \beta_{2j} - \beta_2 \tag{3-2}$$

（4）气流转折角 $\Delta\beta$：下一小节将述及，为了使气流流过叶栅时产生扩压，设计时应使 β_2 大于 β_1，它们之间的差值称为气流在叶栅中的转折角，即

$$\Delta\beta = \beta_2 - \beta_1 \tag{3-3}$$

（三）压气机的增压原理

由流体力学原理可知，具有一定速度和压力的气体，流过一个通流面积逐渐变化的通道时，假如与外界没有热量和机械功的交换，那么随着通流面积的变化，气流的速度和压力必然相应变化。要使亚声速气流在流动过程中速度不断降低，压力不断提高，必须使其流过一个通流面积不断增大的扩张形通道；相反，要使超声速气流压力提高，必须使其流过一个通流面积不断减小的收缩形通道。

由此可见，要使气体在流动的过程中增压，首先必须使其获得一定的动能，同时必须为其提供一个通流面积按一定规律变化的通道。由一列动叶栅和一列静叶栅组成的压气机的级正是这样一种既能为气体提供动能，又能为其提供一个通流面积按一定规律变化的通道。在压气机级内，受外力驱动而旋转着的动叶栅，通过对流经其通道的气体连续不断地做功使其获得动能，提高其绝对速度；静叶栅为高速气流将动能转换为压力能提供了扩压通道。当然，动叶栅也可以使气体流过时压力有所升高，但其主要任务还在于将外界的机械能转换为气流的动能。

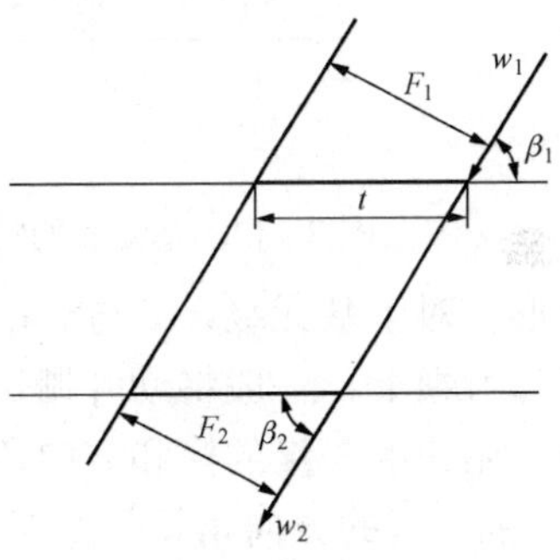

图 3-7　平直叶型叶栅

在这里，如何构造简单而又满足一定截面变化要求的叶栅是关键。图 3-7 所示为用平直叶型构成的叶栅，图 3-8 和图 3-9 所示为用弯曲叶型构成的叶栅。很明显，在气流进气角与叶栅的入口安装角相一致的情况下，用平直叶型难以构造通流面积变化的通道，而用弯曲叶型则既能方便地构造亚声速气流扩压所需要的扩张形通道，也能方便地构造超声速气流扩压所需要的收缩形通道。所以，实践中压气机的叶型都是弯曲的。

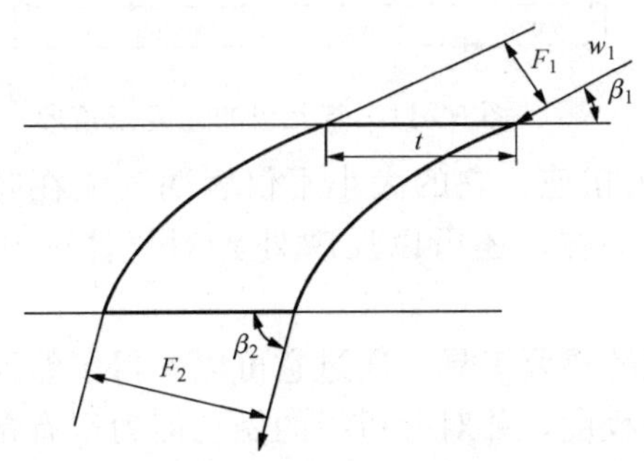

图 3-8　平板弯曲叶型构造的扩张型叶栅

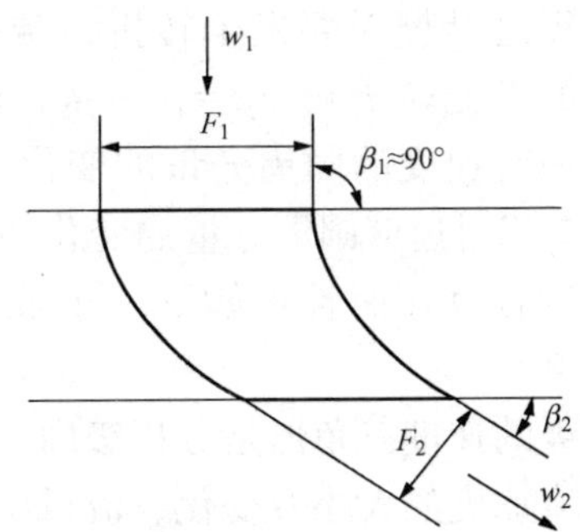

图 3-9　平板弯曲叶型构造的收缩型叶栅

（四）基元级的速度三角形

下面利用基元级的概念，分析气体在级内流动时其动能与压力能、速度与压力之间的转换规律。由于这种转换必然会反映为气流速度在动、静叶栅进、出口截面上的变化，所以在不打算涉及过程细节时，只需对基元级三个特征截面上的速度变化情况加以分析，即可方便

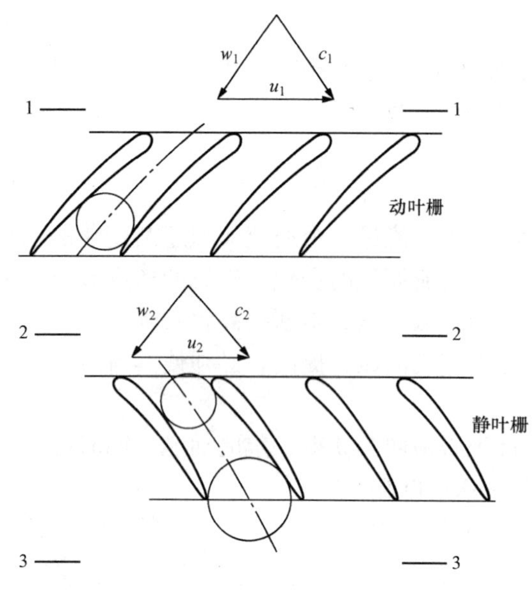

图 3-10 基元级的特征截面

地得到这些转换关系。这三个截面分别是动叶栅前（又称级前）截面、动叶栅后（又称级间）截面和静叶栅后（又称级后）截面，分别记为特征截面 1、2 和 3，如图 3-10 所示。

由图 3-10 可知，在截面 1 处气流以绝对速度$\vec{c_1}$流入动叶栅，由于动叶栅以圆周速度$\vec{u_1}$作牵连运动，故气流相对于动叶栅的速度只能是$\vec{w_1}$。根据运动学原理，$\vec{c_1}$、$\vec{u_1}$、$\vec{w_1}$三者之间满足$\vec{c_1}=\vec{u_1}+\vec{w_1}$的关系，该关系用矢量运算图表示则为一个如图 3-10 所示的三角形。同样在截面 2，气流的绝对速度$\vec{c_2}$和相对速度$\vec{w_2}$、圆周速度$\vec{u_2}$之间也存在$\vec{c_2}=\vec{w_2}+\vec{u_2}$的关系，并形成一个三角形。这两个三角形分别被称为动叶栅进口和出口的气流速度三角形。对于基元级，$\vec{u_1}$与$\vec{u_2}$相等，可统一记作$\vec{u}$。

习惯上，一般将动叶栅进口和出口的气流速度三角形画在同一幅图上，并为了运算方便，用速度矢量的模和方向角来表示各矢量，从而形成图 3-11 所示的级的速度三角形。图中，$\vec{c_1}$、$\vec{c_2}$的方向角就是绝对气流角，记为 α_1 和 α_2；$\vec{w_1}$、$\vec{w_2}$的方向角就是相对气流角，记为 β_1 和 β_2。

在定义各方向角时，需要有一定的规则，本书采用的规则是：绝对气流角 α 是绝对速度与圆周速度方向间的夹角，相对进气角 β 是相对速度与圆周速度反方向间的夹角，这样一般情况下这些角度都可以成为锐角。此外，从图中还可以看出，气流经过叶栅时要发生转折，转过的角度即前面定义的气流转折角 $\Delta\beta=\beta_2-\beta_1$，转折所引起的绝对和相对速度的圆周分量的变化分别为 Δc_u、Δw_u。其中相对速度圆周分量的变化 Δw_u 又被称为扭速，它的大小不仅表明气流在叶栅流动中的转折程度，而且正如下一小节将要讨论的那样，还可以反映外界对气体做功量的大小。

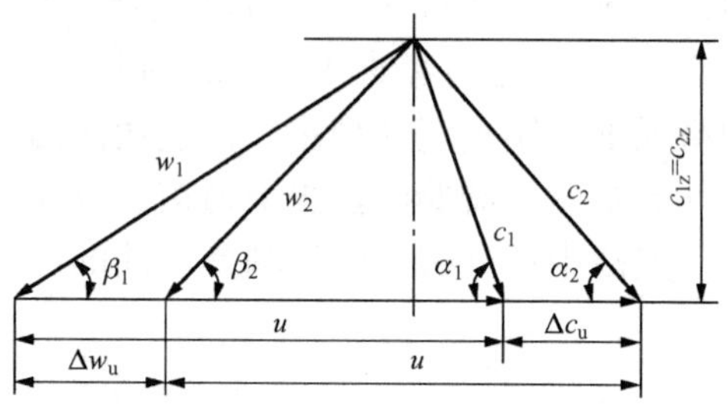

图 3-11 基元级的速度三角形

基元级的速度三角形是分析级内气流流动状况的重要工具，通过它可以一目了然地看出叶栅中气流速度的大小及变化、流道中气流转折的程度，并对分析级的做功能力很有帮助。

（五）压气机级中的能量转换关系

从能量守恒的角度看，气流流经压气机级时压力之所以会升高，完全是动叶栅对气体连续做功的结果。应用动量定理，经过简单推导，可以得出基元级的动叶栅加给单位质量气体的机械功（称为理论功或加功量）为

$$w_c = u\Delta w_u \tag{3-4}$$

根据速度三角形的几何关系，还可以将式（3-4）转化为

$$w_c = \frac{w_1^2 - w_2^2}{2} + \frac{c_2^2 - c_1^2}{2} \tag{3-5}$$

另外，从热力学的角度看，动叶栅加给气流的功除用于气流的动能升高外，也可有一部分用于气流的压力升高，同时，还必然有一部分在气体流动的过程中因摩擦等因素而转换成热量，因而

$$w_c = \int_{p_1}^{p_2} v \mathrm{d}p + \frac{c_2^2 - c_1^2}{2} + \Delta q_1 \tag{3-6}$$

式中　Δq_1——被转化成摩擦热的那一部分机械功。

式（3-6）还可以改写为

$$w_c = \int_{p_1}^{p_2} \frac{1}{\rho} \mathrm{d}p + \frac{c_2^2 - c_1^2}{2} + \Delta q_1 = \frac{p_2 - p_1}{\bar{\rho}_{12}} + \frac{c_2^2 - c_1^2}{2} + \Delta q_1 \tag{3-7}$$

式中　$\bar{\rho}_{12}$——动叶栅中的气体的平均密度。

由式（3-5）和式（3-7）可得

$$\frac{p_2 - p_1}{\bar{\rho}_{12}} = \frac{w_1^2 - w_2^2}{2} - \Delta q_1 \tag{3-8}$$

式（3-8）表明：要使气体在流过动叶栅时压力升高，其相对速度必须降低；压力升高的能量来自于叶片反抗气流相对速度降低的反作用力而做的功，此功还有一小部分被转换成了摩擦热，被气体吸收。

对静叶栅，按照相类似的方法可以得到

$$\frac{p_3 - p_2}{\bar{\rho}_{23}} = \frac{c_2^2 - c_3^2}{2} - \Delta q_2 \tag{3-9}$$

式中　Δq_2——静叶栅中的摩擦热；

$\bar{\rho}_{23}$——静叶栅中的气体的平均密度。

式（3-9）表明：要使气体在流过静叶栅的过程中压力升高，其绝对速度必须降低；绝对速度降低所释放的动能除一部分转换为摩擦热并被气体吸收外，其余都转换成了气体的压力能。

从以上分析中可以清楚地看出，在轴流式压气机级中，空气的增压过程和原理如下：

（1）外界通过叶轮上的动叶栅传递给气体的压缩功，一方面用于使气流的绝对速度升高，另一方面用于反抗相对速度降低的反作用力而做功，式（3-5）对此做了描述。

（2）外界反抗气流相对速度降低的反作用力而做的功，除一部分转换成了摩擦热并被气体吸收外，其余都转换成了气体的压力能，使气体的压力升高，式（3-8）对此做了描述。

（3）气流在流过静叶栅时绝对速度降低所释放的动能，除一部分转换为摩擦热并被气体吸收外，其余都转换成了气体的压力能，使气体的压力升高，式（3-9）对此做了描述。

由式（3-4）可以看出，要想在一个级中多加给气体一些功，使其压力升高的程度大一些，即压缩比大一些，要么增大圆周线速度 u，要么增大气流的扭速 Δw_u。但是，u 和 Δw_u 的增大都不是任意的。u 的增大要受叶片材料许用应力的限制，u 过大时，叶片根部截面处的离心拉应力会超过叶片材料的许用应力。Δw_u 的增大要受叶栅气动性能的限制，Δw_u 过大时，气流在叶栅中气流的转折角过大，将很容易产生边界层分离并形成旋涡，导致流动损

失增加。所以，压气机级的增压能力实际上是受限的。

近年来，随着新材料的开发、应用和设计制造水平的提高，压气机级的增压能力已有了很大提高。由表 4 - 1 中的数据可以看出，1300℃等级（通常被称为 F 级）燃气轮机的平均级压比为 1.16～1.20，而 G/H 等级燃气轮机的平均级压比已提高到 1.25 左右。

三、轴流式压气机的特性

（一）压气机的特性与特性线

描述压气机性能的主要参数有压比、效率、流量、转速等。压比 π 表征了气体流经压气机后压力升高的程度，其定义见式（2 - 1）。效率表征了外界通过压气机加给气体的功被利用的程度。压气机效率有多个定义，燃气轮机中采用的通常是滞止等熵效率 η_c，其定义见式（2 - 15）。流量表征了压气机尺寸的大小，可以用体积流量 q_V（单位为 m^3/s）表示，也可以用质量流量 q_m（单位为 kg/s）表示。转速 n 则表征了压气机主轴每分钟的转数（单位为 r/min）。

压气机在结构和尺寸一定时，其压比和效率主要取决于转速、流量和进气条件（压力 p_1^* 和温度 T_1^*）。压比、效率与流量、转速、进气压力、进气温度之间的关系称为压气机的特性。由于到目前为止压气机的特性还主要通过实验来测定，所以为方便研究和使用，通常用图线的形式来表示它们。在一定的进气压力 p_1^*、温度 T_1^* 和一定的转速 n 下，可以得出一条压比 π、效率 η_c 随流量变化的曲线，称为压气机的流量特性线。不同转速下有不同流量特性线。将各个转速下的流量特性线绘在同一幅图上，所得出的是一个曲线组，称为压气机的特性曲线组，简称特性线。

压气机的特性线有两种。一种是直接以压比 π、效率 η_c、转速 n、体积流量 q_V（或质量流量 q_m）等为参数绘制的一定进气条件下的特性线，又称为正常性能曲线。正常性能曲线的优点是直观、方便，但由于它只能表示某台压气机在某一进气条件下的性能，不具有通用性，所以只能在特定条件下使用。另一种是在相似原理指导下，用无因次参数表示的特性线，即通用性能曲线，实用的特性线通常都是通用的。在下面的讨论中，这两种特性线都将被用到。

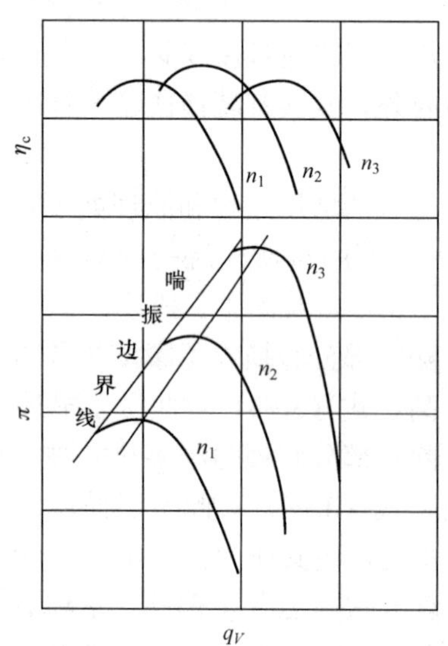

图 3 - 12　单级轴流式压气机的特性线（$n_1<n_2<n_3$）

（二）单级轴流式压气机的特性线

在讨论整台压气机的特性之前，有必要先对级的特性加以分析。图 3 - 12 所示为一个典型的单级轴流式压气机的特性线，其中，图的下半部分表示的是压比 π 随压气机进口体积流量 q_V 变化的情况，上半部分表示的是效率 η_c 随体积流量 q_V 变化的情况。由图可见，单级轴流式压气机的压比随流量变化的曲线有以下几个明显的特点。

（1）每一转速下的压比均有一个最大值，特性线以最大压比点为界分为左、右两支。左支对应于 π 随 q_V 减小而减小的情况，右支则对应于 π 随 q_V 增大而减小的情况。

（2）当转速不变，流量减小到一定值时，因压比不稳定而无法绘出，与此流量对应的工况点就是给定转速下的稳定工作边界点，称为喘振边界点。将各转速下的喘振工况点相连，所得到的曲线称为喘振边界线。所谓喘振是指压气机内的气流轴向脉动所引起的整台机器的剧烈振动。

（3）当转速不变，流量增大到一定值时，压比急剧下降，流量无法继续增大，这种现象称为压气机的阻塞。

（4）不同转速下的压比特性线形状稍有不同，转速越高，特性线就越陡峭。

效率随流量变化的曲线组与压比随流量变化的曲线组的特点大致相同。

研究表明，单级轴流压气机性能曲线所具有的上述特点，是由级的理论功（加功量）和级内流动损失随流量变化的情况所决定的，下面对此进行分析。

首先讨论转速不变时的情况。由式（3-4）可知，转速不变（即圆周线速度 u 不变）时，轴流级的理论功只与扭速 Δw_u 成正比。因此要搞清楚理论功怎样随流量变化，就要搞清楚扭速 Δw_u 怎样随流量变化。而要搞清楚扭速 Δw_u 怎样随流量变化，必须从速度三角形怎样随流量变化分析起。为简化起见，这里仅以轴向进气的情况为例进行分析。

图 3-13 给出了一个轴向进气的压气机级，在转速不变的情况下，其速度三角形随进气流量变化而变化的情况。很显然，当级的体积流量增大或者减小时，由于几何结构的限制，动叶栅进口的绝对气流角 α_1 和出口的相对气流角 β_2 始终是不变的，分别与导向叶栅和动叶栅的出口几何角近似相等（只差一个落后角），但因 c_1 要变化，所以速度三角形必然变化。这样，当级的体积流量增大时，其扭速 Δw_u 必然减小；当体积流量减小时，其扭速 Δw_u 必然增大。与此相应：当级的体积流量增大时，其理论功必然减小；当体积流量减小时，其理论功必然增大。

在无损失的情况下，级的理论功将全部用于气体增压。在这种情况下，级的压比必然随流量的增大而减小，如图 3-14 中的曲线 aa 所示。

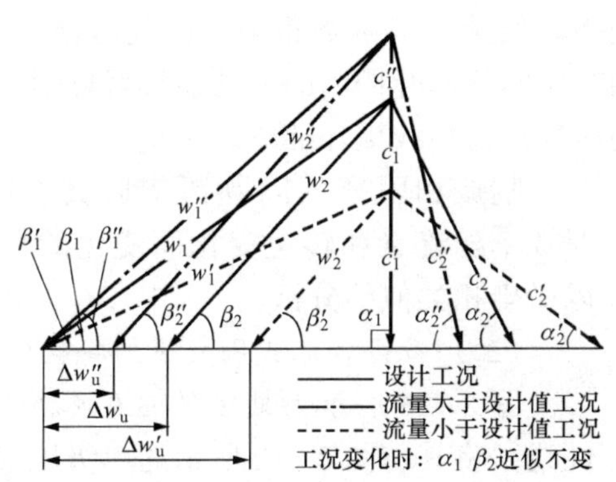

图 3-13　n=const 时，级的速度三角形和扭速随流量的变化

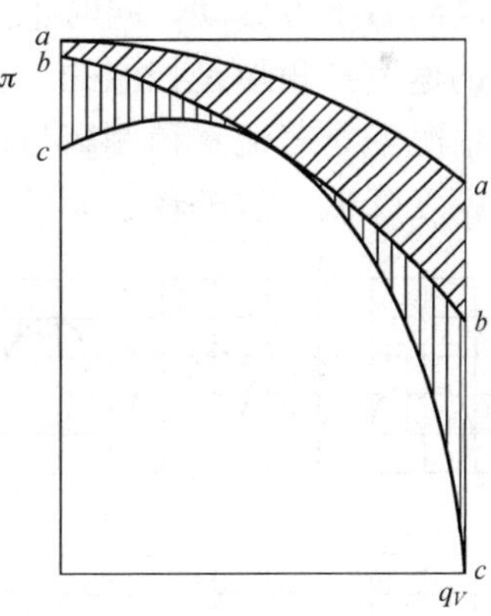

图 3-14　说明轴流式压气机级特性用图

实际的流动过程总是伴随着能量损失的，故理论功中用于气体增压的部分将减小。压气机级内的损失主要由叶型损失、环面损失和二次流损失三部分组成。环面损失是气流在叶片两端所形成的圆环通道表面流动所产生的摩擦和涡流损失。二次流损失是级内复杂的实际流动中由于存在与气流主流方向不同的二次流动所带来的扰乱而形成的流动损失。研究发现，环面损失和二次流损失随流量的变化并不大，而且这两项损失相对于叶型损失而言较小，因此，考虑环面损失和二次流损失后，压比与流量的关系曲线趋势与曲线 aa 相同，且偏离量较小，故在图 3-14 中不作专门区分，仍用曲线 aa 表示考虑这两项损失后的压比流量关系

曲线。

然而，叶型损失随流量的变化较大。叶型损失又可分为摩擦损失和分离损失两部分。摩擦损失包括气体与通道壁面及气体微团之间的黏性摩擦所引起的损失，还包括局部超声速引起的激波损失，这些损失都与气流速度有关。流量增大时，气流速度增大，损失也增大，但流量与速度成正比地增大，而损失基本上与速度的平方成正比地增大，所以，单位质量气体的摩擦损失还是随流量的增大而增大的。考虑了这项损失后，压比与流量的关系将由曲线 aa 变为曲线 bb，两条曲线之间的高度差即为摩擦损失所引起的压比变化。

叶型损失中的分离损失与气体进入叶栅时的方向有关。在设计流量下，气体进入动叶栅和静叶栅时的冲角都很小，级中流动情况最好，分离损失接近最小值。当转速不变，流量由设计值增大时，如图 3 - 13 所示，动叶栅和静叶栅的进口处将因气流角 β_1 和 α_2 的增大而产生负冲角（即 $i<0$），从而导致气流在叶型叶腹表面上的分离，损失增大；相反，当转速不变，流量由设计值减小时，动叶栅和静叶栅的进口处将因气流角 β_1 和 α_2 的减小而产生正冲角（即 $i>0$），从而导致气流在叶型叶背表面上的分离，损失增大。在曲线 bb 的基础上考虑分离损失后，级的压比流量关系将如图 3 - 14 中的曲线 cc 所示。

显然，曲线 cc 所反映的压比随流量变化的趋势与图 3 - 12 相一致。由此可见，单级轴流压气机的特性确实反映了级的内在特点。

现在再来讨论压比随转速变化的情况。不难理解，在保持速度三角形与设计速度三角形相似的情况下，随着转速的提高，气流的轴向速度和周向速度必须得按比例同时增大，扭速也按比例增大。这样级的理论功就要增大，压比也将增大。在特性线图上的最大压比点附近，气流的轴向速度和周向速度确实是按比例同时增大的。这解释了为什么最大压比点会随转速提高向右上方移动，同时也间接地说明了在最大压比点附近，级的速度三角形与设计工况下级的速度三角形是相似的。在较高的转速下，气流的马赫数很高，由气体动力学可知，在这种情况下，若流量稍偏离与最大压比点相对应的值，叶栅内的流动损失就急剧增大，压比也大幅度降低。这解释了为什么高转速下的压气机特性线更加陡峭。

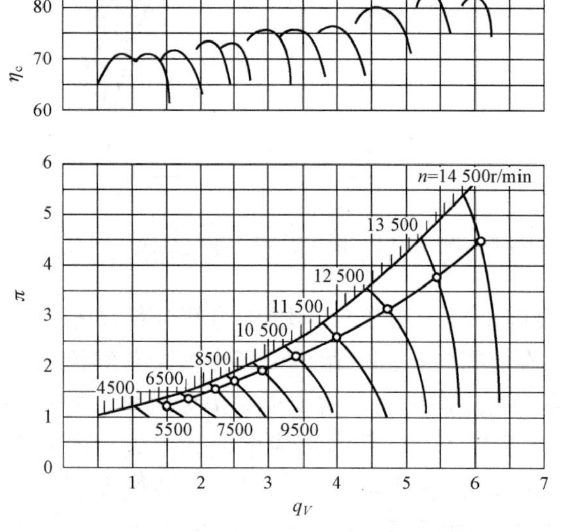

图 3 - 15 多级轴流式压气机的特性线

喘振和阻塞的问题留待后文专门讨论。对效率随流量和转速变化而变化的特点也可以做出相类似的分析。

（三）多级轴流式压气机的特性线

图 3 - 15 所示为某多级轴流式压气机的特性线。将其与图 3 - 12 所示的单级压气机的特性线相比较，可以看出，多级压气机的特性与单级的十分相似，但并不完全相同。不同之处表现在以下两方面。

（1）多级压气机的压比和效率随流量变化的曲线都比单级压气机的陡峭，高转速下，多级压气机的特性线几乎变成垂线，这导致多级压气机的工作范围变窄。压气机工作范围的定义为

$$压气机工作范围=\frac{q_{V\max}-q_{V\min}}{q_{V\min}}$$

式中　$q_{V\max}$——某转速下压气机进口处的最大空气流量；

$q_{V\min}$——同一转速下压气机进口处的最小空气流量。

（2）多级压气机的特性线基本不存在左支，喘振点直接出现在右支上（相对于极值点）。由于多级压气机由单个级串列而成，所以特性线相似很容易理解。至于出现上述差别，可简单这样解释：当压气机的质量流量增大时，对第一级而言，容积流量是按比例增大的；而对第二级而言，因受质量流量增加和前一级压比下降的双重影响，其容积流量有一个额外的增大，压比也有一个额外的下降。依此类推，越在后面的级，容积流量增大得越激烈；级数越多，容积流量增大得越激烈。相反，当压气机质量流量减小时，越在后面的级，容积流量减小得越激烈；级数越多，容积流量减小得越激烈。正因如此，多级压气机的特性线比单级压气机的陡峭得多，稳定工作区也窄得多。因此，处在多级压气机中的级会比处在单级压气机中的级更容易进入喘振或阻塞状态。

实际应用中，往往将压气机的压比流量特性和效率流量特性绘在同一幅图上。图 3-16 所示为在压比特性图上绘制等效率线的方法。具体步骤：在效率特性图上画出 $\eta_c=\text{const}$ 线，求出它与各转速下效率曲线的交点，在压比特性图上找出与上述各交点相对应的工况点，并用光滑曲线将这些点连接起来，就得到一条等效率线。对不同的 η_c 实施上述步骤，可以绘制出不同的等效率线。于是，仅用图 3-16 的下半部分就可以同时反映压气机的压比特性和效率特性。

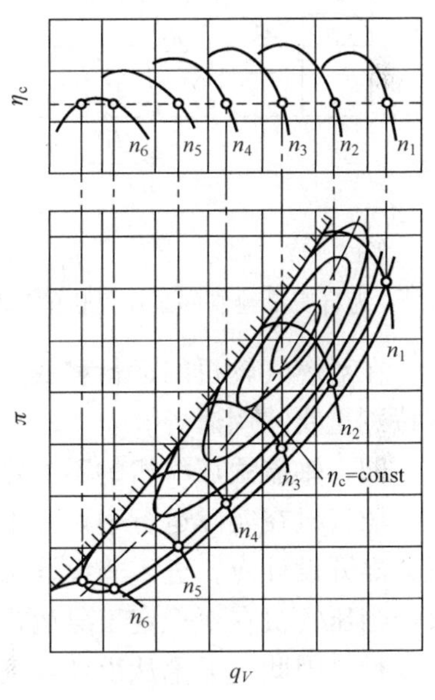

图 3-16　在压气机的压比特性图上绘制等效率线

（四）压气机的通用特性线

直接以压比 π、效率 η_c、转速 n、体积流量 q_V（或质量流量 q_m）等为参数绘制的特性线只适用于一定几何尺寸和一定进气条件的压气机。这就是说，对不同尺寸的压气机，或者对同一台压气机的不同进气条件，要重新通过研究才能得到其特性线。为了方便应用并节省研究费用，最好能得出通用的压气机特性线。相似原理告诉我们这样的通用特性线是存在的。

根据相似原理，对于几何相似的若干台压气机或者对同一台压气机的不同工况，如果它们相互之间相对应的定性准则数彼此相等，则它们相互之间相对应的所有无因次参数都彼此相同。因为压比 π 和等熵效率 η_c 本身是无因次参数，所以若用压气机的定性准则数为自变量绘制出压气机的压比特性线和效率特性线，则这些特性线就都是通用的。所谓通用特性线是指：不管压气机的具体尺寸多大（当然，几何相似是前提），进气量多少，进气条件是什么，这幅特性线都是适用的。换句话说，只要知道定性准则数的大小，就可以从该图查出压比 π 和等熵效率 η_c 的大小，而不必管压气机的具体尺寸、进气量、进气条件如何。

压气机的定性准则数很多，但对不同的问题，并不是所有的定性准则数都重要。研究表明，对于压气机的压比 π 和等熵效率 η_c 而言，在流动处于自模化区、雷诺数 Re 的影响可忽略不计的条件下（该条件通常都能满足），主要的定性准则数有两个。最基本的定性准则数是第一级动叶栅的进口速度马赫数 $Ma_{c1}=c_1/a_1$（其中 a_1 为当地声速）和圆周速度马赫数 $Ma_u=u/a_1$，其他任何两个与 Ma_{c1}、Ma_u 成比例且相互独立的无因次参数都可以代替 Ma_{c1}、Ma_u 成为定性准则数。可以证明：进口绝对速度系数 $\lambda_{c1}=c_1/c_{cr}$（其中 c_{cr} 为一定进口条件下的临界速度）和无因次流量参数 $q_m\sqrt{T_1^*}/(p_1^*d_1^2)$（其中 d_1 为第一级动叶栅的节圆直径）等可用来代替进口速度马赫数 Ma_{c1}；圆周速度系数 $\lambda_u=u/c_{cr}$ 和无因次转速参数 $nd_1/\sqrt{T_1^*}$ 等可用来代替圆周速度马赫数 Ma_u。选择不同的定性准则数作为自变量，可以得到不同的通用特性线。对同一台压气机而言，由于转子直径为定值，故还可以用折合流量 $q_m\sqrt{T_1^*}/p_1^*$ 和折合转速 $n/\sqrt{T_1^*}$ 分别代替无因次流量 $q_m\sqrt{T_1^*}/(p_1^*d_1^2)$ 和无因次转速 $nd_1/\sqrt{T_1^*}$ 作为定性准则数。图 3-17 所示即为以这两个参数为自变量绘制的某台压气机的通用特性曲线，该图适用于该压气机的任何进气条件。

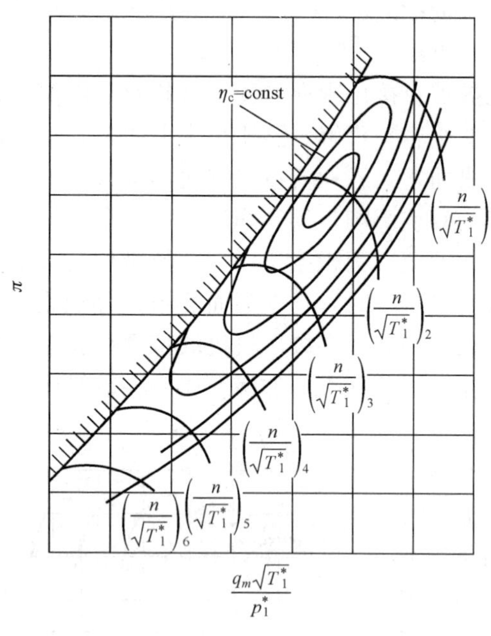

图 3-17 以 $q_m\sqrt{T_1^*}/(p_1^*)$ 和 $n/\sqrt{T_1^*}$ 为自变量绘制的某压气机的通用特性线

在对燃气轮机的运行和变工况性能进行分析以及在压气机的模化计算中，通用特性线具有特别重要的用途。

四、轴流式压气机的不稳定工况

压气机在实际运行中，并不一定总是在设计工况下工作，当运行条件改变时，其工况点就会离开设计点，进入非设计工况区域。在一定的非设计工况下，压气机还会发生不稳定现象，当压气机在不稳定工况运行时，不仅其工作性能大大恶化，还可能因强烈振动而不能正常运行。因此，无论从设计角度还是从运行角度都有必要对压气机的不稳定工况有所了解，并力图避免不稳定工况的发生。压气机的典型不稳定工况有失速、喘振和阻塞。

（一）压气机的失速

失速是轴流压气机最常见的一种不稳定气动现象。在一定的转速下，当压气机的流量减小到一定程度时，其中某一级叶栅中叶背上的边界层就会急剧增厚，导致气流在此处分离，当分离区占据大部分流道时，就会引起流动损失急剧增大，这种现象称为失速。通常，分离区还会沿着圆周方向在叶片间移动，形成一种旋转传播现象，因此失速又称为旋转失速。压气机中有失速现象存在时的工况称为压气机的失速工况。失速不仅会使压气机的压比与效率下降，而且还可能会引起整个压气机系统不稳定，进而造成更加危险的不稳定工况——喘振。为了尽可能避免这种现象的发生，有必要对旋转失速产生的机理进行深入分析。

1. 旋转失速形成的机理

分析轴流式压气机级的速度三角形可知，当压气机在设计工况下运行时，气流进气角与叶栅的入口安装角基本上是一致的，冲角很小。但是，当工况发生变化时，这种一致性就会遭到破坏。现以图 3-18 所示的圆周速度不变、流量偏离设计值时的情况为例加以说明。

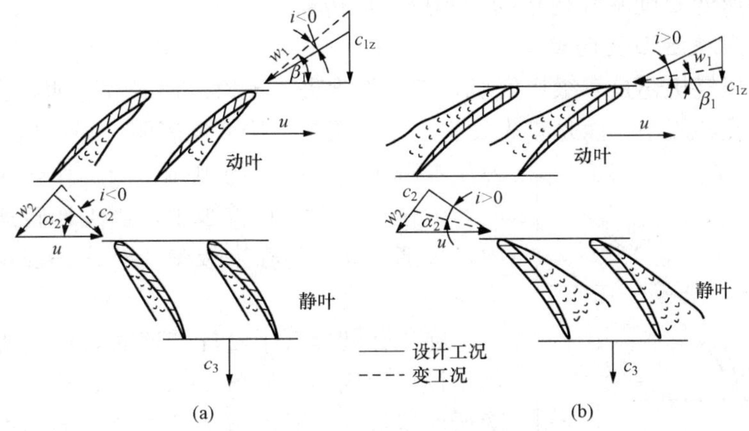

图 3-18　轴流式压气机叶栅中气流发生分离时的流动情况

(a) 体积流量大于设计值；(b) 体积流量小于设计值

图 3-18 (a) 所表示的是级的圆周速度不变而体积流量增加时的情况。此时，由于气流的轴向速度增加，气流进气角 β_1 会大于叶栅的入口安装角 β_{1j}，叶栅进口出现负冲角（即$i<0$）。当负冲角的绝对值增大到一定值时，叶片的腹面上将会产生边界层分离，但大量的实验表明，叶片腹面上的边界层分离一般只局限在一定的区域内，不会对压气机的正常工作造成很大影响，其原因有二，一是因为有离心力场的约束作用，二是因为流量增加使理论功减小，流动的扩压程度也减小，所以分离区不易扩大。

图 3-18 (b) 表示的是级的圆周速度不变而体积流量减小时的情况。此时，由于气流的轴向速度减小，气流进气角 β_1 会小于叶栅的入口安装角 β_{1j}，叶栅进口出现正冲角（即 $i>0$）。当正冲角增大到一定值时，叶片的背面上将会产生边界层分离。与前一种情况不同的是，由于受到离心力场和流动扩压程度增大的双重影响，叶片背面上的分离一旦产生就有扩展下去的趋势，严重时可能会占据大部分流道，从而造成失速。

实验表明，轴流式压气机的失速开始一般先发生在某一级叶栅的若干个局部区域，这可能是由气流不均匀及叶片加工安装误差等引起的。这样的局部失速区并不是静止不动的，而是围绕压气机叶轮的轴线以低于叶轮圆周速度的速度与叶轮同方向旋转着。实验表明，失速区的圆周速度一般为叶轮圆周速度 u 的 20%～80%，对多级轴流压气机为 40%～60%，所以在相对坐标系中观察时，失速区以一个相对速度 u' 朝叶栅运动的反方向传播着。

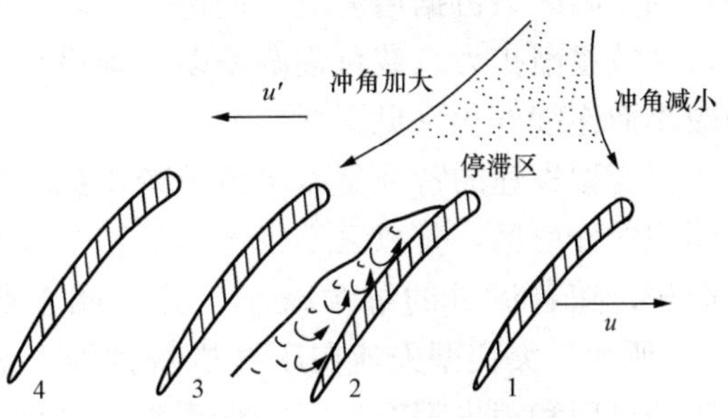

图 3-19　失速传播的机理

失速区旋转的机理可借助于图 3-19 来说明。如图所示，假设叶栅以速度 u 移动，当体积流量减小时，若在叶片 2 的背面上首先出现气流分离，则叶片 2 与叶片 3 之间的流道将会被部分地堵塞。此时，该流道的前方必然会形成低速气流区（称为停滞区），并导致附近的气流改变方向。位于低速区右侧的叶栅的气流角将增大，使叶片 2 的冲角减小，流动改善，失速解除；位于低速区左侧的叶栅的气流角将减小，使叶片 3 的冲角进一步增大，导致叶片 3 背面出现气流分离。这样，失速区便以一定的相对速度 u' 朝着叶栅运动的相反方向传播。

2. 多级压气机失速位置的变化

无论是单级压气机还是多级压气机，都会发生失速现象。但研究表明，多级压气机的失速并不同时发生在各级中，而是首先发生在某一级中。研究还表明，多级压气机的失速首先发生在哪一级有一定的规律：当工作转速低于设计转速时，失速首先发生在首级中；当工作转速高于设计转速时，失速首先发生在末级中。对这一现象可简单地作如下解释。

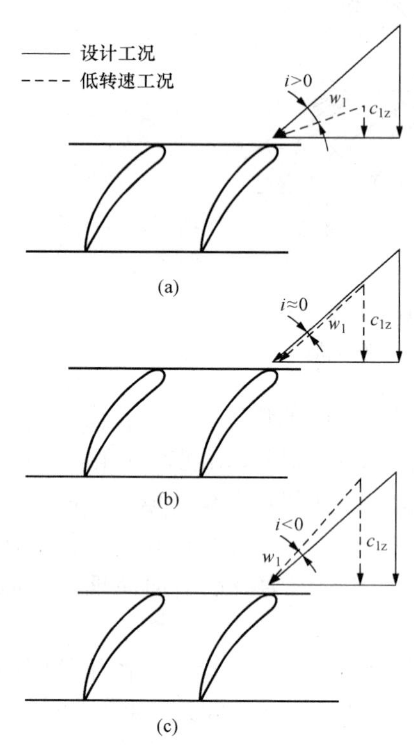

图 3 - 20　低转速下多级压气机各级冲角的变化

（a）首级；（b）中间级；（c）末级

在工作转速低于设计转速时，压气机的压比一般是低于设计压比的（见图 3 - 15）。这样，当压气机因流量降低而接近失速时，虽然各级的周向速度和流量都要降低，但由于受压比降低的影响，各级气流的轴向分速度降低的比例是不一样的：位于后面的级（如末级），由于受压比降低、比体积增大的影响，其轴向分速度降低的程度会小一些；位于前面的级（如首级），由于基本不受压比降低的影响，其轴向分速度降低的程度会大一些。这时，压气机各级的速度三角形会发生不同的变化。一般来说，多级压气机中间级的轴向分速度与圆周速度变化的幅度总能大体保持相当，速度三角形可保持与设计工况相似，如图 3 - 20（b）所示。这样，首级和末级的速度三角形必然分别按照图 3 - 20（a）和图 3 - 20（c）所示的规律变化，即末级因轴向分速度相对于圆周速度有所增大而在叶栅进口出现负冲角；首级因轴向分速度相对于圆周速度有所减小而在叶栅进口出现正冲角。这时，如果压气机要发生失速，失速点必然首先出现在首级。

3. 失速的类型及其在特性线上的反映

研究还发现，根据强烈程度，旋转失速还可以分为渐进型和突变型两种类型。渐进型失速的特征是，当流量减小时，失速首先在一个或几个叶片的叶尖处产生，如果失速规模较小，则分离区只占据通流流道的部分区域；随着流量的继续减小，分离区会沿径向和周向扩展，区域逐渐扩大，数目逐渐增多。渐进型失速在压气机特性线上表现为压比、效率随流量的减小而连续变化（见图 3 - 21）。

突变型失速的特征是，当流量减小到一定值时，在压气机的某级叶栅中突然出现一两个大面积的分离区，分离区不仅占据了整个叶高，而且还会在圆周方向上占据相当大部分的通流面积；随着流量的继续减小，分离团个数虽基本不变，但占据的面积越来越大。如图 3 - 22 所示，突变型失速在压气机特性线上表现为压比、效率随着流量发生阶跃性的变化，失速的出现和消失都有一定的滞后性，即随着流量的减小，当压气机的工作状态到达 B 点时，突然发生失速，压比突然降低，工作点由 B 点突跳至 C 点。如果此时流量进一步减小，

压比将从 C 点进一步降低；反之，如果此时流量增大，工作点到达 C 点时失速并不立即消除，而是直到流量增加到 D 点时，工作点才从 B 点突跳到 A 点，此时失速才消除。很显然，突变型失速是相对来说更危险的工况。

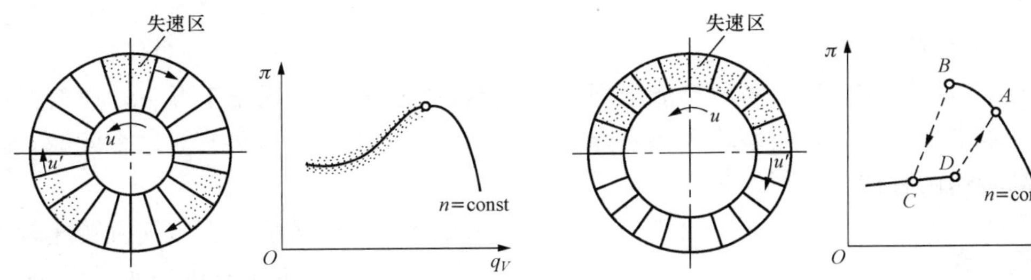

图 3-21　渐进型旋转失速及其特性　　图 3-22　突变型旋转失速及其特性

（二）压气机的喘振

轴流压气机特性线图的左侧有一个区域，是压气机另一种不稳定工况——喘振工况所在的区域。喘振是在压气机与其管网组成的系统中出现的一种周期性的气流振荡现象。喘振时，压气机的流量忽增忽减，压比忽高忽低，整个机组发生剧烈的低频振动并伴随着特有的轰鸣声。喘振的危害很大，若不能及时消除或停机，机组可能会严重损毁。为了防止喘振，有必要对这种现象产生的原因作深入分析。

研究表明，压气机的喘振是内外因共同作用的结果。内因是压气机本身失速，外因是压气机下游一般有容积较大的管网部件（如在燃气轮机中，压气机的下游有燃烧室和透平等）。

很明显，当压气机因流量减小而发生失速时，其压比是要迅速降低的。此时，若其下游有容量比较大的管网，则因管网中的压力不可能同样迅速降低，压气机出口处会出现瞬时的正压梯度，这将引起压气机流量的进一步减小甚至引起管网中的气体向压气机倒流。这种情况持续一段时间后，管网中的压力将降低，压气机将恢复正常工作，管网中的压力也将逐步回升。但是，由于此时压气机流量总体上处在一个较低的水平，所以当管网中的压力回升到一定值后，上述过程又将重新开始并将周而复始地循环下去，于是在压气机与其管网系统中就产生了一种特殊的、流量忽增忽减、压比忽高忽低的喘振现象。

由上述分析可知，压气机的喘振不仅与失速有关，而且与压气机下游部件的容积大小有关。所以，对喘振原因的准确解释是：失速是喘振的必要条件，但失速是否会导致喘振则与压气机下游部件的容积有关。经验表明，若不采取防喘措施，在高转速和高压比的压气机中，失速和喘振都很普遍。

由上述分析还可知，轴流式压气机的失速和喘振既有联系，也有区别。喘振的诱因是失速，但与失速有本质性的区别。归纳起来，两者的主要区别有以下几点。

(1) 失速是压气机本身的气动稳定性问题；喘振是压气机与其管网组成的整个系统的稳定性问题。

(2) 失速时，气体流量沿叶栅周向的分布是脉动的，但压气机的总流量不随时间变化；喘振时压气机的总流量时增时减，随时都在变化。

(3) 失速时，压气机中有一个或几个低速区围绕着压气机轴线旋转，处在叶栅中不同位置处的叶片将轮流受到气流脉动的作用；喘振时，处在叶栅周向各位置处的叶片同时受到气流轴向脉动的作用。

（4）失速时，气流周向脉动的频率和振幅与叶栅本身的几何参数和转速有关；而喘振时，气流轴向的振动频率和振幅与管网容量大小有很大关系，管网容量越大，频率越低，振幅就越大。

（三）压气机的阻塞

阻塞是压气机流量增大时所可能出现的一种不稳定工况。在阻塞工况下，压气机的流量无法进一步增加，压比及效率均大幅度降低。为什么会出现这种情况？对这个问题，须分低转速与高转速两种情况进行讨论。

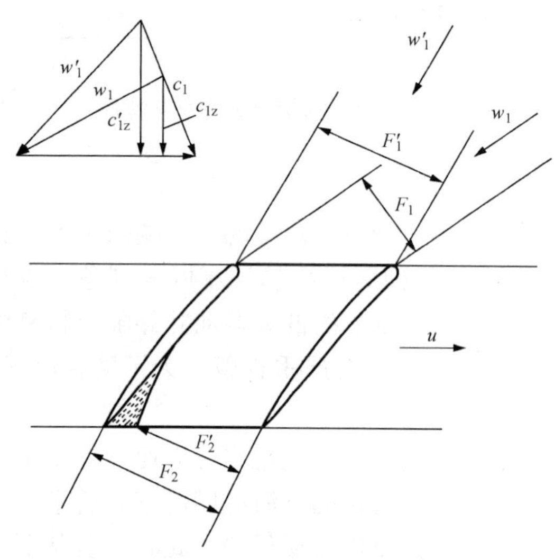

图 3-23 "涡轮工况"示意

如图 3-23 所示，当压气机转速较低而流量相对较大时，动叶栅进口处会出现较大的负冲角，这一方面会使叶片腹面产生严重的气流分离从而减小叶栅出口的有效通流面积（即 $F_2'<F_2$），另一方面则会增大叶栅入口的有效通流面积（即 $F_1'>F_1$）。于是，当流量增大到一定程度时，就有可能出现 $F_2'<F_1'$ 的情况，形成入口面积大、出口面积小的所谓"涡轮工况"。此时，气流在动叶内不是压缩而是膨胀，压力不仅不提高而且可能降低。于是，压气机的流量无法进一步增加，且压比及效率均大幅度降低。

另一种情况发生在压气机转速比较高的时候。在这种情况下，当流量增大从而使叶片腹面产生严重的气流分离时，流道中最小的喉部截面将减小，使得此处本来就比较高的流速很容易增大至声速，造成叶栅的流量达到临界值，相当于把叶栅流道阻塞了。

上述两种不稳定工况都称为阻塞工况。

五、压气机的防喘振

如前所述，压气机喘振的起因是失速，而失速的起因是工作状态偏离设计点后，气流参数与叶栅几何参数之间的良好匹配关系遭到破坏，形成了过大的正冲角。因此，防止喘振最根本之处是要减小非设计工况下的冲角。常采用的防喘振措施有中间放气、旋转导叶和压气机分轴等。

（一）中间放气

中间放气是指在多级压气机通流部分的一个或几个截面处将一部分气体放到大气中或者重新引回压气机进口，以防止压气机在低速运行时发生喘振的一种方法，如图 3-24 所示。其原理可借助于图 3-25 来说明。

前已说明，多级压气机在低转速下靠近喘振边界运行时，首级叶栅会出现正冲角，末级叶栅会出现负冲角，这样末级可能会阻塞，而首级可能会出现失速从而导致喘振。在这种情况下，如果从压气机的中间放掉一部分气体，那么放气口之前的流量就相对增大，放气口之后的流量就相对减小。这样，首、末级的气流冲角均可以调整到接近设计值，喘振也就可以消除。图 3-25（a）、（b）分别表示首、末级的速度三角形在放气前后的变化情况。

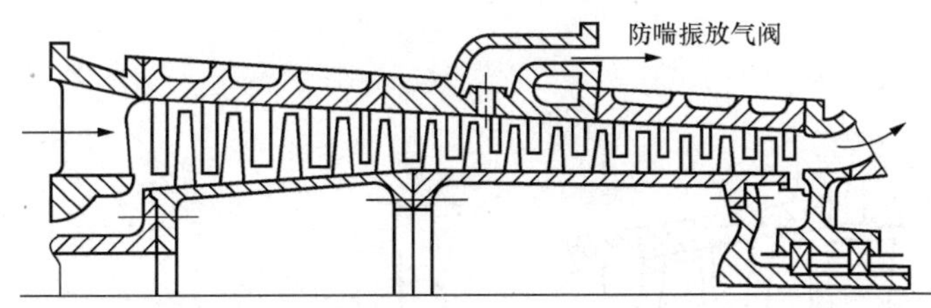

图 3-24　多级压气机的中间放气

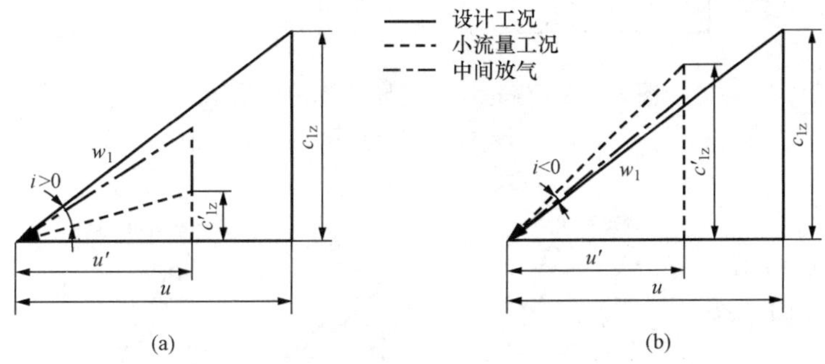

图 3-25　中间放气前后首末级速度三角形的变化情况

(a) 首级；(b) 末级

中间放气措施的优点是简单易行，压比低于 10 时效果比较理想；缺点是要放掉 10%～15%经过压缩的空气，经济性差。特别是放气口的位置对于放气的效果有很大影响，过分靠近压气机进口，放气效果不太明显；过分靠近压气机出口，经济性又很差。为解决该问题，现代大功率燃气轮机所用的压气机一般设置多个放气口，运行时，根据转速的高低分别采用不同的放气口或者不同数量的放气口。

例如，PG9351FA 型燃气轮机的压气机就设有两个中间放气口，分别在第 9 和第 13 级后（该压气机共有 18 级），所放出的气体均被排入燃气轮机的排气道。燃气轮机从启动起到 75%额定转速之前，两个放气阀全部打开；当额定转速为 75%～95%时，低压放气阀全开，高压放气阀全关；在达到 95%额定转速之后，两个放气阀全关。正常停机时，当转速达到 95%额定转速之后，两个放气阀全开。机组跳闸停机时，两个放气阀立即全部打开。

（二）旋转导叶

旋转导叶是指将多级压气机的进口导叶甚至前几级静叶都做成可以绕自身轴线旋转的结构，从而使它们的安装角可根据需要进行调整的机构。图 3-26 所示为一种齿轮齿环式导叶旋转机构的示意。对其防喘振原理可以做下述说明。

如前所述，当压气机在低转速下运行，且流量过小时，如果导叶不动，前几级将会出现大的正冲角，如图 3-27（a）所示，而这正是喘振的起因。此时，如果按照图 3-27（b）所示的方式转动导叶关小安装角，就可以消除气流正冲角，也就可以避免喘振。

旋转导叶防喘振措施的优点是经济性好，缺点是操纵机构比较复杂。另外，由于气流沿叶高分布并不均匀，所以旋转导叶并不能在叶高各处同时消除正冲角。如果保持平均高度上的冲角为零，那么叶顶和叶根处的冲角将仍然存在，只不过有些削弱而已。

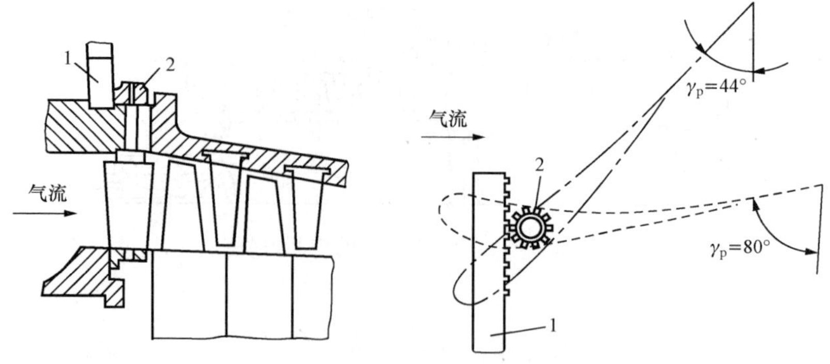

图 3-26 齿轮齿环式导叶旋转机构示意

1—齿环；2—齿轮

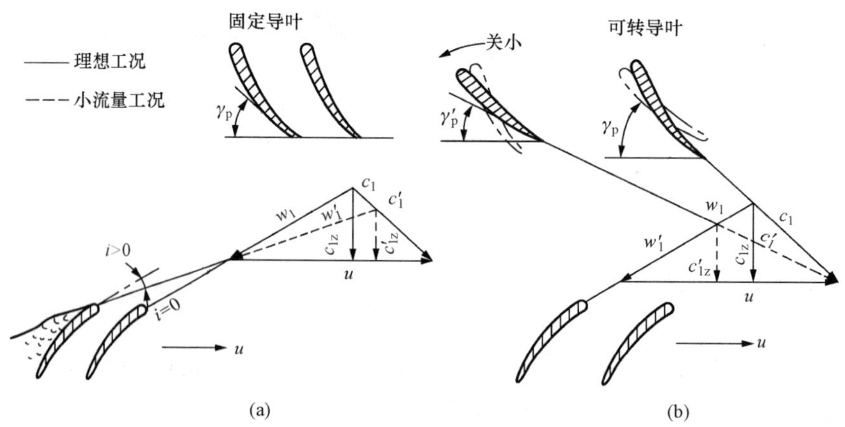

图 3-27 导叶固定和旋转时气流速度三角形的变化

(a) 导叶固定；(b) 导叶旋转

（三）压气机分轴

高压比的航空改型燃气轮机，常采用分轴的方法来防止压气机喘振。所谓分轴就是将压气机和透平各自分成两个转子，然后用一组同心的空心套轴使他们相互连接起来，如图 3-28 所示。分轴方案一般为：将高压透平转子（透平前几级）与高压压气机转子（压气机后几级）连接在一起，低压透平转子（透平后几级）与低压压气机转子（压气机前几级）连接在一起，除此之外再设一个独立的透平转子（动力转子）。运行时，让高、低压转子中的透平做功与压气机耗功自动平衡，不向外界输出，而让动力转子的做功全部向外输出。为什么采用这样的方案可以防喘振呢？下面对此简要分析。

压气机级中产生冲角的原因可以理解为圆周速度的变化与气流轴向速度的变化不成比例（不协调），如果成比例，速度三角形就只有大小的变化，而无形状的变化，也就不会产生冲角了。

在多级压气机中，各级的不协调情况是不相同的。如图 3-20 所示，当转速降低、压比下降时，压气机前几级中的气流轴向速度相对于圆周速度降得多，容易出现正冲角；后几级中的气流轴向速度相对于圆周速度降得少，容易出现负冲角。这样，与设计工况相比，前几

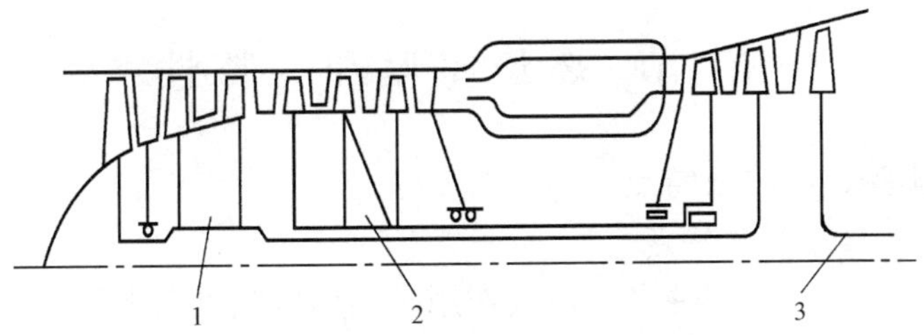

图 3-28　多轴燃气轮机示意

1—低压转子；2—高压转子；3—动力转子

级的理论功与后几级的理论功之比就要增大，相当于前几级负荷加重，后几级负荷减轻。

而根据多级透平的变工况原理，当转速降低、膨胀比下降时，透平前几级的功率会下降得少一些，后几级的功率会下降得多一些，相当于前几级的功率增大，后几级的功率减小。

多级压气机和透平的上述特点，恰好可以被用来设计出这样的方案：把压气机分成低压和高压两个转子，同时把透平也分成低压和高压两个转子，然后用同心套轴将高压透平与高压压气机连接在一起、低压透平与低压压气机连接在一起（见图 3-28）。这样，当转速降低、压比下降时，由于低压转子上的功率减小而负荷加重，其转速会降得多一些；相反，由于高压转子上的功率增大而负荷减轻，其转速会降得少一些。很显然，这就是我们期望的结果，即当转速降低、压比下降时，压气机前几级体积流量降得多，转速也降得多；压气机后几级体积流量降得少，转速也降得少。这样，如图 3-29 所示，高、低压压气机级的圆周速度和气流速度都按比例变化，不产生冲角，也就不会发生喘振了。

压气机分轴的优点是可以相对容易地达到防喘振的要求，缺点是需要采用复杂的同心套轴结构，所以，一般只在压比特别高的燃气轮机中才会采用，例如航机改型的燃气轮机。

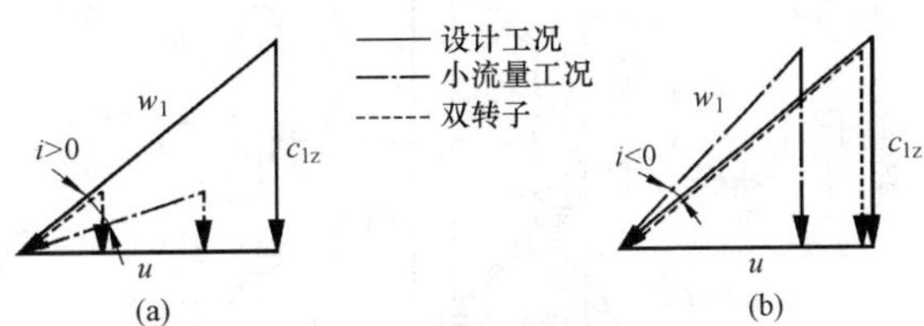

图 3-29　双转子压气机首末级速度三角形的变化情况

（a）首级；（b）末级

经验表明，对于设计压比不超过 4.5 的压气机，不采用防喘振措施还可以保证各级协调工作。当设计压比提高到 6 以上时，需采用放气或放气加旋转导叶的方法来防止喘振。当设计压比达到 10 以上时，需采用在若干个截面上放气加旋转导叶的方法来防止喘振。设计压比更高时，即使采用上述两种措施，有时也无法有效地防止喘振，在这种情况下，就需要采用压气机分轴的防喘振措施。总压比如果更高，则可以结合中间放气和旋转导叶的方法来防喘振，或者也可以将压气机分成三个转子。

然而，随着技术的进步，单转子压气机的压比目前已达到 20～30，双转子压气机的压比已达到 40 以上。例如 GT26 型燃气轮机的压比高达 30，仍然采用了单转子的压气机，LMS100 型燃气轮机的压比高达 42，只采用了双转子的压气机。当然，它们都同时采用了在若干截面放气和旋转导叶的防喘振措施。

第二节 燃烧室原理与特性

一、燃烧室的类型、结构及特点

（一）燃烧室的工作过程及特点

燃烧室是燃气轮机的三大部件之一，其作用是利用压气机送来的一部分高压空气使燃料燃烧，并将燃烧产物与其余的高压空气混合，形成均匀一致的高温高压燃气后送往透平。除流动损失外，燃烧室的工作基本上是在等压下完成的。

图 3 - 30 所示为 GE 公司采用的一种燃烧室。由图可见，在结构上，该燃烧室主要由外壳、火焰筒（又称火焰管）、燃料喷嘴（又称燃烧器）、点火器、过渡段（又称燃气收集器）等部件组成。工作时，燃料经喷嘴进入火焰筒，压气机送来的高压空气首先进入外壳与火焰筒之间的环腔，然后受火焰筒结构的制约分成几个部分，分别经由旋流器、配气盖板和过渡锥顶上的通孔、火焰筒上的一次射流孔、混合射流孔以及冷却鱼鳞孔进入火焰筒。其中，从旋流器、过渡锥顶、一次射流孔进入火焰筒的空气是保证燃料燃烧所必需的空气，称为“一次空气”；从冷却鱼鳞孔进入火焰筒的空气是保护火焰筒的冷却空气；从混合射流孔进入火焰筒的空气是剩余的空气，称为“二次空气”或“掺冷空气”。

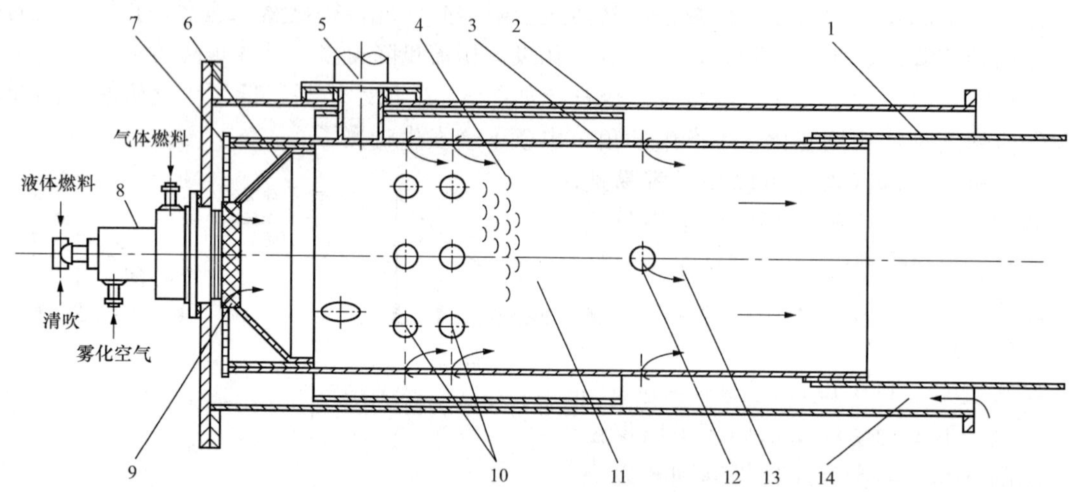

图 3 - 30 典型燃烧室结构及工作过程简图

1—过渡段；2—外壳；3—火焰筒；4—冷却鱼鳞孔；5—点火器；6—过渡锥顶；7—配气盖板；8—燃料喷嘴；9—旋流器；10—一次射流孔；11—燃烧区；12—混合射流孔；13—混合区；14—环腔

1. 燃烧室高效工作应满足的条件

从表面上看，燃烧室的结构和工作过程都很简单，其实不然。要保证燃气轮机在各种条件下都能正常、高效地工作，燃烧室必须且至少应满足下述要求。

（1）各种工况下均能维持稳定燃烧，不熄火、无燃烧脉动，否则不仅燃气轮机无法正常工作，而且可能引起事故。

（2）燃烧要完全，燃烧效率在额定工况下要达到 99%左右，在低负荷工况下不低于 90%，否则燃气轮机的效率要同比例地下降。

(3) 流动损失小，压损率 ε_b 要不高于 5%，否则燃气轮机的效率要受到很大影响。研究表明，燃气轮机流道中的工质总压每降低 1%，燃气轮机的效率就要相对下降 1%～2%。

(4) 出口气流的温度场要均匀，温度不均匀系数 δ_t<10%，否则会使下游透平叶片受热不均匀，热应力增大。δ_t 的定义是：δ_t=（出口截面上的最高温度－出口平均温度）/出口平均温度。

(5) 燃烧热强度高，尺寸小，重量轻。燃烧热强度是指单位时间内，在单位体积的燃烧空间或单位通道截面上释放出来的燃烧热。

(6) 具有较长的使用寿命，并便于调试、检修和维护。目前电站燃气轮机燃烧室的翻修寿命可达到 20 000～30 000h。

(7) 点火性能好，不仅在启动时能可靠地点火，而且在燃气轮机升速和加负荷的过程中不出现熄火、超温或火焰过长等现象。

(8) 排气中的污染物含量少。

2. 燃烧室的工作条件

燃烧室要同时满足上述要求非常困难，原因之一在于其工作条件比一般燃烧设备要苛刻得多：

(1) 燃烧过程一般是在高速气流中完成的。燃气轮机中的空气流量很大，目前最大已接近 1000kg/s。为了保证燃烧室的高燃烧热强度和尺寸紧凑性，其内部的气体速度不能太低。目前电站燃气轮机燃烧室进出口处的气流速度已达到 100～150m/s，燃烧区的平均气流速度也有 20～25m/s。要在这比十二级台风还要高速的气流中使火焰不熄灭、燃烧完全、流动损失小，燃烧室设计上的困难很大。

(2) 过量空气系数 α_f 大，且在变工况时变化剧烈。过量空气系数是实际空气量与理论空气量之比。在锅炉等一般的燃烧设备中，助燃用的空气量一般仅取得比理论空气量略大一些，这样其过量空气系数 α_f 一般仅比 1 略大一些，燃烧区的温度可达到 1800～2000℃。而在燃烧室中，空气的流量只取决于燃气轮机，燃气轮机的最高工作温度决定了燃烧室的过量空气系数 α_f 一般都在 2 以上，低负荷下更是急剧上升至 15。如果这么多的空气都直接参与燃烧，那么燃烧区的燃料浓度会相当低而不能保证完全燃烧，低负荷下燃料浓度更是会低到贫燃料熄火极限以下。如何在这么大而且变化剧烈的过量空气系数条件下保证燃烧稳定、完全，且使出口温度场保持均匀，难度很大。

(3) 温度高并且燃烧热强度大。一般来说，燃气轮机燃烧室的燃烧热强度是锅炉的数十至数百倍，同时其出口气流的平均温度目前已达到 1500℃以上。在如此高的温度和燃烧热强度且温度和燃烧热强度都可能发生急剧变化的条件下，如何保证燃烧室各热部件（火焰筒和过渡段）不出现大的热应力，从而保证一定的寿命，挑战很大。

另外，燃烧室中燃烧现象的物理、化学过程非常复杂，涉及空气和燃气的流动、空气与燃料之间的混合、燃料与气体中氧的化学反应、热量在不同区域间的传递、各种物质在不同区域间的互扩散等，其规律还没有完全被掌握。所以到目前为止，新燃烧室的设计还主要依据经验、试验并反复不断地调整。

3. 组织燃烧的原则

在对燃烧室进行的长期研究和实践中，人们总结出了组织燃烧的一些基本原则和手段，主要有以下几个。

（1）通过燃烧室及其部件结构的限制，将空气分为一次空气、冷却空气和二次空气，并将它们从不同的部位以不同的方式导入火焰筒中。一次空气的流量和导入方式要保证在各种工况，包括急剧变化的工况下燃料能被可靠地点燃，保证火焰稳定不熄火，保证燃料能充分而快速地燃烧；冷却空气的导入方式要保证高温部件得到良好的冷却保护；二次空气的导入方式要保证出口气流的温度场均匀。

（2）通过燃料喷嘴或燃烧器的合理设计，使燃料流与空气流之间有良好的匹配，使燃料空气混合物的浓度分布和速度分布有利于点火和稳定燃烧。

（3）对各热部件的结构及安装方式要进行仔细设计，使其能得到良好的冷却，同时在保持定位和密封的同时能自由地膨胀。

对有关原则的不同理解和把握，使各制造厂设计的燃烧室的结构千差万别，形态各异。尽管如此，按照其整体结构上的特点和在燃气轮机上布置方式的不同，仍然可将它们划分为分管形、圆筒形、环形和环管形四种基本类型。

（二）燃烧室的结构及特点

1. 分管形

分管形燃烧室是一种以几个至几十个为一组，环绕布置在压气机和透平之间主轴周围的小圆筒形状的燃烧室。图 3 - 31 所示为 GE 公司传统上采用的一种分管形燃烧室的结构，它在 GE 燃气轮机上的布置情况如图 3 - 32 所示。下面分析前述的几项原则在该燃烧室上是如何体现的。

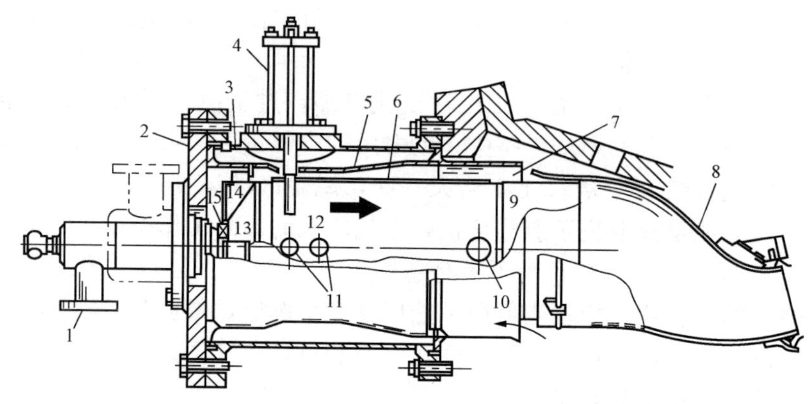

图 3 - 31 GE 公司生产的分管形燃烧室

1—燃料喷嘴；2—盖板；3—外壳；4—点火器；5—遮热筒；6—火焰筒；7—环腔；8—过渡段；9—掺混区；10—混合射流孔；11—一次射流孔；12—燃烧区；13—过渡锥顶；14—配气盖板；15—旋流器

如图 3 - 31 所示，占 20％～30％的一次空气，分别从旋流器 15，配气盖板 14 和过渡锥顶 13 上的切向孔，以及开在火焰筒前段的一次射流孔 11，进入火焰筒前段的燃烧区 12 中，与由喷嘴 1 喷射出来的燃料混合，使其燃烧。冷却空气穿过开设在火焰筒冷却进气环上的小孔进入火焰筒，在火焰筒内表面形成一层空气膜对其进行冷却保护。剩余的二次空气从开在火焰筒尾部的混合射流孔 10 进入火焰筒，掺混到高温燃气中去，使其成为温度均匀一致的燃气。

该燃烧室火焰筒中的气流运动情况大体如图 3 - 33 所示。由图可见，经由旋流器进入火焰筒前部的一次空气是以强烈旋转着的方式进入燃烧区的，在离心力的作用下，这部分空气中的很大一部分会被甩到火焰筒筒壁附近，在那里形成一股高速旋转的环状气流层（称为一次空气主流区），该气流层会对火焰筒中心部位发生抽吸作用，从而在那里形成一个既绕自身轴线也绕火焰筒轴线旋转的环状回流区。

随着流动的继续，一次空气主流区的气流层在火焰筒的轴线处会重新合成一股总体上向前运动、同时又绕火焰筒轴线旋转的气流。此时，由于这股气流经过剧烈的摩擦和湍流交换，其旋转趋势已变弱，轴向速度也已逐渐趋于均匀。图 3-34 绘出了该流场中气流的轴向速度分布。

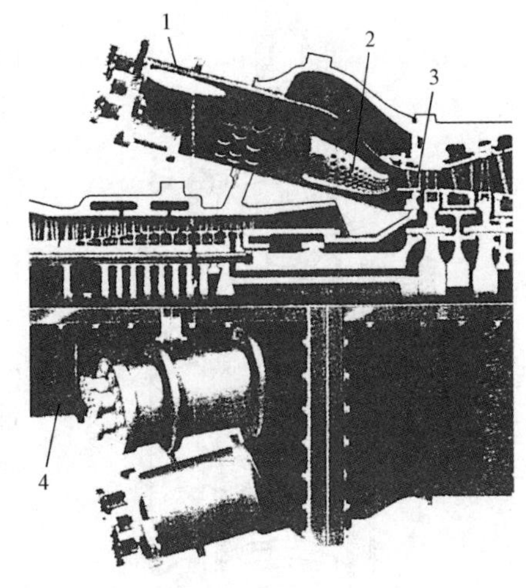

图 3-32　GE 公司在 MS6001 系列燃气轮机上所用的分管形燃烧室及其布置

1—燃烧室外壳；2—过渡段；3—透平；4—压气机

如果能够将燃料相匹配地从一次空气主流区与回流区的交界面附近送入燃烧室（实际情况正是如此），那么这样的流场，特别是流场中自然形成的回流区对燃烧就非常有利。首先，主流区与回流区交界面处的气流速度梯度很大，这会使燃料与空气快速混合从而形成可燃气体；其次，回流区中反向流动的气体在燃烧开始以后必然会是高温燃气，它会源源不断地将热量传递给刚刚进入火焰筒的可燃气体并将后者点燃，这样，回流区实际上就是一个可靠而又稳定的点火源；再次，当反向流动的气流逐渐离开火焰筒轴线而向顺流方向过渡时，回流区外围必然会出现一个轴向速度相当低的顺向流动区域，这个低速流动区能够为火焰稳定提供条件。此外，回流还延长了反应物质在火焰筒内逗留的时间，也为燃料的完全燃烧提供了条件。

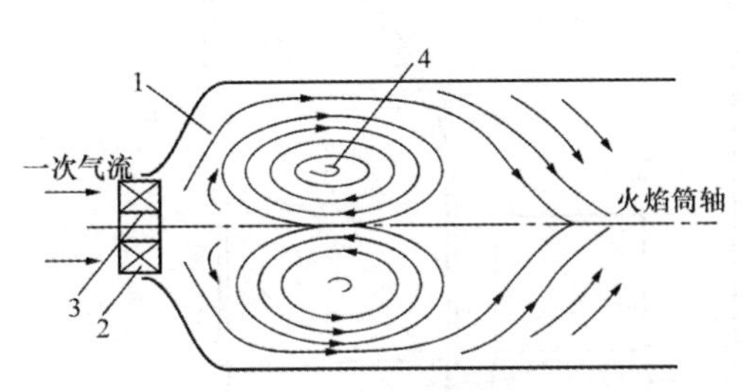

图 3-33　火焰筒中气流的流场

1—主流区；2—旋流器；3—旋流器内环；4—回流区

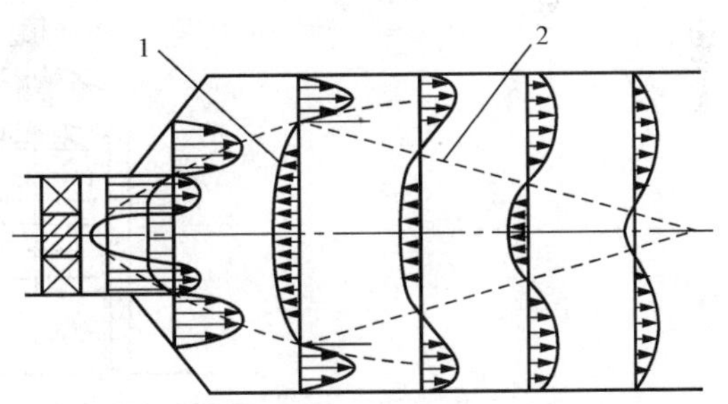

图 3-34　火焰筒中气流的轴向速度分布

1—回流速度；2—回流区边界

一般来说，分管形燃烧室有尺寸小、便于系列化、便于解体检修、便于做全尺寸实验、燃烧过程易组织、燃烧效率高且稳定等优点，但同时也具有空间利用差、流动损失大、压损率高的缺点。

2. 圆筒形

圆筒形燃烧室是一种既可布置在机组近旁、也可直接布置在燃气轮机机座上的一种外壳为圆筒状的燃烧室。图 3-35 所示为具有挂片式冷却结构的标准圆筒形燃烧室的结构，它在前 ABB-Alstom 公司的燃气轮机上的布置大体如图 3-36 所示。该燃烧室的火焰筒为一个与外壳同轴的圆筒，它采用了 1 个大尺寸的燃料喷嘴，喷嘴穿过外壳的顶部伸入火焰筒中。图

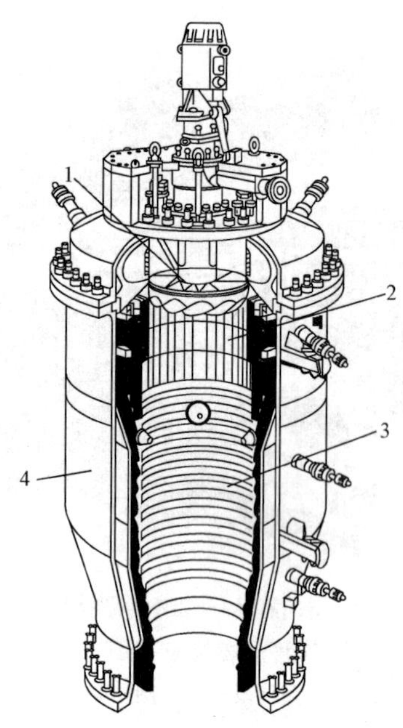

图 3-35　前 ABB-Alstom 公司生产的标准圆筒形燃烧室的结构

1—旋流器；2—挂片式冷却结构；3—火焰筒；4—外壳

3-37 给出了西门子公司设计生产的一种具有陶瓷内衬的圆筒形燃烧室，它采用的燃料喷嘴的数目视机组功率大小而异。该燃烧室在西门子公司 V94.3 型燃气轮机上的布置如图 3-38 所示。圆筒形燃烧室的内部流场与分管形燃烧室很类似，主要的区别在于尺寸的大小，因此不再进行讨论。

一般来说，圆筒形燃烧室的优点是：结构简单，布置灵活，易于与压气机和透平配装，拆装方便，燃烧效率高且稳定，流动损失较小，压损率较低。其缺点是：体积大而笨重，因难以做全尺寸实验，使设计调试困难。

3. 环形

环形燃烧室是一种由多层同心圆环组成，按与机组同轴线的方式，直接布置在压气机和透平之间的燃烧室。图 3-39 给出了西门子公司设计生产的一种环形燃烧室的结构示意图。它实际上是一个由内外两个同心环形遮热板构成、具有火焰筒性质的燃烧空间，该燃烧室在西门子公司 3A 系列燃气轮机上的布置如图 3-40 所示，其外壳与燃气轮机的外机壳实际上是一体化的。环形燃烧室的内部流场组织与分管形燃烧室差异较大，也复杂得多，这里不进行讨论。

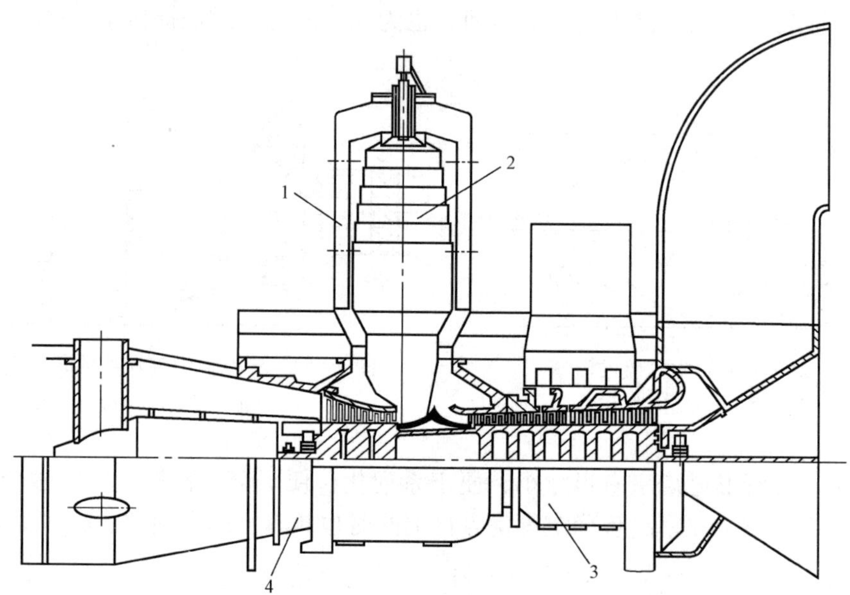

图 3-36　前 ABB-Alstom 公司在 13 型燃气轮机上所用的圆筒形燃烧室及其布置

1—燃烧室；2—火焰筒；3—压气机；4—透平

环形燃烧室的优点是：体积小，重量轻，特别适合与轴流式压气机和透平匹配，流动损失小，压损率低。其缺点是：燃烧过程难组织，出口温度场受进口气流流场的影响大而不易

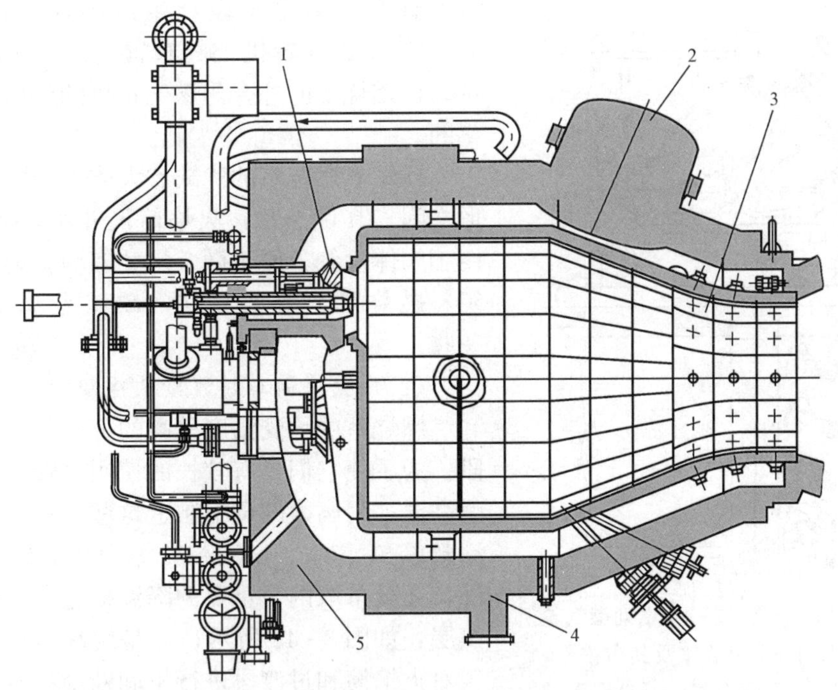

图 3-37　西门子公司生产的圆筒形燃烧室

1—燃烧器；2—人孔；3—陶瓷材料出口段；4—支架；5—保温层

做到均匀化，因难以做全尺寸实验，使设计调试困难，解体检修非常困难。

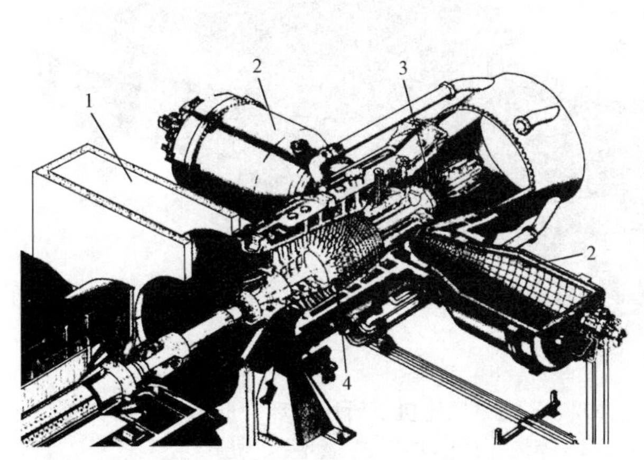

图 3-38　西门子公司在 V94.3 型燃气轮机上所用的圆筒形燃烧室及其布置

1—进气蜗壳；2—卧式布置的燃烧室；3—透平；4—压气机

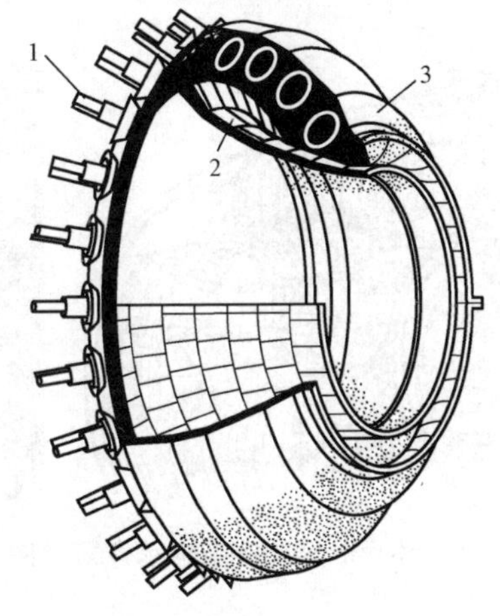

图 3-39　西门子公司设计的环形燃烧室的结构

1—燃烧器；2—内层遮热板；3—外层遮热板

4. 环管形

环管形燃烧室是一种外壳为环形，内由几个到几十个火焰筒组成，火焰筒环绕布置在压气机和透平之间的主轴周围的燃烧室。图 3-41 所示为这种燃烧室的结构示意。图 3-42 所

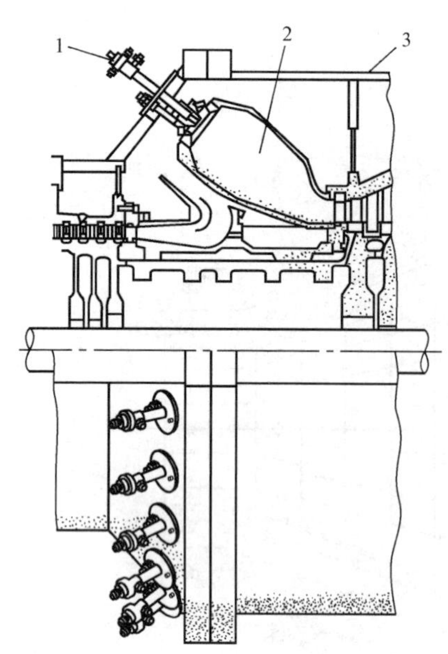

图 3-40 西门子公司在 3A 系列燃气轮机上所用的环形燃烧室及其布置
1—燃烧器；2—燃烧室；3—外机壳

示为日本三菱重工设计生产的环管形燃烧室在 M701F 型燃气轮机上的布置情况。由图 3-42 可见，该燃烧室的外壳与燃气轮机的外机壳也是一体化的。

环管形燃烧室的优缺点大体上介于分管形和环形之间。其优点是：火焰筒尺寸小，便于系列化，便于解体检修，便于做全尺寸实验，燃烧过程易组织，燃烧效率高且稳定。缺点是流动损失稍大一些。

（三）火焰筒与过渡段的冷却

燃烧室中承受温度最高的部件是火焰筒和过渡段。为了使它们具有较长的使用寿命，除了需采用耐高温、耐腐蚀的母材制造这些部件，并在其表面涂敷以 Al、Cr、MCrAlY 等为代表的耐氧化涂层外，还要采取两个重要的降温措施：一是涂或镶耐热层，如图 3-43 所示；二是用高压冷空气或水蒸气对火焰筒和过渡段进行不间断地冷却。耐热层一般采用以 ZrO_2、Y_2O_3 等为代表的陶瓷材料。该耐热层大约可使母材温度降低 170℃左右。

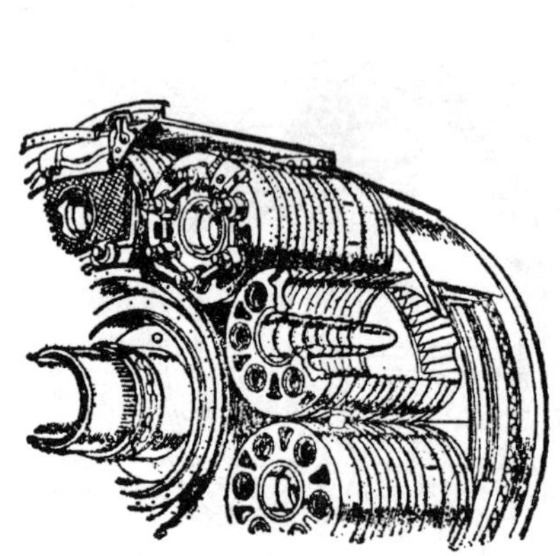
图 3-41 环管形燃烧室结构示意

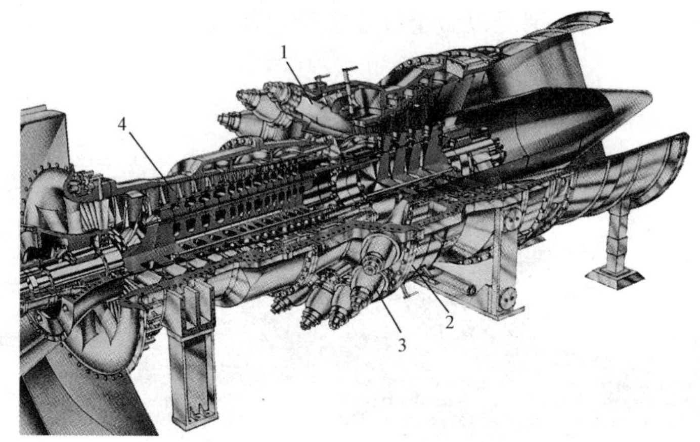

图 3-42 M701F 型燃气轮机上所用的环管形燃烧室及其布置
1—燃烧室的火焰筒；2—透平；3—围绕主轴布置的 20 个环管式燃烧室；4—压气机

火焰筒及过渡段的冷却方式随这些部件的具体结构不同而不同，但基本方式不外乎气膜冷却、对流冷却和冲击冷却三种形式。气膜冷却是指用一层空气膜对被冷却的表面所进行的冷却和保护；对流冷却是指用空气或蒸汽，以热交换的方式对被冷却的表面所进行的冷却；冲击冷却是指用大量空气或蒸汽射流冲击被冷却的表面所形成的冷却。

图 3-44 为与图 3-31 所示的分管形燃烧室相配套的火焰筒的结构，它的冷却孔进气环

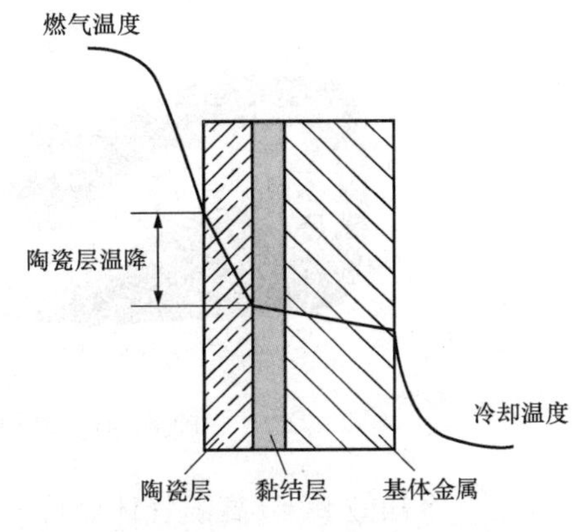

图 3-43　陶瓷耐热层及其隔热效果示意

的结构大致如图 3-45 所示。该火焰筒采用的是冲击、气膜综合冷却方式。

图 3-46 为图 3-35 所示的燃烧室中的火焰筒的局部结构。由图 3-46 可见，该火焰筒采用了一种挂片式冷却方式。挂片冷却的原理是：让冷空气穿过火焰筒外衬筒之间的接口进入外衬筒与挂片之间的流道，从内部对挂片进行对流冷却，然后流进火焰筒，在下一个由挂片构成的火焰筒内表面上形成一层空气膜，对火焰筒进行冷却保护。由此可见，挂片冷却是一种对流、气膜综合的冷却方式。

图 3-47 所示为一种具有双层结构的过渡段。该过渡段的外层上开有许多小孔，空气穿过这些小孔形成射流，冲击过渡段的内层，形成冲击冷却。

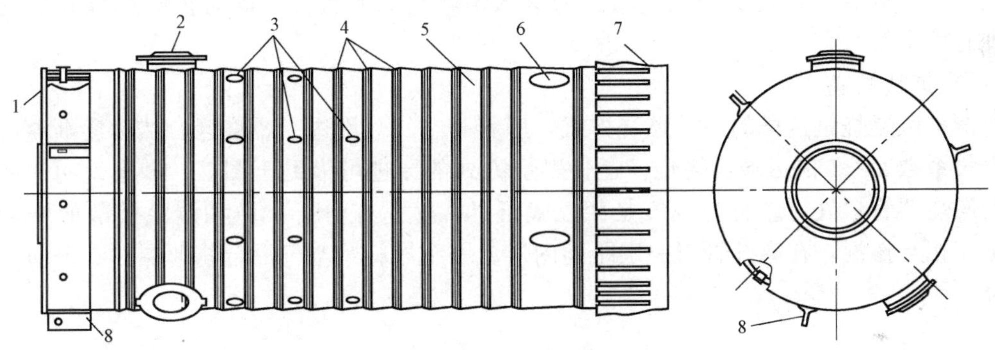

图 3-44　分管形燃烧室的火焰筒

1—盖板；2—联焰管接口；3—一次射流孔；4—冷却孔进气环；5—火焰筒环；6—混合射流孔；7—膨胀环；8—固定凸肩

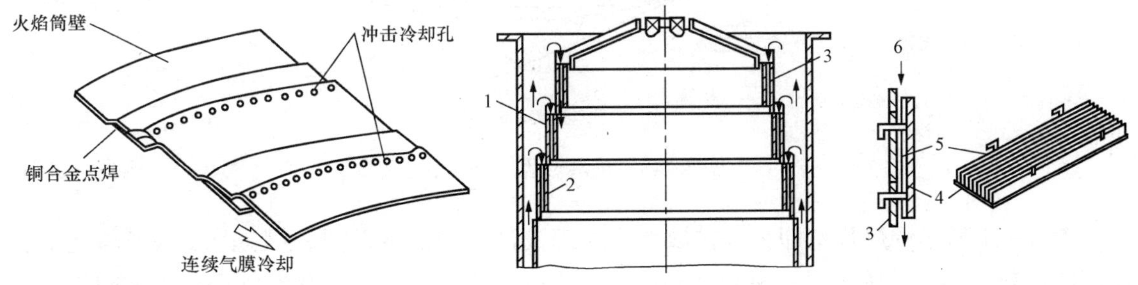

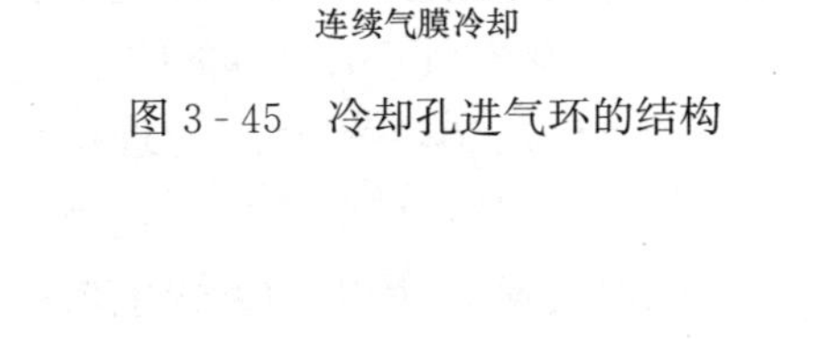

图 3-45　冷却孔进气环的结构

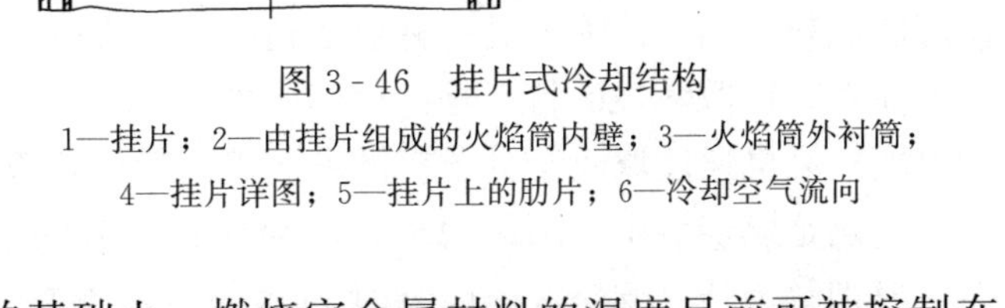

图 3-46　挂片式冷却结构

1—挂片；2—由挂片组成的火焰筒内壁；3—火焰筒外衬筒；4—挂片详图；5—挂片上的肋片；6—冷却空气流向

在采用耐热涂层和各种冷却措施的基础上，燃烧室金属材料的温度目前可被控制在 850℃以下。燃气轮机近年来所取得的成就，在很大程度上应归功于冷却手段的发展和冷却效率的提高。冷却效率的定义为

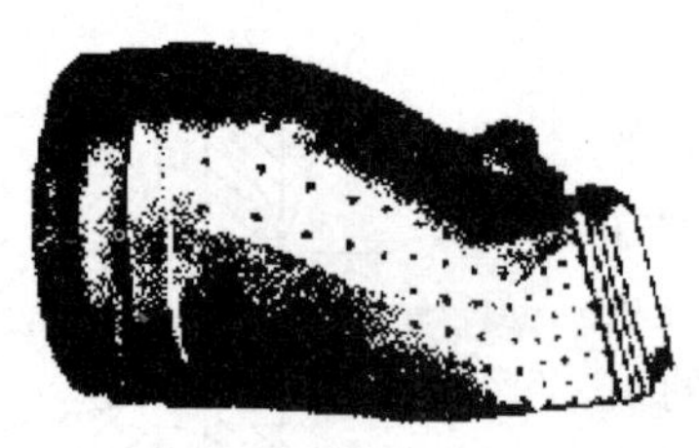

图 3-47 开有冲击冷却小孔的双层结构过渡段

冷却效率=(高温气体温度－金属温度)/(高温气体温度－冷却空气温度)

二、扩散燃烧与预混燃烧

燃烧室近年来和今后一段时间内发展的方向之一是降低燃烧产物中的有害物质。对于燃烧天然气的燃烧室而言，主要是降低 NO_x。目前，各大燃气轮机公司均已推出采用预混燃烧方式的干式低 NO_x 燃烧器和燃烧室。为深入了解它们的特性，需对扩散燃烧和预混燃烧的原理有所了解。

（一）扩散燃烧

所谓扩散燃烧是这样的一种燃烧方式：燃料与空气分别进入燃烧区，然后逐渐混合，在过量空气系数 $\alpha_f \approx 1$ 的区域内燃烧。这种燃烧方式的原理可借助于图 3-48 来说明。如图所示，在燃烧器管口处，燃料与空气是相互隔开的，然后在分子扩散和湍流扩散的联合作用下，迅速相互掺混，在离开管口一定距离内形成一个燃料－空气混合物薄层并在该薄层内发生燃烧。

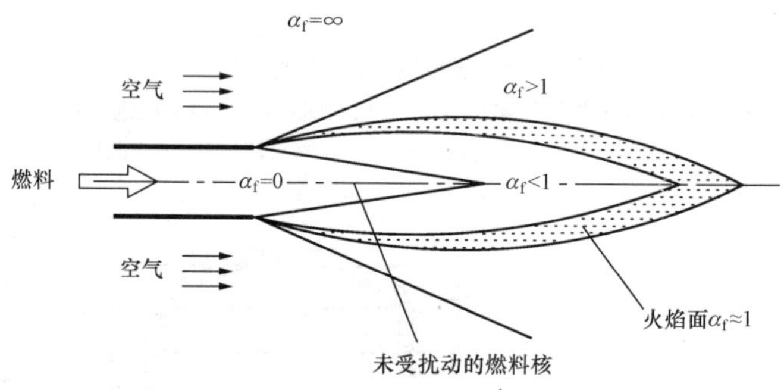

图 3-48 扩散燃烧原理示意

图 3-31 所示的燃烧室即为按扩散燃烧原理设计的燃烧室，图 3-49 则表示了与之配套使用的燃料喷嘴。该喷嘴是一种双燃料喷嘴，在燃烧天然气时，雾化空气进口 1 关闭。

显然，扩散燃烧的特点是：火焰面处的 $\alpha_f \approx 1$，温度差不多为与 $\alpha_f \approx 1$ 相对应的理论燃烧温度；燃烧速度取决于分子扩散和湍流扩散的速度，而不取决于化学反应的速度。这类燃烧的优点是燃烧稳定，不易熄火，不会回火。其缺点是燃烧区温度高，所以 NO_x 的生成率高。要理解为什么燃烧区温度高时 NO_x 的生成率高，需要对燃烧过程中 NO_x 生成的机理有所了解。

研究表明，燃烧过程中生成的 NO_x，按照生成机理可分为燃料型、快速型和热力型三

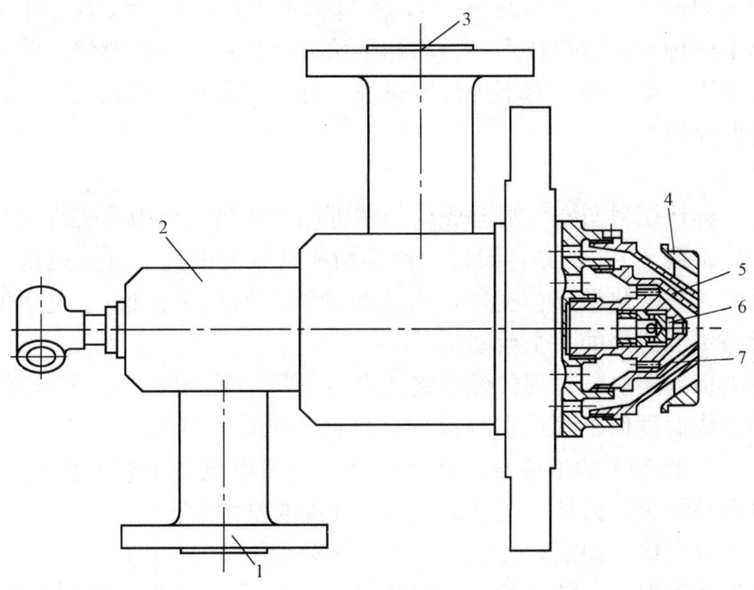

图 3-49　与分管形燃烧室配套使用的喷嘴

1—雾化空气进口；2—喷嘴体；3—气体燃料进口；4—旋流器；
5—气体燃料喷口；6—液体燃料喷口；7—雾化空气切向槽

种类型。燃料型 NO_x 主要取决于燃料的含氮量，很难在燃烧中进行控制；快速型 NO_x 既与燃料类型有关，也与燃烧控制有关；热力型 NO_x 是空气中的氮气和氧气在高温条件下化合的结果。对液体和气体燃料而言，热力型 NO_x 是 NO_x 的主要来源，在组成上主要是 NO（占 90%～95%）。图 3-50 所示为在一定时间段内，液体和气体燃料在燃烧过程中生成的 NO 的浓度与温度的关系。由图可见，热力型 NO_x 的生成率与温度关系密切。在 1600℃以下的温度下，其生成率是很低的。但是在 1650℃以上，特别是 1700℃以上，其生成率将会大幅度提高，且温度越高，生成率就越高。

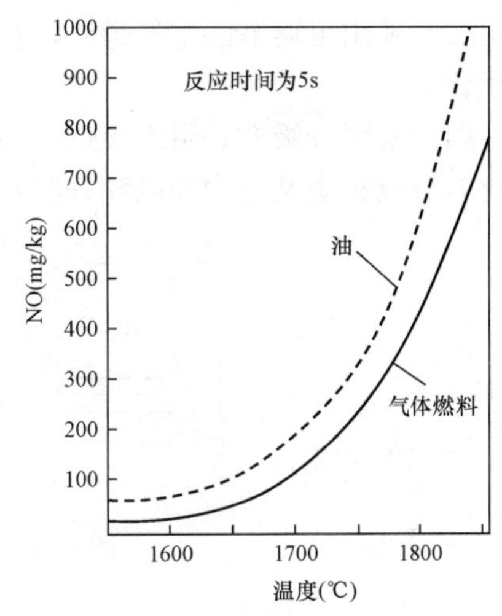

图 3-50　热力型 NO_x 的浓度与温度的关系

由于扩散燃烧的燃烧区温度一般都高于 1650℃，所以燃烧过程中生成的热力型 NO_x 往往很高。这类燃烧室为了降低 NO_x 排放浓度，通常采取以下两种措施：

（1）向燃烧区注水或注水蒸气，以强制性地降低火焰温度。这是一种在燃烧中降低 NO_x 的方法。

（2）在下游余热锅炉中布设催化反应器，采用向烟气中喷氨水的方法将已生成的 NO_x 还原为 N_2。这是一种在燃烧后降低 NO_x 的方法。

但注水燃烧会降低燃气轮机效率，造成燃烧不稳定，导致燃烧不完全，使燃烧室的结构复杂化，并降低燃烧室和透平的使用寿命；布设催化反应器将会使设备投资大幅度提高（催化反应器的价格约为燃气轮机价格的 20%），所以都不理想。为从根本上解决 NO_x 排放高的问题，人们提出了两种新的燃烧技术：①均相贫预混燃烧；②催化燃烧。第一种目前已取得成功，并已投入应用；第二种尚有不少待解决的问题，目前仍在试验发展中。以下仅对均相贫预混燃烧作简要介绍。

（二）预混燃烧

预混燃烧是一种让燃料与空气混合成均匀的可燃气体后，再引入燃烧区的燃烧方式。它一般按照过量空气系数 $\alpha_f>1$ 的条件设计，称为均相贫预混燃烧。其特点是：火焰以湍流方式传播，燃烧速度取决于化学反应速度，火焰面的温度取决于燃料/空气掺混比。氧－乙炔焊枪中的燃烧就是预混燃烧的一个典型例子。

贫预混燃烧类型的燃烧室是现代燃烧室技术的主要发展趋势。贫预混燃烧的优点是通过控制掺混比可使燃烧温度低于理论燃烧温度，也低于或略高于热力型 NO_x 生成的起始温度（1650℃），从而可降低 NO_x 的生成量。其缺点是：因可燃气体的燃料浓度低，所以燃烧温度低，低负荷时容易熄火，另外，还可能造成 CO 排放量增大。

为了克服贫预混燃烧的缺点，目前所采取的对策如下：

（1）合理地选择掺混比，使火焰面的温度达到 1700～1800℃，这样既兼顾低 NO_x 燃烧的要求也兼顾燃烧稳定的要求。

（2）作为稳定的点火源，采用值班喷嘴保持一小股扩散火焰，或在低负荷时改用扩散燃烧。所谓值班喷嘴就是一个燃料、空气供应量基本恒定的扩散燃烧喷嘴。

（3）采用可调节的空气旁路，在负荷变化时，通过改变参与燃烧的空气量来实现掺混比的优化。

（4）采用分级方式组织燃烧，在负荷变化时，通过改变参与燃烧的级数来实现掺混比的优化。分级燃烧又分为串联和并联两种方式，图 3－51 所示为这两种燃烧组织方式的示意。

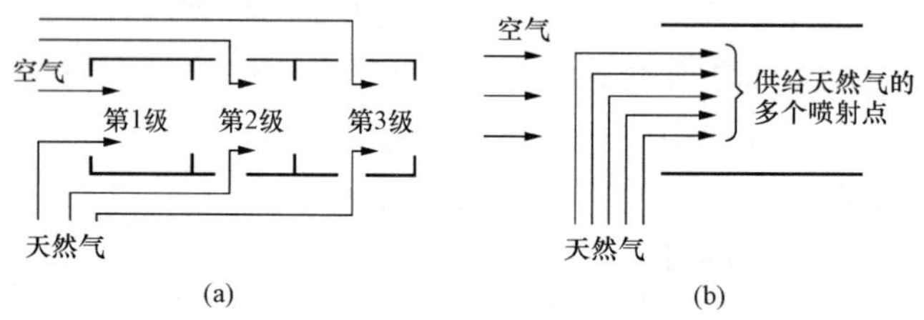

图 3－51　串联式和并联式分级燃烧示意
（a）串联式；（b）并联式

如图所示，串联式分级燃烧是在燃烧室中设置多个彼此串联的燃烧区，一般情况下，每个燃烧区都供给一定量的燃料和空气。不论机组的负荷如何变化，流经每个燃烧区的空气量都几乎是恒定的，但供入的燃料量则根据负荷的大小不断改变。在机组启动和低负荷下，只向第一级燃烧区供应燃料，随着负荷的增大，再逐渐向第二、三级燃烧区供应燃料。一般，第一级燃烧区采用扩散燃烧方式，但第二、第三级燃烧区等则采用贫预混燃烧。

并联式分级燃烧是在燃烧室中设置多个彼此并联的燃烧区，一般情况下，每个燃烧区都供给一定量的燃料和空气，并都采用贫预混燃烧。但在机组负荷降低时，部分燃烧区将被切除燃料供应。

三、典型 DLN 燃烧室（器）简介

DLN 是英文 Dry Low NO_x 的缩写，意为干式低 NO_x。目前，大多数燃气轮机已采用基于均相贫预混燃烧方式的 DLN 燃烧室，以下对一些典型的 DLN 燃烧室作一简要介绍。

（一）GE 公司设计生产的 DLN 燃烧室

图 3-52 所示为 GE 公司设计生产的分管形 DLN 燃烧室前半部分的结构，它是一种两级串联的 DLN 燃烧室，是 GE 公司的第一代 DLN 燃烧室。其第一燃烧区由 5 个彼此隔开、围绕在第二级燃料喷嘴周围的燃烧空间组成，每个燃烧空间都装设有各自的燃料喷嘴。第二级燃烧区布置在文丘里组合件之后，其燃料喷嘴设在燃烧室的中心体组合件上。该燃烧室既可燃用天然气，也可燃用轻质液体燃料。

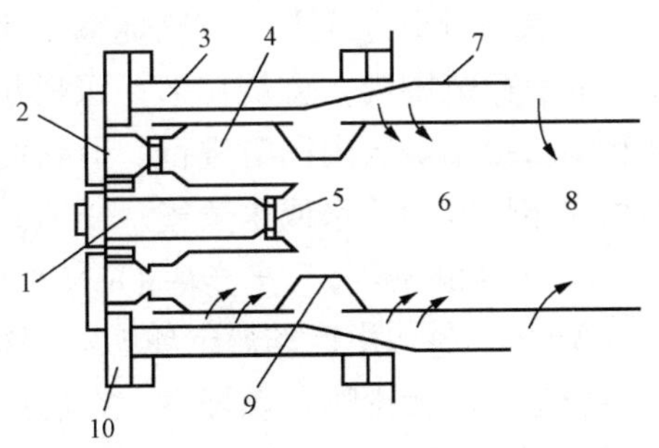

图 3-52　GE 公司设计生产的分管形 DLN 燃烧室前半部分的结构

1—第二级喷嘴；2—第一级喷嘴；3—外壳；4—第一级预混室；5—中心体组合件；6—第二级燃烧区；7—导流衬套；8—掺混区；9—文丘里组合件；10—端盖

在燃用天然气时，根据机组负荷的大小，该燃烧室中会有四种不同的燃烧组织方式，如图 3-53 所示。

（1）从机组启动点火到携带 20% 的负荷，全部燃料都从第一级燃料喷嘴喷入，燃烧过程发生在第一级燃烧区中，燃烧方式为扩散式，这样可保证低负荷工况下燃烧的稳定性。

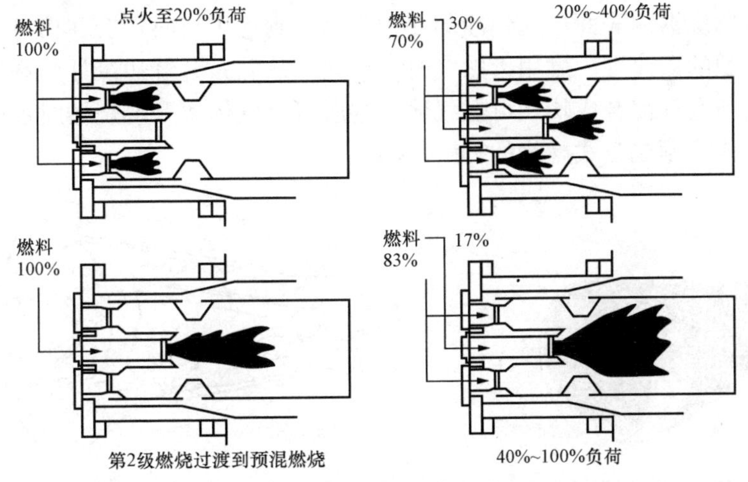

图 3-53　不同负荷下 DLN 燃烧室中的燃料分配和燃烧方式

（2）20%～40% 的负荷时，70% 的燃料从第一级燃料喷嘴喷入，30% 的燃料从第二级燃料喷嘴喷入。在这种情况下，第一级燃烧区中仍为扩散燃烧，第二级燃烧区中为以一小股扩散火焰为中心的预混燃烧。

（3）在负荷达到 40% 时，燃烧组织方式有一个突变，瞬间内 100% 的燃料都改从第二级燃料喷嘴喷入，在第二级燃烧区中形成一个以一小股扩散火焰为中心的预混燃烧火焰。

（4）在 40% 以上的负荷范围内，83% 的燃料改从第一级燃料喷嘴喷入，17% 的燃料从

第二级燃料喷嘴喷入。在这种情况下，第一级燃烧区因前一阶段的熄火而不再发生燃烧，它只是将燃料和空气混合供到第二级燃烧区中，而第二级燃烧区中的燃烧则为以一小股扩散火焰为中心的预混燃烧。

按照以上燃烧组织方式，在40%以上的负荷范围内，绝大多数燃料都在以预混方式燃烧，所以可以达到控制 NO_x 排放量的目的。

在燃烧组织方式上，该燃烧室燃用柴油和燃用天然气大不相同。燃用柴油时，在50%以下的负荷范围内，燃烧在第一级燃烧区内进行；在50%以上的负荷范围内，燃烧在第一级和第二级燃烧区内同时进行。但它们均为扩散燃烧，无降低 NO_x 的作用。为了降低 NO_x，必须向燃烧区内喷水或水蒸气。

（二）Alstom 公司生产的 DLN 燃烧器

Alstom 公司生产的燃气轮机，根据型号和燃用燃料的情况不同，分别配用圆筒形或环形燃烧室。但无论哪种燃烧室，在燃用天然气或燃用轻质液体燃料时，都采用该公司独特的 EV 型燃烧器来实现干式低 NO_x 燃烧。EV 是英文 Environmental 一词的缩写。EV 型燃烧器是一种采用贫预混燃烧方式的燃烧单元，每台机组根据需要并联配用多个这样的燃烧器，因此，Alstom 公司生产的 DLN 燃烧室实际上是一种采用并联分级燃烧方式的燃烧室。

图 3-54 所示为 EV 型燃烧器的照片，图 3-55 所示为该燃烧器燃用不同燃料时燃料与空气混合并逐渐形成均相预混可燃气体的示意。由图可见，在结构上，EV 型燃烧器由两个空心的半锥体组成，两锥体之间错开一定距离，形成两条轴对称的开缝。燃烧空气从这两条开缝沿切线方向进入锥体，形成从锥顶到出口越来越强烈的旋流。该旋流除有利于空气与燃料的混合外，对燃烧器内表面还起到冷却保护作用，到达出口时还会在出口外空间内形成一个作为稳定点火源的回流区。燃用天然气时，天然气从两条开缝边缘处的许多小孔垂直射入锥体内部，逐渐与空气混合成均相可燃气体。这股可燃气体离开燃烧器时被回流区的高温燃气点燃，由此形成贫预混方式燃烧的 DLN 火焰。

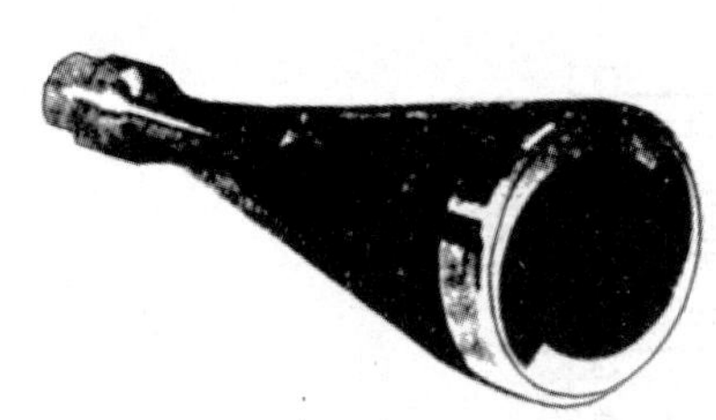

图 3-54 EV 型燃烧器

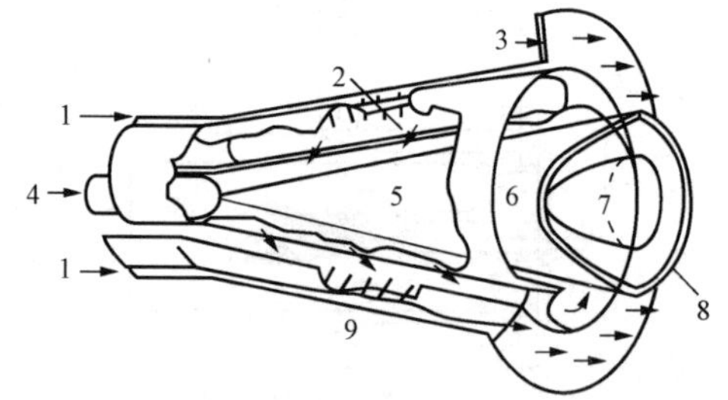

图3-55 EV 型燃烧器中燃料与空气的混合情况

1—气体燃料进口；2—燃烧空气；3—掺混空气；4—液体燃料喷嘴；5—喷雾炬；6—点火点；7—中心回流区；8—火焰前锋；9—气体燃料喷射孔

当 EV 型燃烧器燃用液体燃料时，燃料从安装在锥体顶部的喷嘴中喷入锥体，在空气旋流的作用下，逐步雾化、蒸发、与空气混合、形成可燃气体。但由于液体燃料到达锥体出口边时不可能完全蒸发，所以燃烧火焰在相当大程度上为扩散火焰。为了降低 NO_x，须向锥体的混合区喷水或水蒸气。

（三）西门子公司生产的 DLN 燃烧器

与 Alstom 公司类似，西门子公司生产的燃气轮机也根据型号不同分别配用圆筒形或环形燃烧室，所以每台机组需要配置多个燃烧器。但是，在 DLN 燃烧室的设计思路上，西门子公司与 Alstom 公司有很大区别，西门子公司采用的是一种带有值班喷嘴的并联二级燃烧器。图 3-56 所示为该燃烧器的结构及燃用不同燃料时，燃料与空气在其内部混合的情况。

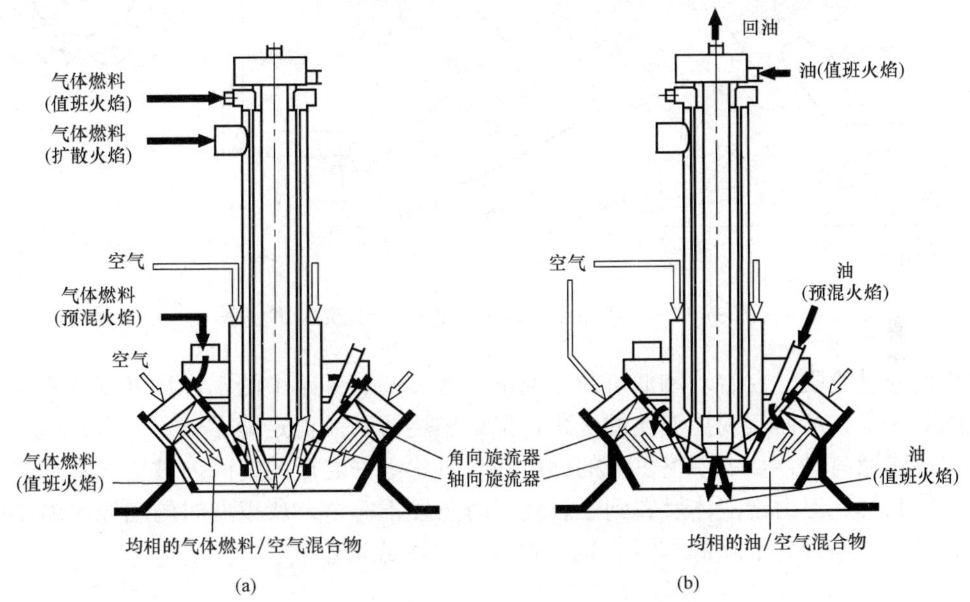

图 3-56　Siemens 公司生产的 DLN 燃烧器

（a）燃用气体燃料时的配气情况；（b）燃用液体燃料时的配气情况

该燃烧器的设计思路如下：

（1）在燃烧器的中心部位，建立一个燃料量不变的值班喷嘴，采用扩散方式燃烧，以形成一个稳定的点火源。

（2）燃用气体燃料时，根据机组负荷的大小，在值班喷嘴的外围形成一或两层燃烧区。其中，靠近中心的那层燃烧区为扩散燃烧区，外围的那层燃烧区为预混燃烧区。

（3）燃用液体燃料时，低负荷下，全部燃料都从值班喷嘴中喷入，采用扩散方式燃烧；在高负荷下，在燃烧器的最外围将已经雾化的燃料与空气混合，形成预混燃烧。

（四）三菱重工设计生产的 DLN 燃烧室

图 3-57 给出了三菱重工设计生产的环管形 DLN 燃烧器。该燃烧器采用双燃料燃烧室。从结构上看，它是一种带有导向喷嘴的燃烧器。导向喷嘴位于燃烧器的中心，实质上是一个以扩散方式燃烧的值班喷嘴。8 个主喷嘴彼此独立，围绕在导向喷嘴的周围。在导向喷嘴的前端，有一个喇叭状的组件。主喷嘴的位置处在喇叭状组件之后。在燃用气体燃料时，从主喷嘴供入的燃料在喇叭状组件之后的空间内与空气混合，但并不燃烧，直到从喇叭状组件的侧边流入值班火焰所在燃烧区时才被点燃。此时，燃料与空气已充分混合为均相可燃气体。所以，供入主喷嘴的燃料以贫预混方式燃烧，这就保证了低的 NO_x 生成量。

该燃烧室在结构上的另一个重要特点是设置了一个空气旁路，利用该旁路将一部分空气

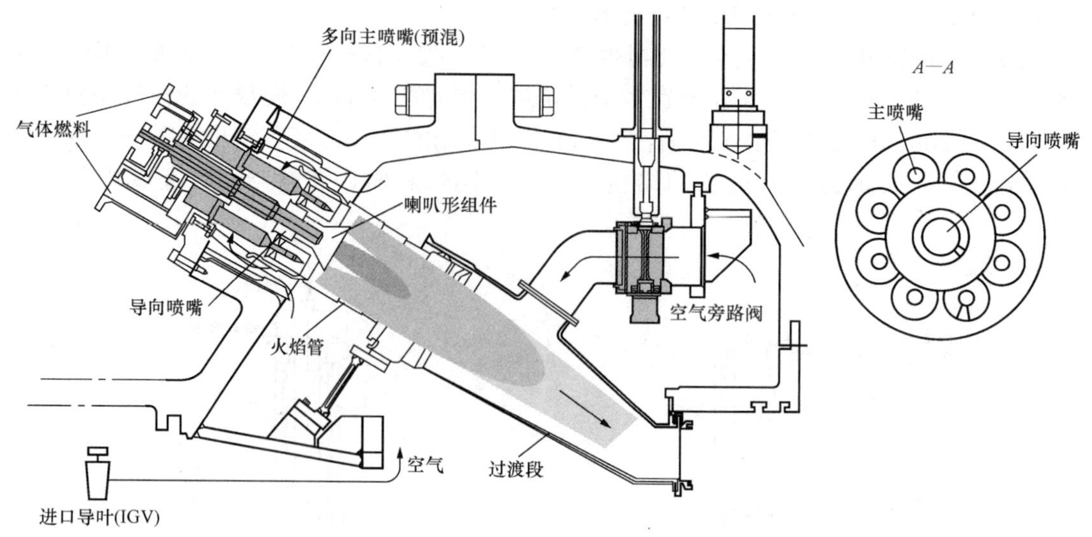

图 3 - 57 三菱重工设计生产的环管形 DLN 燃烧器

引入燃烧室的过渡段。在启动和低负荷工况下，通过调节旁路中的空气量可以方便地控制参与燃烧的空气量，从而实现掺混比的优化，保证燃烧器高效稳定地燃烧。

燃用液体燃料时，从主喷嘴供入的燃料在喇叭状组件之后的空间内被空气旋流雾化、蒸发，与空气混合。但由于液体燃料到达燃烧区时蒸发不完全，所以此时的燃烧火焰在相当大程度上为扩散火焰。为了降低 NO_x，需向燃烧区喷水或水蒸气。

第三节 透平原理与特性

一、透平的类型、结构及特点

透平是燃气轮机的三大部件之一，其作用是将来自燃烧室燃气中的热能转化为机械功，带动压气机并向外界输出净功。按照燃气流动方向的不同，可将透平分为轴流式和向心式两种类型。轴流式透平因机内燃气在总体上沿轴向流动而得名，这类透平的优点是流量大、效率高（最高可达 94%），缺点是级的做功能力小。向心式透平因机内燃气在总体上沿径向流动而得名，这类透平的优点是级的做功能力大，缺点是流量小、效率低（一般为 88%左右）。两类透平的特点不同，决定了它们的应用场合不同。向心式透平主要用在小功率的燃气轮机中，轴流式透平主要用在大功率的燃气轮机中。本书主要介绍轴流式透平。

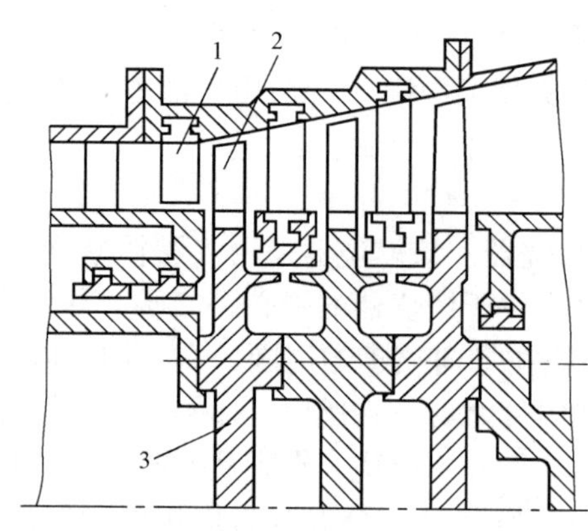

图 3 - 58 透平结构示意

1—静叶片；2—动叶片；3—叶轮

图 3 - 58 所示为一台三级轴流式透平的结构示意图。由图可见，在结构上，透平主要由两大部分构成：一是以转轴为主体的转子，转子上装有沿周向按照一定间隔排列的动叶片（或称工作叶片）；

二是以气缸及装在气缸上的各静止部件为主体的静子，静子上装有沿周向按照一定间隔排列的静叶片（或称喷嘴叶片）。

透平的基本工作单元是级，在结构上，每一级由一列静叶片和其后的一列动叶片所构成的一组流道组成。气流流过该工作单元时，在静叶片流道中，压力降低，绝对速度提高，热能转化为动能；在动叶片流道中，通过冲击动叶片并使叶轮旋转向外界输出功，绝对速度降低，动能转化为输出到外界的机械功。为了达到较大的做功能力，透平通常都做成多级。

透平与汽轮机在原理上基本相同，但也存在如下特点：

（1）气缸壁薄。这是因为透平的工作压力很低，目前一般都在 3MPa 以下，而汽轮机的工作压力目前已达到 20MPa 以上。这一特点使得透平有适应快速启停和剧烈变工况的能力。

（2）级数少。目前比较普遍的是 3～5 级。这是因为透平的总膨胀比很小，一般仅为汽轮机的千分之几。

（3）转子和叶片均需用压缩空气或水蒸气进行冷却。这是因为其工作温度高达 1300～1500℃，远远超过了钢材所能承受的温度。

（4）没有调节级。这是因为燃气轮机的出力主要是靠对燃气初温的调节，而不是靠对工质流量的调节来实现的。

（5）其效率变化对燃气轮机装置效率变化的影响更加显著，一般来说，透平效率相对改变 1%，机组的效率就相对改变 2%～3%。这是因为透平 45%～70%的输出功都消耗在压气机上。

前已述及，燃气轮机目前仍然是向着高效率、大功率化的方向发展，为适应该需要，透平必须提高初温、增加通流能力。所采取的主要措施是：采用更先进的耐高温、耐腐蚀合金材料，发展更先进的转子和叶片冷却技术等。

应该指出，燃气轮机初温的定义目前尚未统一，现在主要有三种定义方法：①燃烧室出口，即第一级静叶流道入口处的平均滞止温度 T_A^*；②第一级动叶流道入口处的平均滞止温度 T_B^*；③进入透平的各股气体的平均温度 T_C^*。

由于 T_B^* 是燃烧室出口处的燃气与从透平前轴封漏入的空气、第一级静叶的冷却空气混合后的平均滞止温度，所以 $T_B^* < T_A^*$。同理，由于 T_C^* 是燃烧室出口处的燃气与透平前轴封漏气、各级静叶和动叶的冷却空气等的平均温度，所以，$T_C^* < T_B^*$。所以，对同一台燃气轮机而言，上述三个温度的关系是 $T_A^* > T_B^* > T_C^*$。在实践中，说明不同的问题采用不同的初温各有其方便之处。通常提到的燃气初温一般是 T_B^*，有时也会是 T_A^*，一般不用 T_C^*。

二、透平级的工作原理

（一）基元级的速度三角形

由于透平的基本工作单元是级，所以要了解透平的工作原理，首先需了解级的工作原理。与压气机类似，在透平级的研究中也可以引入基元级的概念，并可以把透平级看作由无限多个半径不同的基元级叠加而成。因此，对透平级内流动与工作原理的研究也可先从基元级着手，然后在半径方向将各基元级进行叠加，从而形成对整个级内气体流动及工作原理的认识。

轴流式透平基元级的环形叶栅在平面上展开后所形成的平面叶栅如图 3 - 59 所示。由图可见，与压气机相反，透平级的动、静叶栅流道一般来说都是通流面积不断减小的收缩形流道，这是因为透平级内的气流流动是一个压力降低、速度提高的膨胀过程。当然，如果要使静叶栅出口处的气流速度达到声速以上，则必须将静叶栅流道设计为缩放型。在对基元透平

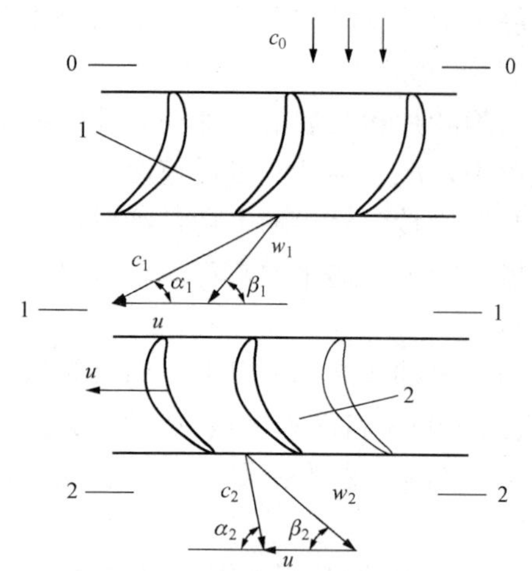

图 3-59 透平的基元级平面叶栅

1—静叶栅；2—动叶栅

级的能量转换过程进行研究时，如果不打算涉及流场分布等细节，也只需对三个特征截面上的压力、温度、速度变化情况加以分析，这三个特征截面是静叶栅前截面（又称级前截面）、静叶栅后截面和动叶栅后截面（又称为级后截面），分别记为截面 0—0、1—1 和 2—2，如图 3-59 所示。

在截面 1—1 处，气流以绝对速度$\vec{c_1}$流入动叶栅，由于动叶栅以圆周速度 $\vec{u}$ 作牵连运动，故气流相对于动叶栅的速度只能是$\vec{w_1}$。根据运动学原理，$\vec{c_1}$、$\vec{u}$、$\vec{w_1}$三者之间应满足$\vec{c_1}=\vec{w_1}+\vec{u}$ 的关系，用矢量运算图表示则为如图 3-59 中所示的一个三角形。同样，在截面 2—2 处，气流的绝对速度$\vec{c_2}$和相对速度$\vec{w_2}$、$\vec{u}$ 之间也存在关系式$\vec{c_2}=\vec{w_2}+\vec{u}$，并形成一个三角形。这两个三角形分别被称为动叶栅进口和出口的气流速度三角形。

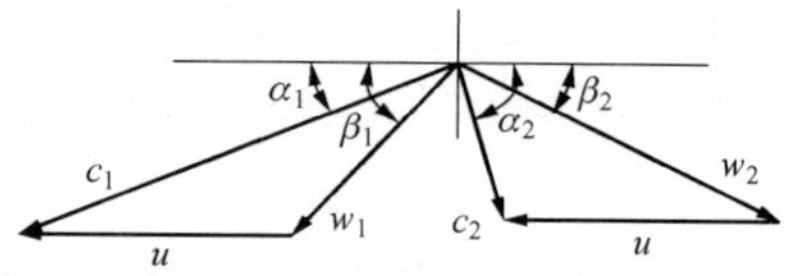

图 3-60 透平基元级的速度三角形

习惯上，一般将动叶栅进口和出口的速度三角形从同一个起点画起，并且为了运算方便，用速度矢量的模和方向角来表示各速度矢量，从而形成图 3-60。图中，c_1、c_2 的方向角被记为 α_1 和 α_2，w_1、w_2 的方向角被记为 β_1 和 β_2。在定义各方向角时，需要采用一定的规则，本书采用的规则是：α_1 和 β_1 均从圆周速度的正方向起按逆时针方向计算，α_2 和 β_2 均从圆周速度的反方向起按顺时针方向计算。这样一般情况下都可以使这些角度成为锐角。

从能量守恒和转换的角度看，气流之所以能通过转子上的动叶片对外界做功，其根本原因在于流动过程中压力有所降低，相应地热能有所降低。而压力的变化又必然会反映在气流速度的变化上。应用动量定理，经过简单推导，可以得出单位质量燃气流过基元级时，气流施加于动叶片上的机械功与其速度变化的关系为

$$w_t = u(c_{1u} + c_{2u}) = u(w_{1u} + w_{2u}) \tag{3-10}$$

式中 c_{1u}、w_{1u}——c_1、w_1 在圆周速度方向上的分量，如 $c_{1u}=c_1\cos\alpha_1$；

c_{2u}、w_{2u}——c_2、w_2 在圆周速度反方向上的分量，如 $c_{2u}=c_2\cos\alpha_2$。

根据速度三角形的几何关系，还可以将式（3-10）转化为

$$w_t = \frac{c_1^2 - c_2^2}{2} + \frac{w_2^2 - w_1^2}{2} \tag{3-11}$$

此式表明，单位质量燃气流过基元级时，通过转子上的动叶片向外界输出的机械功等于燃气的动能减少量和燃气相对速度提高之反作用力对动叶栅所做的功之和。

燃气动能减少量与燃气热能降低量之间的关系很容易建立，根据热力学原理

$$\frac{c_1^2 - c_0^2}{2} = -\int_{p_0}^{p_1} v\mathrm{d}p - \Delta q_1 = -\int_{p_0}^{p_1} \frac{1}{\rho}\mathrm{d}p - \Delta q_1 = \frac{p_0 - p_1}{\bar{\rho}_{01}} - \Delta q_1 \tag{3-12}$$

式中 Δq_1——燃气流过静叶栅时因摩擦而生成的热量；

$\bar{\rho}_{01}$——静叶栅中燃气的平均密度。

燃气相对速度提高所产生的反作用力对动叶栅所做的功与燃气热能降低量之间的关系也可以采用类似的办法建立。根据热力学原理，燃气流过透平动叶栅时，气流绝对速度动能的减少量和燃气热能减少量与向外界所做的功之间的关系为

$$w_t = -\int_{p_1}^{p_2} v\mathrm{d}p + \frac{c_1^2 - c_2^2}{2} - \Delta q_2 = \frac{p_1 - p_2}{\bar{\rho}_{12}} + \frac{c_1^2 - c_2^2}{2} - \Delta q_2 \tag{3-13}$$

式中　Δq_2——燃气流过动叶栅时因摩擦而生成的热量；

$\bar{\rho}_{12}$——静叶栅中燃气的平均密度。

由式（3-11）和式（3-13）可以得到

$$\frac{w_2^2 - w_1^2}{2} = \frac{p_1 - p_2}{\bar{\rho}_{12}} - \Delta q_2 \tag{3-14}$$

此式所反映的就是燃气相对速度提高所产生的反作用力对动叶栅所做的功与燃气热能降低量之间的关系。

从以上分析中可以清楚地看出，轴流式透平中燃气做功的过程和原理如下：

首先燃气在静叶栅中发生膨胀，用所释放出来的热能使气流的速度提高。当然还必须用一部分克服摩擦，式（3-12）对此作了描述。

随后在动叶栅中燃气速度降低所释放的动能转化为向外界输出的机械功。与此同时，燃气还可以继续释放热能并膨胀，利用相对速度提高的反作用力而对外界做功，式（3-11）对此作了描述。

（二）级的做功能力

工程中，对燃气在动叶栅内的流动可以有两种设计方案，一种是使燃气流过动叶栅时压力不改变，相对速度也不改变；另一种是使燃气流过动叶栅时压力降低，相对速度提高。采用前一种方案的透平级，其动叶栅的作用仅在于将在静叶栅中已获得的气流绝对速度动能转化为机械功。采用后一种方案的透平级，其动叶栅不仅要将在静叶栅中已获得的气流绝对速度动能转化为机械功，而且还要使气流继续膨胀，利用气流相对速度提高所产生的反作用力对动叶栅做功。

习惯上，人们将按第一种方案设计的透平级称为冲动级，对按第二种方案设计的透平级，如果静叶栅和动叶栅中的焓降相等，则称为反动级。冲动级和反动级之间有很多差别，最大的差别在于两者具有不同的做功能力。由式（3-10）可知，要提高级的做功量，要么需提高圆周线速度 u，要么需提高（$c_{1u}+c_{2u}$）。然而，u 的提高是有限度的，u 过大时，叶片根部截面处的离心拉应力会超过叶片材料的许用应力。与此同时，（$c_{1u}+c_{2u}$）的提高也不是任意的，研究表明，要保持较高的级效率，（$c_{1u}+c_{2u}$）与 u 之间必须有一个合理的关系。对纯冲动级，该关系为 $c_{1u}+c_{2u}=2u$；对反动级，该关系为 $c_{1u}+c_{2u}=u$。这表明，要保持较高的级效率，冲动级的做功量应设计为 $w_t=2u^2$，而反动级应设计为 $w_t=u^2$。显然，在同样的圆周线速度 u 下，冲动级的合理做功量为反动级的合理做功量的 2 倍左右。

现代燃气轮机已很少采用纯粹的冲动级，而普遍采用带有一定反动度的扭叶片级，扭叶片级的反动度在不同叶高处是不同的。

三、透平的特性

透平的性能主要由流量 q_m、效率 η_t、转速 n、膨胀比 $\pi_t=p_3^*/p_1^*$ 等几个参数描述。在

透平的进气压力 p_3^* 和温度 T_3^* 一定时，流量 q_m、效率 η_t、转速 n、膨胀比 π_t 等参数之间的关系称为透平的特性。透平特性可以通过实验得到，也可以通过计算得到。

与压气机特性类似，透平的特性也可以用通用曲线表示。根据相似原理，对于若干台几何相似的透平或者同一台透平的不同工况，如果它们的定性准则数相等，则它们的工况就相似，所有的无因次参数都相同。

研究发现，透平的主要定性准则数目也是两个，并可以用无因次流量 $q_m\sqrt{T_3^*}/(p_3^* d_1^2)$ 和无因次转速 $nd_1/\sqrt{T_3^*}$ 表示。对同一台透平的不同工况，由于 $d_1=\text{const}$，所以，还可以用折合流量 $q_m\sqrt{T_3^*}/p_3^*$ 和折合转速 $n/\sqrt{T_3^*}$ 分别代替无因次流量 $q_m\sqrt{T_3^*}/(p_3^* d_1^2)$ 和无因次转速 $nd_1/\sqrt{T_3^*}$。这就是说，对一台几何形状和尺寸一定的透平而言，其所有的无因次参数都是折合流量 $q_m\sqrt{T_3^*}/p_3^*$ 和折合转速 $n/\sqrt{T_3^*}$ 的函数，如

$$\pi_t=f\left(q_m\sqrt{T_3^*}/p_3^*,\ n/\sqrt{T_3^*}\right)$$

$$\eta_t=f\left(q_m\sqrt{T_3^*}/p_3^*,\ n/\sqrt{T_3^*}\right)$$

用曲线形式表示的上述关系就是透平的特性曲线，由于该曲线对不同的工作条件都适用，所以称为通用特性曲线。

图 3-61 是以折合转速 $n/\sqrt{T_3^*}$ 作为自变量、以折合流量 $q_m\sqrt{T_3^*}/p_3^*$ 为参变量绘制的某透平的通用特性线，现对其作简要分析，以加深印象。

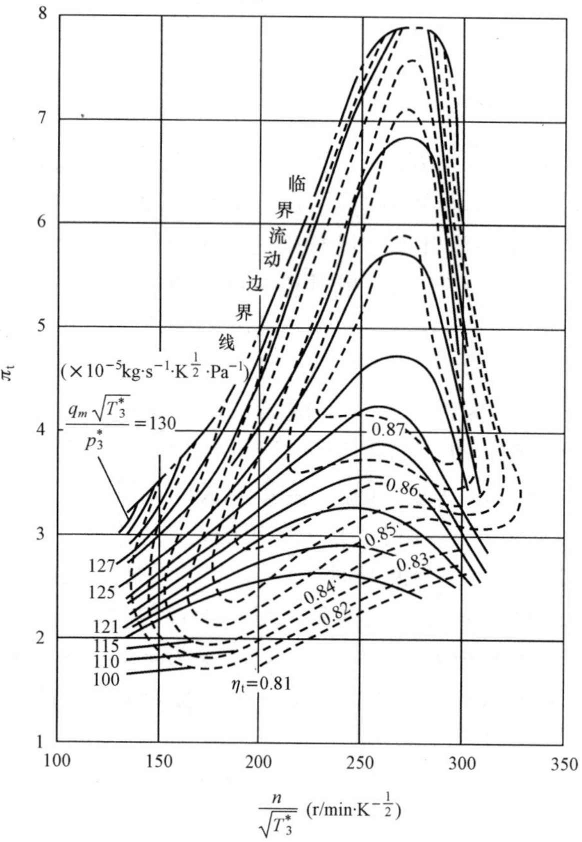

图 3-61　以 $n/\sqrt{T_3^*}$ 为自变量、$q_m\sqrt{T_3^*}/p_3^*$ 为参变量绘制的某透平的通用特性线

（1）$n/\sqrt{T_3^*}$ 一定时，$q_m\sqrt{T_3^*}/p_3^*$ 随 π_t 的变化。由图可见，在折合转速 $n/\sqrt{T_3^*}$ 一定时，随着膨胀比 π_t 的提高，一般情况下，折合流量 $q_m\sqrt{T_3^*}/p_3^*$ 将逐渐增大。根据级的工作原理，这一点很容易理解，因为膨胀比增大时，各级内气流的速度都将提高，与此相应，流量必然增大。根据弗留格尔公式可以导出 $q_m\sqrt{T_3^*}/p_3^*$ 与 π_t 的关系为

$$\frac{q_m\sqrt{T_3^*}}{p_3^*}\propto\sqrt{1-\frac{1}{\pi_t^2}}$$

此式仅适用于膨胀比 π_t 小于临界值的情况。当 π_t 增大到临界值之后，透平内某处的气流速度将达到声速，在这种情况下，$q_m\sqrt{T_3^*}/p_3^*$ 将不是随膨胀比的增加而增加，而是保持常数，这种状况通常被称为临界状况。该状况下的膨胀比称为临界膨胀比，流量称为临界流量。

如图 3-61 所示，一般情况下，转速

越低，折合转速 $n/\sqrt{T_3^*}$ 就越小，膨胀比 π_t 的临界值也就越小。但当转速高到一定程度后，则是 $n/\sqrt{T_3^*}$ 越大，π_t 的临界值就越小。造成这种情况的原因，简单地说，是级的速度三角形会随着 $n/\sqrt{T_3^*}$ 的改变而改变，焓降在静、动叶栅中的分配情况也会随着 $n/\sqrt{T_3^*}$ 的改变而改变。

(2) π_t 一定时，$q_m\sqrt{T_3^*}/p_3^*$ 随 $n/\sqrt{T_3^*}$ 的变化。图 3-61 中，在膨胀比 π_t 一定时，折合流量 $q_m\sqrt{T_3^*}/p_3^*$ 随折合转速 $n/\sqrt{T_3^*}$ 变化的规律可以按照变转速透平的流量变化规律进行解释。变转速透平的流量变化规律是：膨胀比 π_t 一定时，一般情况下，转速 $n/\sqrt{T_3^*}$ 越高，流量 $q_m\sqrt{T_3^*}/p_3^*$ 越小；但是当 $n/\sqrt{T_3^*}$ 高到一定值后，$q_m\sqrt{T_3^*}/p_3^*$ 反而随 $n/\sqrt{T_3^*}$ 的提高有增大。发生这种现象的原因也在于级的焓降在静、动叶栅中的分配情况会随着 $n/\sqrt{T_3^*}$ 的改变而改变。

(3) $q_m\sqrt{T_3^*}/p_3^*$ 一定时，π_t 随 $n/\sqrt{T_3^*}$ 的变化。如上所述，对变转速透平，在转速 $n/\sqrt{T_3^*}$ 较低的情况下，膨胀比 π_t 一定时，转速 $n/\sqrt{T_3^*}$ 越高，流量 $q_m\sqrt{T_3^*}/p_3^*$ 就越小。反回来也可以说，要在转速 $n/\sqrt{T_3^*}$ 提高的同时，保持流量 $q_m\sqrt{T_3^*}/p_3^*$ 不变，膨胀比 π_t 就得增大。而在转速 $n/\sqrt{T_3^*}$ 较高的情况下，规律正好相反。图 3-61 所表现的正是这样的规律。

(4) $n/\sqrt{T_3^*}$ 一定时，η_t 随 π_t 的变化。转速 $n/\sqrt{T_3^*}$ 一定时，存在一个特定的膨胀比 π_t，使级的速度三角形与设计速度三角形相似，只有在该膨胀比下，效率 η_t 才可能达到最高，其他情况下 η_t 都将降低。所以，在转速 $n/\sqrt{T_3^*}$ 一定的情况下，当膨胀比 π_t 由小而大变化时，效率 η_t 先是由小而大，然后再由大而小变化。图 3-61 表现的正是这样的规律。

(5) π_t 一定时，η_t 随 $n/\sqrt{T_3^*}$ 的变化。与前一种情况类似，膨胀比 π_t 一定时，存在一个特定的转速 $n/\sqrt{T_3^*}$，使得级的速度三角形与设计速度三角形相似，只有在该 $n/\sqrt{T_3^*}$ 下，效率 η_t 才可能达到最高，其他情况下，效率 η_t 都将降低。所以，在 π_t 一定的情况下，当转速 $n/\sqrt{T_3^*}$ 由小而大变化时，效率 η_t 先是由小而大，然后再由大而小变化。

四、透平的冷却

（一）冷却系统设计要求

燃气轮机的初温之所以能达到 1500℃甚至更高，除了与耐热、耐氧化材料的发展有关外，在很大程度上应归功于对透平的冷却。现代燃气轮机，除初温很低者外，其透平都要进行冷却。透平的冷却介质，理论上可以是空气，也可以是蒸汽、水以及其他流体介质，但目前应用最多的仍然是空气。这是因为在燃气轮机中，冷却空气可以方便地从压气机引过来。

透平冷却结构及系统的设计是一项要求很高的工作，总的原则是要用尽量少的空气，使透平的高温部件得到最有效、最可靠的冷却，因为冷却空气量过大会使压气机的耗功增大，另外，随着初温的不断提高、燃烧用空气量的不断增大，也没有很多冷却空气可用。但这还都不是最主要的原因，最主要的原因是，大量冷却空气掺入燃气，会引起后者温度降低，并会对流动产生有害影响。目前，燃气轮机所用的冷却空气量，视初温高低，一般占总空气量的 2%～12%。

为了取得较为理想的效果，透平冷却系统设计一般遵循以下原则：

(1) 透平不同部位所用的冷却空气要从压气机的不同部位引过来。这样既可以与对应部位的压力相匹配以降低损失，也可以降低低压部位冷却空气的温度以取得更好的冷却效果。

（2）冷却空气的流量要合适，分配要合理。一般来说，这要通过对关键部位通流面积的精细设计和大量的试验调整才能实现。

（3）冷却空气要能够保持清洁，否则会堵塞冷却通道。为此，首先要保持压气机进口的空气清洁，同时也要采取一定的结构措施，比如，从压气机内径处引出空气。由于有离心力的作用，空气中的灰尘颗粒一般不会集聚在压气机内径处，这里的空气是比较清洁的。

各制造厂在透平冷却结构及系统的设计上，虽然所遵循的原则一致，但由于经验和传统不同，设计结果也有很大差别。下面对 GE、西门子、三菱重工、ABB - Alstom 四家公司的典型燃气轮机的透平冷却结构进行简要介绍。

（二）透平冷却空气组织

图 3 - 62 所示为 GE 公司生产的 MS9001FA 机组的透平冷却空气流程。由图可见，该机组的透平一共有三级，根据被冷却部位压力的高低，采用了四股从压气机不同部位引出的冷却空气。第一股空气来自于压气机的排气，在对第一级静叶和静叶环进行冷却后混入燃气；第二股空气来自于压气机第 17 级后，它沿转子的内部通道被分配到各级轮盘之间，然后有一部分从第一、二级动叶根部进入动叶内部，对动叶片进行冷却后从叶片的顶端混入燃气，其余的部分从各叶轮的轴向间隙处混入燃气，对动叶根部进行冷却和保护；第三股空气来自于压气机第 13 级后，在对第二、三级静叶片进行冷却后，从静叶的内环流出，既作为隔板气封的密封空气使用，又对静叶内环进行冷却和保护；第四股空气由另设的风机提供，对设置在透平端的轴承壳体和第三级动叶的出口侧进行冷却后混入燃气轮机排气。

图 3 - 63 所示为西门子公司生产的 V94.3A 机组的透平冷却空气流程。该透平一共有四级，使用了四股压力互不相同的冷却空气。第一股来自于压气机出口，对第一级的静叶、动叶和轮盘进行冷却；其余三股来自于压气机不同级后的抽气，分别对第二级和第三级的静叶、动叶、轮盘和第四级静叶、轮盘进行冷却。供给第四级静叶的冷却空气的一部分还通过排气道的空心支柱流向透平端的轴承箱，对箱体进行冷却。由图还可以看出，该透平的冷却空气通过转轴中心孔从压气机引向透平，这种设计可以利用离心力将冷却空气中的灰尘颗粒甩向中心孔壁面，使空气得到进一步清洁。

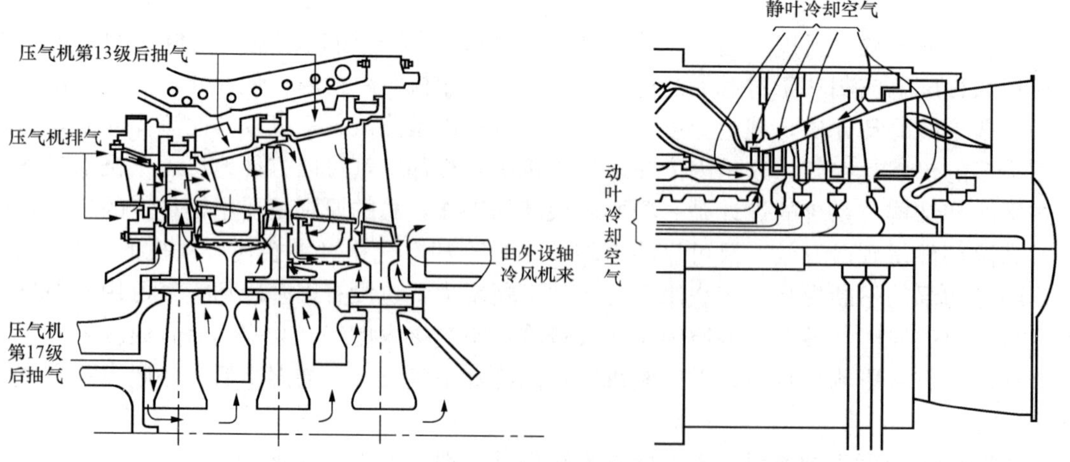

图 3 - 62　MS9001FA 型机组的透平冷却空气流程　　图 3 - 63　V94.3A 型机组的透平冷却空气流程

图 3-64 所示为 ABB-Alstom 公司生产的 GT26 机组高压透平的冷却空气流程。高压透平只有一级，其静叶的前半部分直接采用压气机的排气进行冷却，静叶的后半部分和动叶则采用在外部用热交换器冷却后的压气机排气进行冷却。由于该机组的压比很高，压气机排气的温度可达到 535℃左右，所以在将排气作为冷却空气使用前，需先在外部用热交换器对其冷却。

图 3-65 所示为 GT26 机组低压透平的冷却空气流程。由图可见，低压透平一共有四级（第二～五级），使用了三股压力互不相同的冷却空气。第一股为在外部冷却后的压气机第 16 级后的抽气，用于对第二级静、动叶的冷却；第二股为来自压气机第 11 级后的抽气，用于对第三级静、动叶和第四级静叶的冷却；第三股为来自压气机第五级后的抽气，用于对第四级动叶的冷却。

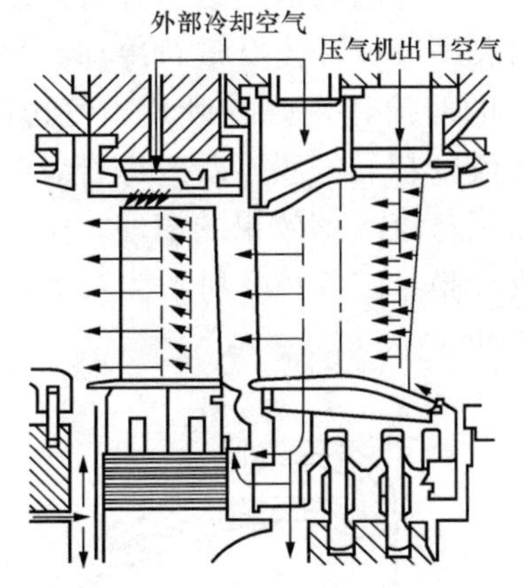

图 3-64　GT26 型机组的高压透平冷却空气流程

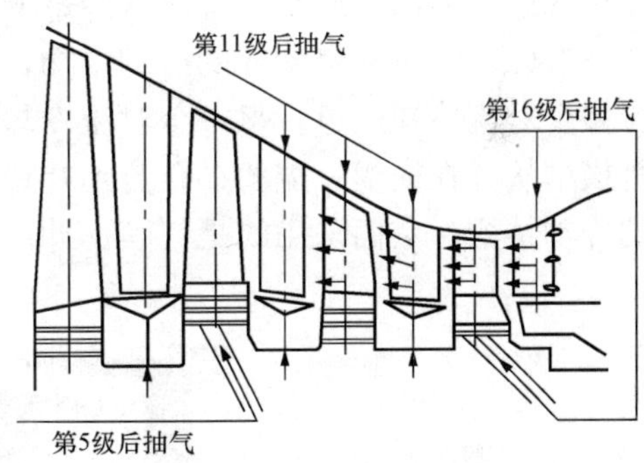

图 3-65　GT26 型机组的低压透平冷却空气流程

图 3-66 所示为三菱重工生产的 M701F 型机组的透平冷却空气流程。该透平共有四级，使用了四股压力互不相同的冷却空气。第一股为在外部冷却后的压气机的排气，对第一级的静叶和第一、二、三级的动叶进行冷却；其余三股来自于压气机不同级后的抽气，分别对第二、三级的静叶和第四级静叶根部的腔室进行冷却。

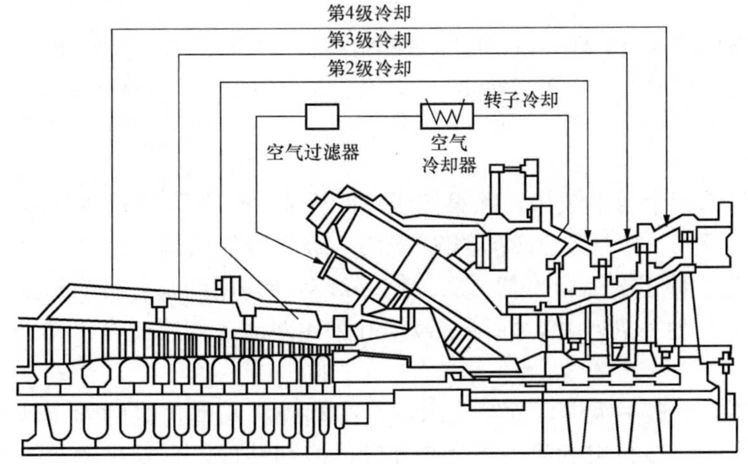

图 3-66　M701F 型机组的透平冷却空气流程

（三）透平叶片冷却

叶片是透平中工作条件最为恶劣的热部件，冷却结构也最为复杂。目前透平叶片的冷却主要有气膜冷却、对流冷却和冲击冷却三种方式。当然，气膜冷却、冲击冷却本质上也都是对流冷却，只不过冷却效果有所加强而已。为了提高冷却效果，实际的透平叶片往往将几种冷却方式组合在一起使用。下面仍然以 GE、西门子、ABB - Alstom、三菱重工四家公司的典型机组来简要介绍目前的叶片冷却结构。

MS9001FA 机组的三个透平级中，除第三级动叶没有冷却外，其他三列静叶和两列动叶都采用了空气冷却，第一级动、静叶片的冷却结构如图 3 - 67 所示。由图 3 - 67（a）可见，第一级静叶采用的是气膜冷却、对流冷却和冲击冷却的综合冷却方式。在叶型的头部和腹部，开有许多细孔，空气从这些细孔流出后，可在叶片表面形成一层流动的空气膜，在将叶片与高温燃气隔开的同时，也对叶片进行冷却。在空心叶片的内部，装有开有许多小孔的插件，插件内的空气从这些小孔喷出后，可对叶片的内表面形成冲击并进行冷却。另外，在叶片出气边的内部，还有一排对流冷却槽，它利用空气的对流作用强化叶片出气边的冷却。图 3 - 67（b）为第一级动叶的冷却结构，它采用的是对流冷却和气膜冷却的综合。叶片内部设有多个对流冷却通道，每一个对流冷却通道又开有强化对流冷却效果的横槽，空气可以沿这些横槽从开在横槽一端的小孔流到叶片的表面，形成气膜。图 3 - 68 所示为第二、三级静叶的冷却结构，它们采用的是气膜、冲击、对流综合冷却。

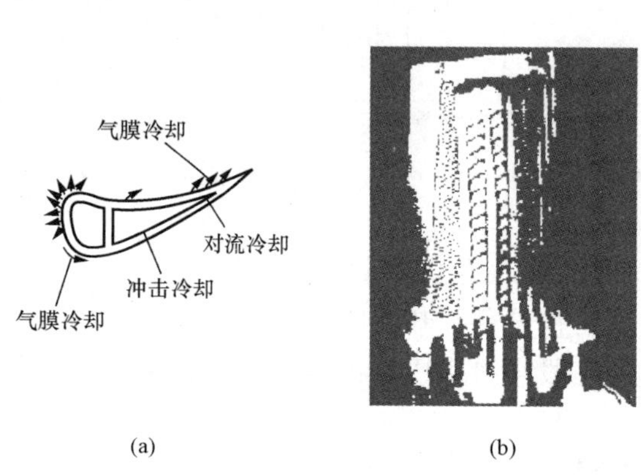

图 3 - 67　MS9001FA 透平第一级叶片的冷却结构
（a）第一级静叶；（b）第一级动叶

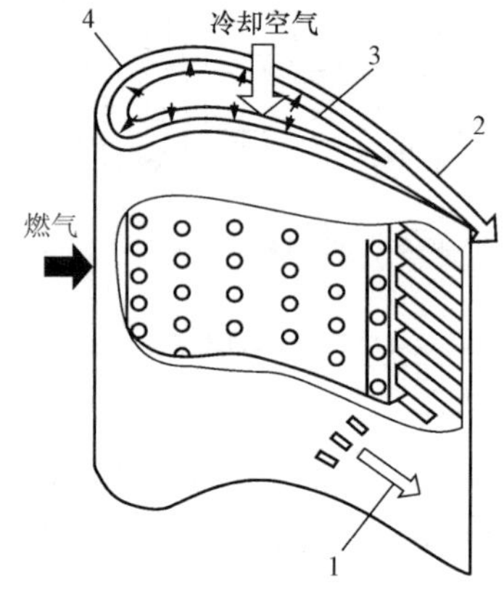

图 3 - 68　MS9001FA 透平第二、三级静叶的冷却结构
1—气膜；2—对流；3—插件；4—冲击

V94.3A 机组的四个透平级中，除第四级动叶没有冷却外，其他四列静叶和三列动叶都采用了空气冷却。图 3 - 69 所示为该机组透平第一级的冷却结构。由图可见，第一级静叶采用的是气膜、对流、冲击的综合冷却方式，第一级动叶采用的是一种对流式冷却和气膜冷却的综合冷却方式。其他各列叶片，除第二级动叶采用对流、气膜组合冷却外，均采用纯对流冷却。

GT26 机组的五个透平级中，除第五级没有冷却外，其他各级的静、动叶都采用了空气冷却。图 3 - 70 所示为该机组的第一级透平动叶的冷却结构，它采用的是一种多导管紊流式的冲击、对流、气膜综合冷却方式。

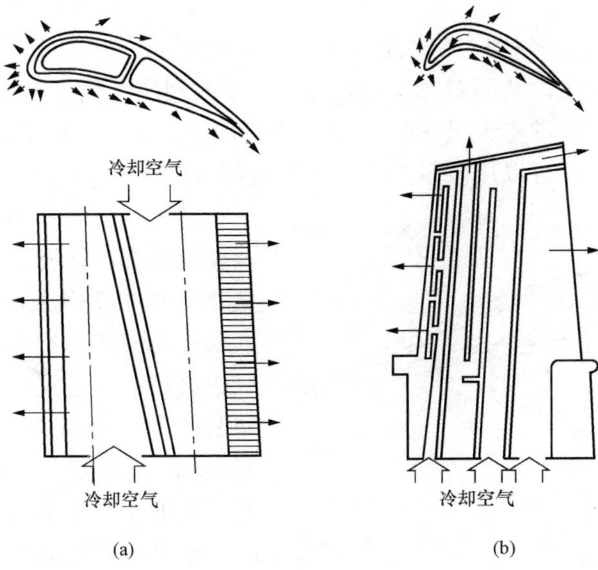

图 3-69　V94.3A 机组透平第一级叶片的冷却结构
(a) 第一级静叶；(b) 第一级动叶

M701F 机组的四个透平级中，除第四级叶片没有冷却外，其他三级叶片都采用了空气冷却。图 3-71 表示了该机组透平第一级的冷却结构。由图 3-71 (a) 可见，第一级静叶采用的是气膜、对流、冲击综合冷却方式，空心叶片的内部设有三个插件，便于气流从各个部位均匀地冲击和冷却叶片。图 3-71 (b) 为第一级动叶的冷却结构，它采用的是一种紊流回流式对流冷却和气膜冷却的组合。

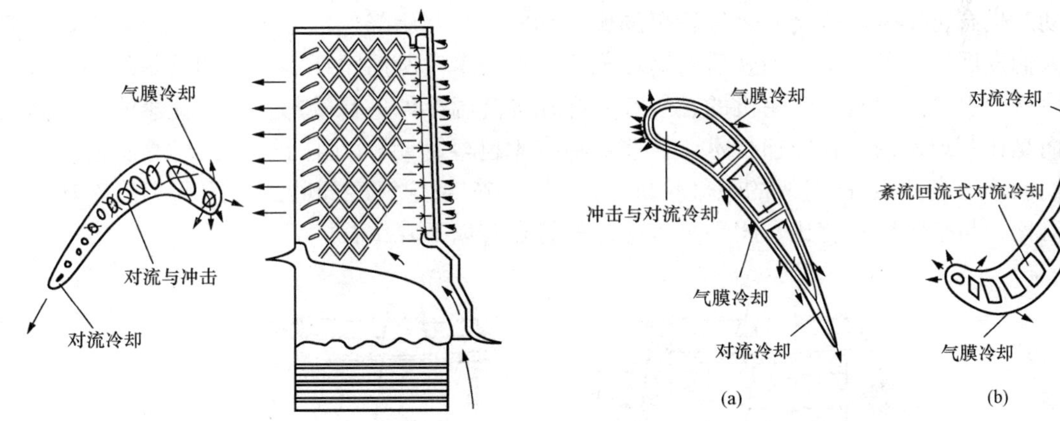

图 3-70　GT26 机组第一级透平动叶的冷却结构

图 3-71　M701F 机组透平第一级的冷却结构
(a) 第一级静叶；(b) 第一级动叶

(四) 冷却技术的发展

随着燃气轮机向高温、高压比、高效率、大功率方向的发展，人们还在不断地探索着更加多样的冷却技术。

1. 发散冷却

所谓发散冷却是指在多孔材料制成的空心叶片内部通以冷却空气，让这些空气像“发汗”那样从叶片表面渗出，从而对叶片进行冷却。不难想象，由于空气渗过叶片壁面时与材料有非常紧密的接触，能带走大量热量，并且渗出后还会在叶片表面形成一层分布均匀的保护膜，所以发散冷却应该可以用较少的空气达到良好的效果。

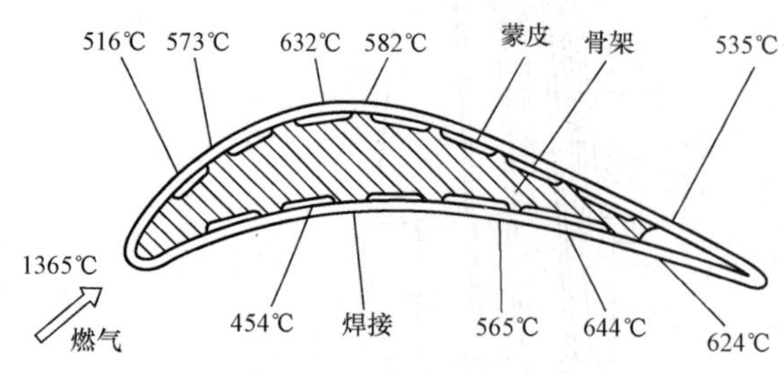

图 3-72　某发散冷却叶片的断面及表面温度分布（冷却空气温度 188℃，流量为燃气流量的 4.5%）

图 3-72 所示为某发散冷却叶片断面及表面温度。该叶片由多孔材料制成的蒙皮和叶片骨架构成，蒙皮与骨架采用焊接方式连为一体，在蒙皮与骨架之间设有空气通道。由图可见，在来流燃气为 1365℃的条件下，用温度为 188℃、流量为燃气流量 4.5%的空气对叶片进行冷却时，该叶片表面上的温度最高只有 644℃，温度的分布也比较均匀。这表明，采用发散冷却方式确实可以实现良好的冷却。

然而，发散冷却叶片有一些很难克服的缺点：一是其蒙皮上的微孔很容易被外来污染物或者材料本身的氧化堵塞；二是冷却空气垂直喷入叶片表面的流动边界层要导致严重的气动损失。此外，蒙皮与叶片骨架的可靠焊接也是一个不容小觑的问题。正因如此，虽然人们已经对这种冷却方式的结构和工艺进行了多年的理论和试验研究，但迄今为止，实践中仍未见到采用这种冷却方式的燃气轮机。

2. 闭环蒸汽冷却

以上介绍的空气冷却技术，除了必须消耗一定的高压空气外，还不可避免地要对透平内的流动产生有害影响，这会使燃气轮机的比功和效率都有所降低。为了从根本上解决这个问题，人们发展了一种以蒸汽为介质的闭环蒸汽冷却技术。所谓闭环蒸汽冷却就是从外部蒸汽发生设备中引来蒸汽对燃气轮机的燃烧室、叶片等高温部件进行冷却，但不让蒸汽掺入高温燃气而是让其返回的一种冷却技术。目前这项技术已经被 GE、西门子、三菱等制造商应用在它们设计生产的 G/H 等级的燃气轮机上。图 3-73 对空气冷却叶片与闭环蒸汽冷却叶片做了对比。与空气冷却相比，闭环蒸汽冷却的特点有以下几个：

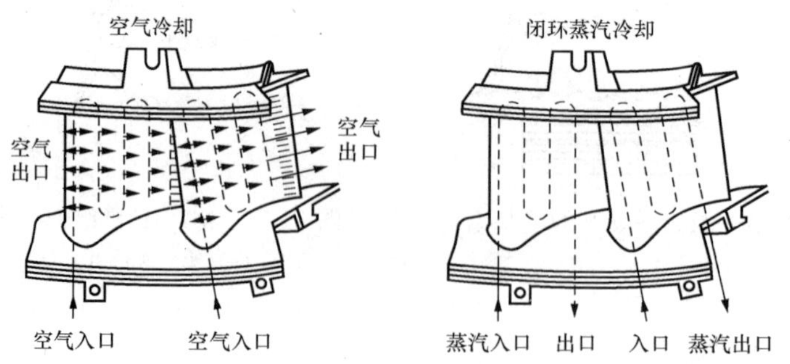

图 3-73　空气冷却叶片与闭环蒸汽冷却叶片的对比

（1）蒸汽具有较大的比热容和良好的传热特性，可以在消耗较少的情况下实现较高的冷却效率，从而可在不增加金属温度的条件下实现更高的燃气初温。

(2) 采用闭环方式运行，蒸汽不掺入燃气，不存在因掺混而引起的透平工作温度的降低，并且不会对透平内的燃气流动产生有害扰动。

(3) 减少透平对冷却用空气的需求，增大参与膨胀做功的燃气的流量，虽然要因此而消耗掉一些蒸汽，但是产生高压蒸汽远比产生高压空气付出的代价小。

(4) 在联合循环中时，蒸汽可取自于底部循环，在燃气轮机中升温后还可以回到底部循环继续膨胀做功。

实践表明，用闭环蒸汽冷却代替开环空气冷却可以使联合循环的效率和比功都有所提高。但是也存在一些缺陷：一是由于需要一定的蒸汽，所以不大适用于单循环燃气轮机；二是冷却系统及结构都比较复杂，可靠性有待充分验证。除此之外，还有一个难以克服的缺陷，那就是：采用蒸汽作为冷却介质后，机组的启动速度大受影响。所以，GE、西门子、三菱三家公司在成功地开发了闭环蒸汽冷却机组后，又都重新（或者同时）开发了同一温度等级的全空气冷却机组。

思考题

1. 压气机在燃气轮机中的作用是什么？
2. 燃气轮机所使用的压气机有哪两种类型？它们各有哪些特点？
3. 轴流式压气机由哪两个组成部分？
4. 试简要描述空气在压气机中的增压过程和能量转换情况。
5. 何谓扭速？何谓理论功？理论功是否可全部转换为气体的压力能？
6. 压气机级的理论功为什么会受到限制？
7. 压气机的压比特性线有哪些主要特点？
8. 试绘图说明压气机级在转速一定、体积流量增大和减小时，速度三角形的变化情况。
9. 转速一定时，级的扭速与体积流量之间有什么联系？
10. 何谓压气机的通用特性线？如何绘制通用特性线？
11. 何谓失速？失速与边界层分离有什么联系和区别？
12. 试绘图说明动叶栅中的局部失速区为什么会旋转。
13. 多级压气机的失速位置具有哪些特点？
14. 何谓喘振？喘振与失速之间存有哪些联系与区别？
15. 防止压气机喘振的主要措施有哪些？各有哪些优缺点？
16. 燃烧室的作用是什么？
17. 燃烧室一般有哪些基本部件？
18. 为保证燃气轮机在各种条件下都能正常、高效地工作，燃烧室至少应满足哪些要求？
19. 何谓过量空气系数？燃气轮机燃烧室的过量空气系数一般在什么范围内变化？
20. 现有燃气轮机燃烧室主要采取了哪些原则和手段来组织燃烧？
21. 燃烧室有哪几种主要类型，它们各有哪些优缺点？
22. 火焰管及过渡段的冷却方式有哪几种？

23. 何谓扩散燃烧？扩散燃烧有哪些特点？为降低其氮氧化物的排放，通常可采取哪些措施？

24. 何谓预混燃烧？何谓均相贫预混燃烧？贫预混燃烧有哪些优缺点？

25. 何谓 DLN 燃烧室？

26. 透平在燃气轮机中的作用是什么？

27. 燃气轮机所使用的透平有哪两种类型，它们各有哪些特点？

28. 透平有哪两个组成部分？

29. 相对于汽轮机，燃气透平有哪些主要特点？

30. 燃气轮机初温的定义有哪三种，通常提到的是哪种？

31. 透平级的做功能力为什么会受到限制？

32. 初压、初温和转速一定时，透平的流量与膨胀比之间存在着什么样的关系？

33. 透平冷却系统的设计一般应遵循哪些原则？

34. 试说明，为什么燃气轮机装置可以采用较高的工作温度而汽轮机装置不可以？

35. 与开环空气冷却相比，闭环蒸汽冷却有哪些主要优缺点？

第四章　电站燃气轮机的结构特点与运行特性

在对燃气轮机各部件的原理、结构与特性进行讨论的基础上，本章介绍燃气轮机尤其是电站大功率燃气轮机整机的结构特点和运行特性，以便读者从整体上予以把握。

第一节　电站燃气轮机的整机结构特点

现代电站燃气轮机的设计制造技术由汽轮机和航空发动机两大技术发展而来。在这两种技术中，前者比较注重机器的使用寿命、制造材料的易得性和检修维护的方便性，而在结构紧凑性、运行灵活性等方面注重不够；后者比较注重结构的紧凑性、启停和运行的灵活性，但降低了使用寿命上的要求。由于燃气轮机目前多用在需快速启停和灵活运行的场合，所以在现代燃气轮机的设计制造上，后者留下了更多痕迹，当然，前者的不少优点也得到了一定继承。

目前，大中型燃气轮机在结构形式上大体可分为工业型和航机改装型两种类型。工业型燃气轮机又称为重型（或重载）燃气轮机，主要用作陆地上固定的发电机组。航机改装型燃气轮机主要用作陆海交通运输设备的发动机和小型发电机组。

燃气轮机结构设计中需要考虑的要求主要有以下几个：

（1）要有足够的刚度、强度，以保证长期安全可靠的运行，停机检查和大修的时间间隔要足够长。目前，燃天然气且带基本负荷的燃气轮机，检修时间间隔已达4000～8000h，大修时间间隔已达30 000h。

（2）要保证足够高的热力性能，保证达到设计压比、温度、流量、转速，以保证所要求的功率和效率。

（3）结构较简单，尺寸及质量较小，便于制造、装配、运输和安装，也便于检查、维护和维修。

要同时满足上述要求非常困难，原因在于这些要求有些是相互冲突的。在长期的研究和实践中，人们总结出了一些最基本的设计原则：①压气机、燃烧室、透平三大部件要统一布置，即它们的外壳要相互连接为一个整体，统一支撑在一个基座上；②压气机和透平转子在机械上要刚性连接，构成一个统一的转动部件；③转子与静子要配合形成一个顺畅的工质流动通道。对联合循环用的燃气轮机，还要使工质能顺畅地从燃气轮机流进余热锅炉，尽量减少不必要的流动转折。

在这些原则指导下，不同制造厂设计制造的燃气轮机在结构上有许多相似之处。但由于每一个具体结构都有许多不同方案，所以不同制造厂的燃气轮机看起来又形态各异。考虑到本书的写作目的，这里并不详细介绍燃气轮机的结构细节，仅打算结合目前国际上几个主要公司的典型产品，对电站大型燃气轮机，尤其是联合循环燃气轮机与热力相关的一些结构特点进行简要分析。

图4-1所示为GE公司设计生产的MS9001FA型燃气轮机的纵剖面图，图4-2所示为西门子公司生产的V94.3A型燃气轮机的纵剖面图，图4-3所示为Alstom公司生产的GT26型燃气轮机的轴侧图，图4-4所示为三菱重工生产的M701F型燃气轮机的纵剖面图。

GT26型燃气轮机是前 Alstom 公司设计生产的最先进、功率最大的机型。MS9001FA、V94.3A 和 M701F 型燃气轮机虽然不是 GE 公司、Siemens 公司和 Mitsubishi 公司最先进、功率最大的机组，但在这两家公司生产的机组中，它们最成熟并得到了最多应用。这几个型号的燃气轮机的燃气初温等级均为 1300℃，功率均为 260MW 左右。

1. 总体结构

由图 4-1～图 4-4 可见，四台机组均采用了整体结构，压气机、燃烧室、透平的外壳按次序连接成一个整体，安装在同一个底座上；压气机和透平的转子也利用螺栓，通过过渡段刚性地连接为一个统一的旋转部件。整台机器在制造厂内装配完成，可节省大量的现场安装时间和费用。

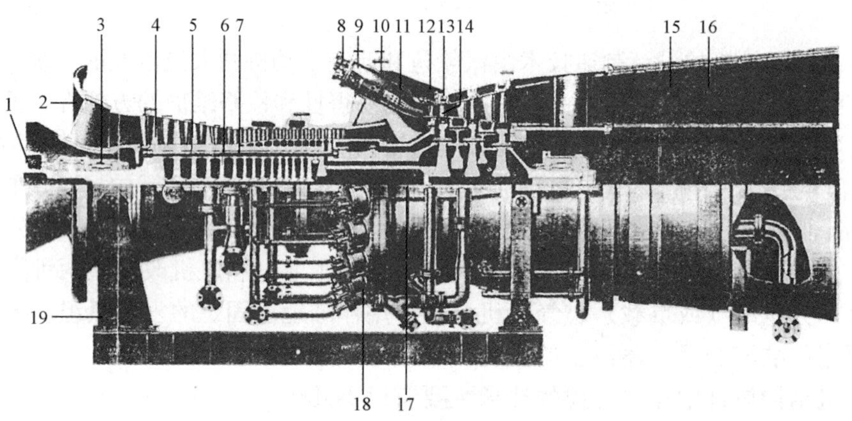

图 4-1 MS9001FA 型机组的纵剖面

1—输出端联轴器；2—进气道；3—径向支持轴承；4—压气机叶片；5—压气机；6—压气机轮盘；7—拉杆；8—燃料喷嘴；9—火焰管；10—燃烧室；11—燃烧室过渡段；12—透平喷嘴组件；13—透平静叶环；14—透平动叶片；15—排气扩压器；16—排气测温热电偶；17—水平中分面；18—燃烧室安装面；19—刚性前支撑

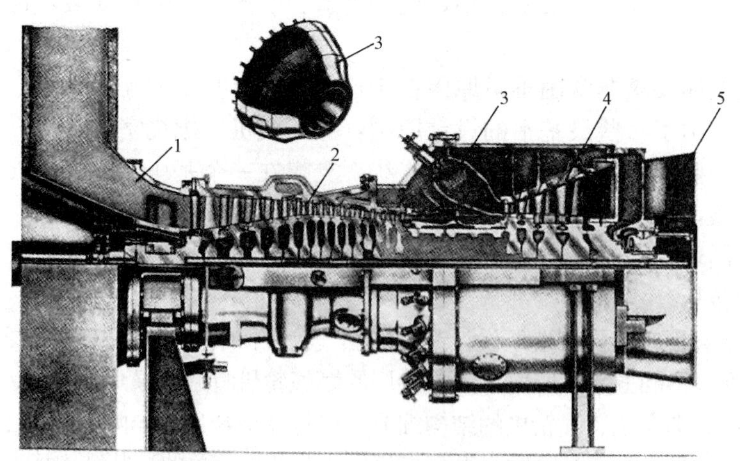

图 4-2 V94.3A 型机组的纵剖面

1—进气道；2—压气机；3—环形燃烧室；4—透平；5—排气扩压器

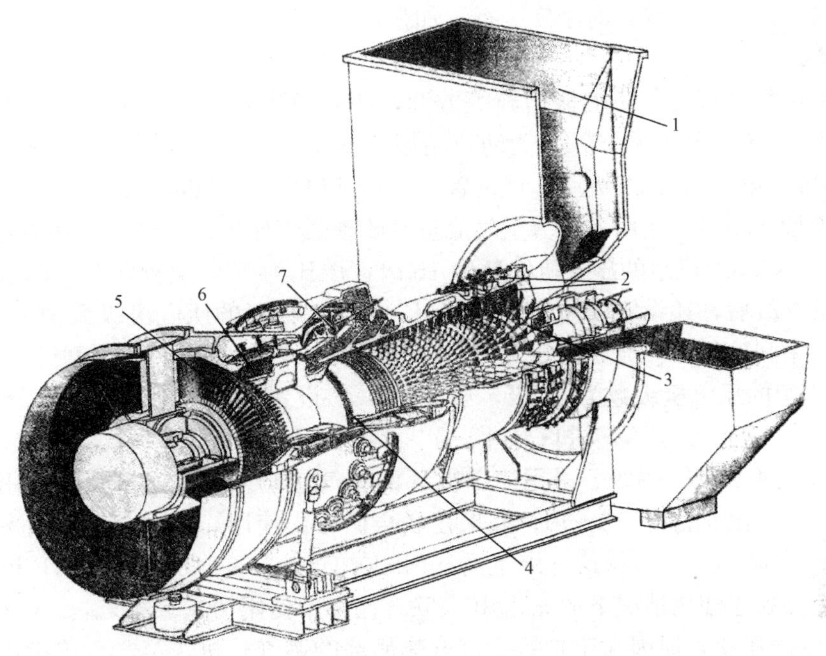

图 4-3　GT26 型机组的轴侧图

1—进气道；2—前三排可转导叶；3—压气机；4—高压透平；5—低压透平；6—环形再热燃烧室；7—环形高压燃烧室

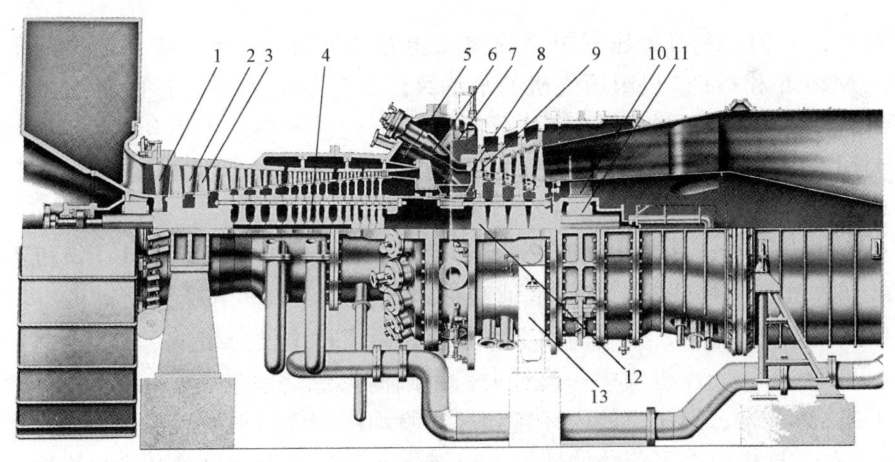

图 4-4　M701F 型机组的纵剖面

1—可转进口导叶；2—压气机静叶片；3—压气机动叶片；4—压气机叶轮；5—火焰管；6—过渡段；7—空气旁路阀；8—透平导叶；9—透平动叶片；10—支撑件；11—后轴承；12—透平叶轮；13—弹性支撑

四台机组均采用了轴向排气，排气扩压器为直通道型，可直接与余热锅炉的进口相连，减少了工质在排气道中的压力损失。与此相应，机组的功率输出端则设在压气机端。这说明，这四台机组的设计均充分考虑了联合循环的要求。

四台机组均采用了两轴承支承方案，两个支持轴承分别布置在压气机进口端和透平的出口端，推力轴承布置在压气机进口端，压气机与透平之间不设轴承，这样可充分简化结构。

与此相应，转子设计成鼓状，对刚度进行了加强。

2. 压气机

在压气机级数、压比、防喘振措施等方面，四台机组有较大区别。MS9001FA 机组的压气机级数为 18 级，压比为 15.4。为防止喘振，设置两个中间放气口（兼做冷却空气的抽气口），分别位于第 9 和第 13 级后，还设置了可转进口导叶（inlet guide vane，IGV）。可转导叶除了用于预防喘振，还用于调节空气流量，改善燃气轮机及其联合循环的启动特性和部分负荷特性。V94.3A 机组的压气机级数为 15 级，压比为 17，设置两个中间放气口，分别位于第 5 和第 9 级后，还设置了可转进口导叶。GT26 机组的压气机级数为 22 级，压比为 30，设置三个中间放气口，分别位于第 5、11 和第 16 级后，其进口和第 1、2 级导叶均可转。M701F 机组的压气机级数为 17 级，压比为 17，设置三个中间放气口，分别位于第 6、11 和第 14 级后，还设置了可转进口导叶。

研究表明，对 1300℃等级、采用简单循环的燃气轮机来说，如果独立使用，与最大比功相对应的最佳压比 $\pi_{w\max}$ 为 15～19；如果在联合循环中使用，其联合循环效率最高相对应的最佳压比 $\pi_{\eta\max}$ 为 15～19。从这一点上看，MS9001FA、V94.3A 和 M701F 机组的压比大体上都是它们在独立使用情况下的 $\pi_{w\max}$ 和在联合循环中使用情况下的 $\pi_{\eta\max}$。GT26 机组之所以采用高达 30 的压比，原因在于它是一台再热循环的燃气轮机，第二章曾指出，再热循环机组的最佳压比要高于简单循环机组的最佳压比。

由于 GT26 机组的压比远高于其他两台机组的压比，所以必然要采用更多的防喘振放气口和可转导叶。多级可转导叶还为改善燃气轮机和联合循环的部分负荷特性提供了更便利的手段。

相比较而言，V94.3A 机组压气机级的增压能力是最高的，平均级压比达到了 1.20，而 MS9001FA、M701F 和 GT26 机组压气机的平均级压比分别为 1.16、1.18 和 1.17。这在一定程度上表明，V94.3A 机组压气机通流部分的设计更先进一些。但近年来，GE、Siemens 和 Mitsubishi 公司开发的 G/H 等级燃气轮机的平均级压比均已提高到了 1.25 左右（见表 3 - 1）。

3. 燃烧室

GE 公司的机组传统上采用分管形燃烧室，MS9001FA 机组也不例外。该机组共使用了 18 个分管形干式低 NO_x 燃烧室，它们呈轴对称地布置在压气机和透平之间的空间内。该燃烧室可燃用气体或液体燃料，其结构和工作原理在第三章中已介绍。

西门子公司在 V94.3A 机组中一改过去采用圆筒形燃烧室的传统，采用了环形燃烧室，配用 24 个 DLN 燃烧器。燃烧室的内环管和过渡段均用陶瓷材料拼装而成。为方便维修，燃烧室上开有人孔，这样可在不解体的情况下对燃烧室和透平第一级静叶进行维修。

GT26 型机组由于采用再热方案，所以配备了高压和低压两个燃烧室。高、低压燃烧室均为环形，配用第三章介绍过的 EV 型 DLN 燃烧器。

三菱重工的燃气轮机技术在引进美国 WH（西屋）公司技术的基础上发展而来，其产品在结构上与美国 GE 公司的产品有许多相似之处。M701F 机组所采用的燃烧室，是在分管型燃烧室基础上发展而来的环管形燃烧室。该机组的燃烧室壳体内共配置了 20 个 DLN 燃烧室（火焰管），它们呈轴对称地布置在压气机和透平之间的空间内。

在最新开发的 H 等级的燃气轮机中，西门子公司也改用了环管形燃烧室，这是一个值得注意的改变。

4. 透平的级数

MS9001FA 机组采用了 3 个级的透平。V94.3A 机组和 M701F 机组采用了 4 个级的透平。GT26 机组采用了 5 个级的透平，与再热方案相适应，这 5 个透平级又分为 1 个高压级和 4 个低压级。

透平的级数应在对内效率和透平的尺寸、质量、制造成本综合考虑的基础上确定。一般来说，级数多时，每一级的膨胀比可以小一些，级的效率可以高一些，透平的效率也可以高一些，但尺寸、质量会比较大，制造成本会比较高，反之亦然。根据这个原则，Siemens 公司曾声称，经过研究，V94.3A 机组采用 4 个透平级，从各方面看都最理想。V94.3A 机组中，透平的总膨胀比为 16 左右（略小于压气机的压比 17），采用 4 个透平级时，每一级的平均膨胀比约为 2.0。假若用这个值作为衡量透平级膨胀比是否合适的标准对其他三台机组进行考察，就会发现，M701F 机组的透平级数是合适的，MS9001FA 机组的透平级数可能少了些，而 GT26 机组的透平级数应比较合适。它们的透平级的平均膨胀比分别为 2.0、2.40 和 1.95 左右。MS9001FA 机组的效率比同级其他三台机组低 2.5 个百分点（见表 1-2）的事实可能与此有一定关系。

在最新开发的 G/H 等级的燃气轮机中，GE 公司也同其他两家公司一样，选用了 4 个级的透平，这也是一个值得注意的改变。

5. 压气机和透平转子

GE 公司机组的压气机和透平转子过去均采用由多根（10～16 根）分布拉杆连接的鼓式结构。分布拉杆是一种在接近轮盘外缘处贯通各级轮盘的细长杆件，其两端带有螺纹，以便在装配时用螺栓将各级轮盘彼此压紧，使它们形成一个转鼓。但是，从 F 级燃气轮机开始，GE 公司开始在透平转子上引入轮盘层积结构。轮盘层积结构是用短拉杆将相邻轮盘连接在一起的结构。轮盘层积结构具有刚性好、变形小的优点。MS9001FA 机组的透平转子采用的就是这种轮盘层积结构，但压气机转子仍采用了分布拉杆式结构。

V94.3A 机组的压气机和透平转子采用了用中心大拉杆和端面 Hirth 齿将各级轮盘连接在一起的鼓式结构，西门子公司的机组基本上都采用了这样的结构。中心大拉杆的作用仅在于将各级轮盘彼此压在一起，至于各个叶轮之间扭矩的传递则依靠轮盘端面上开设的 Hirth 齿（见图 4-5）来实现。这种结构的优点是：质量小、刚性好、轮盘可自动对中，适宜于快速启停。

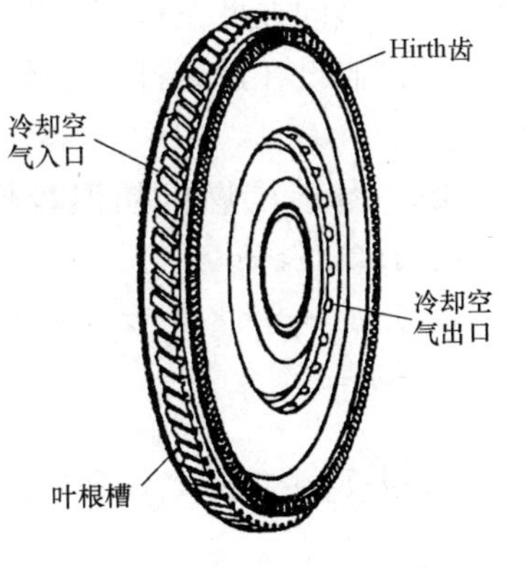

图 4-5　V94.3A 机组的压气机轮盘

GT26 机组的压气机和透平转子采用了与汽轮机相类似的焊接鼓式结构，这是 ABB-Alstom 公司机组一贯采用的结构。焊接鼓式转子具有刚性好、强度高、可靠性高、免维护的优点，但相对比较笨重。

M701F 机组的压气机和透平转子采用分布拉杆和螺栓连接在一起，但不靠这些拉杆和螺栓传递扭矩。压气机的扭矩依靠轮盘之间的摩擦力和“扭矩销”传递，这种“扭矩销”从 F 等级的燃气轮机上开始使用，其可靠性在运行中已得到考证。透平的扭矩则依靠 Hirth 齿传递，这种结构在三菱重工生产的燃气轮机上已有几十年的应用历史。

第二节 电站燃气轮机的运行特性

一、燃气轮机的联合运行线

很显然，燃气轮机的运行需要压气机、燃烧室、透平之间协调一致。在稳定工况下，压气机、燃烧室和透平之间应满足的条件如下：

（1）压气机和透平的转速保持一致。

（2）压气机的压比和透平的膨胀比之间存在着式（2-17）所描述的关系。

（3）压气机的流量、燃烧室的流量与透平的流量之间存在着式（2-19）所描述的关系。

这三个条件决定了压气机的工作状况与燃烧室、透平的工作状况一一对应，整台燃气轮机的工作状况与透平或压气机的工作状况一一对应。例如，在一定的环境条件下，某一时刻压气机的转速为 n，流量为 q_m，压比为 π，那么在同一时刻，透平的转速也必然为 n，流量必然为 q_m 加上燃料流量减去冷却抽气量，膨胀比 π_t 必然为 π 减去压气机进气道、燃烧室和透平排气道的流动损失。膨胀比 π_t 一定时，透平的初压 p_3^* 也一定。此时，透平初温 T_3^* 与膨胀比 π_t、流量 q_m、初压 p_3^*、转速 n 之间存在着图 3-60 所示的关系，既然 π_t、q_m、p_3^*、n 都是一定的，那么 T_3^* 也必然是一定的，这样透平所有参数都是一定的。与此同时，燃烧室的各项参数，包括喷入的燃料量、工质进出燃烧室的温度和压力也一定。这样整台燃气轮机的功率、效率以及其他所有参数都是一定的。为了使读者深刻理解这一点，下面给出一个算例。

【例 4-1】 设某单轴燃气轮机所配透平的工作特性如图 3-61 所示，并已知在环境温度 T_a 为 15℃、压力 p_a 为 0.101 3MPa、转速 n 为 6000r/min、空气流量 q_m 为 17kg/s 时，压气机的压比 π 为 4、效率 η_c 为 0.82。假设燃气轮机进气道、燃烧室、排气道的压力损失均可以忽略不计（即 $\varepsilon_c=\varepsilon_b=\varepsilon_t=0$），空气和燃气的流量差别也忽略不计（即 $\mu_{cl}=0$）。

（1）试问在此条件下，燃气轮机的初温 T_3^* 为多少？

（2）假设在此条件下，燃烧室效率 η_b 为 0.97，试通过计算确定燃气轮机的功率 P_{gt} 和效率 η_{gt}。

解 鉴于该燃机初温较低，计算时取 $\kappa_a=1.4$，$\kappa_g=1.33$，$c_{pa}=1.005\text{kJ/(kg·K)}$，$c_{pg}=1.156\text{kJ/(kg·K)}$

（1）$p_3^*=\pi p_1^*=4\times0.101\,3\times10^6=4.05\times10^5$（Pa）

$\pi_t=\pi=4$

假设 $T_3^*=1000\text{K}$，则 $\dfrac{n}{\sqrt{T_3^*}}=189.7$，由 $\pi_t=4$，$\dfrac{n}{\sqrt{T_3^*}}=189.7$ 查图 3-61 得 $\dfrac{q_m\sqrt{T_3^*}}{p_3^*}=126.3$，而根据假设的 T_3^* 所算出的 $\dfrac{q_m\sqrt{T_3^*}}{p_3^*}$ 为 132.7。由此可见，假设的温度过高。

再设 $T_3^*=800\text{K}$，则 $\dfrac{n}{\sqrt{T_3^*}}=212.1$，查图 3-61 得 $\dfrac{q_m\sqrt{T_3^*}}{p_3^*}=125.4$，而根据假设的 T_3^* 所算出的 $\dfrac{q_m\sqrt{T_3^*}}{p_3^*}$ 为 118.7。由此可见，假设的温度又过低。

再设 $T_3^*=900\text{K}$，则$\dfrac{n}{\sqrt{T_3^*}}=200$，查图 3-61 得$\dfrac{q_m\sqrt{T_3^*}}{p_3^*}=125.8$，而根据假设的 T_3^* 所算出的$\dfrac{q_m\sqrt{T_3^*}}{p_3^*}$为 125.9。由此可见，假设的温度基本正确，其误差在可接受的范围内，说明 T_3^* 基本为 900K。

（2）以 $\pi_t=4$，$\dfrac{n}{\sqrt{T_3^*}}=200$ 查图 3-61 得 $\eta_t=0.857$

$$T_{2s}^*=T_1^*\pi^{\frac{\kappa_a-1}{\kappa_a}}=428.0(\text{K})$$

$$\Delta T_{cs}=T_{2s}^*-T_1^*=428.0-288=140.0(\text{K})$$

$$\Delta T_c=\frac{\Delta T_{cs}}{\eta_c}=\frac{140.0}{0.82}=170.7(\text{K})$$

$$T_2^*=T_1^*+\Delta T_c=288+170.7=458.7(\text{K})$$

$$w_c=c_{pa}\Delta T_c=1.005\times170.7=171.5(\text{kJ/kg})$$

$$T_3^*=900(\text{K})$$

$$q_b=c_{pg}T_3^*-c_{pa}T_2^*=1.156\times900-1.005\times458.7=579.4(\text{kJ/kg})$$

$$T_{4s}^*=\frac{T_3^*}{\pi_t^{\frac{\kappa_g-1}{\kappa_g}}}=\frac{900}{4^{\frac{1.33-1}{1.33}}}=638.1(\text{K})$$

$$\Delta T_{ts}=T_3^*-T_{4s}^*=900-638.1=261.9(\text{K})$$

$$\Delta T_t=\eta_t\Delta T_{ts}=0.857\times261.9=224.4(\text{K})$$

$$T_4^*=T_3^*-\Delta T_t=900-224.4=676.6(\text{K})$$

$$w_t=c_{pg}\Delta T_t=1.156\times224.4=259.4(\text{kJ/kg})$$

$$w_n=w_t-w_c=259.4-171.5=87.9(\text{kJ/kg})$$

$$P_{gt}=q_m w_n=17\times87.9=1494(\text{kW})$$

$$\eta_{gt}=\frac{w_n}{fQ_{net}}=\frac{\eta_b w_n}{q_b}=\frac{0.97\times87.9}{579.4}=0.147=14.7\%$$

该例很清楚地说明，当压气机有确定的工作状态时，燃烧室、透平以及整台燃气轮机必然有确定的状况与之对应。

根据压气机、燃烧室、透平工作状况一一对应的特点，我们可以在压气机的特性图上绘出透平的特性线，也可以在透平的特性图上绘出压气机的特性线，还可以在压气机或透平的特性图上绘出燃气轮机的工作特性线，所得的结果即燃气轮机的联合运行线。

研究表明，在压气机的特性图上绘制燃气轮机的工作特性线，可以更加清楚地表现各种参数之间的关系。图 4-6 就是这样一幅燃气轮机联合运行线图，与普通的压气机特性线相比，图上增加了一组等温比线。该图上的每一个点就是燃气轮机的一个稳定工况点，而在每一个稳定工况点上，燃气轮机的各种工作参数都有确定的值，假若必要，可以在图上绘出等比功线、等排气温比线等反映燃气轮机工作状况的任何参数曲线。

由图 4-6 可以看出，在环境压力和温度一定时，透平的状态只取决于两个参数，例如转速 n 和初温 T_3^*。对电站定转速燃气轮机而言，由于正常运行时转速是恒定的，所以若没有其他特别要求，只需调整 T_3^* 就可以调整整台燃气轮机的功率。

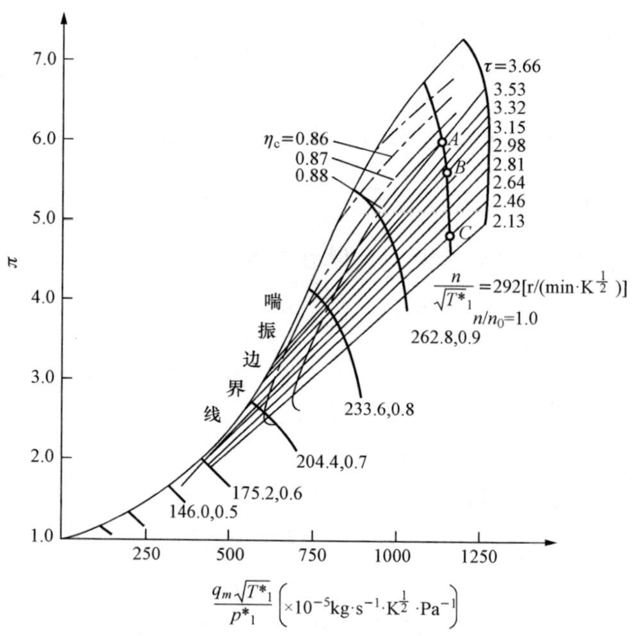

图 4-6 某燃气轮机的通用联合运行线

二、电站燃气轮机的变工况特性

燃气轮机是针对一定的环境条件和功率要求设计的，但是投入运行后，由于其功率要随负荷变化而变化，环境温度、压力、湿度也在随时改变，所以多数情况下并不在设计条件下运行。一般，人们把燃气轮机在偏离设计条件下的运行称为燃气轮机的变工况运行。除了环境条件和负荷变化，还有一些情况，如压气机叶片积垢、透平叶片积垢、燃料发热量变化等也会引起燃气轮机工作状况的变化，广义而言，这也属于燃气轮机变工况的范畴。

下面将利用图 4-6，对电站燃气轮机在负荷变化、环境温度变化、环境压力变化、压气机叶片积垢、透平叶片积垢和燃料发热量变化等典型变工况条件下的运行情况进行分析。掌握这些条件下的变工况特性，对理解燃气汽轮机的运行控制特点十分必要。

为便于讨论，先分析一下燃气轮机中的温度 T_3^*、T_4^* 之间的关系。由第二章可知，T_3^* 与 T_4^* 应同时满足透平的等熵过程关系式 $\frac{T_3^*}{T_{4s}^*}=\pi_t^{\frac{\kappa_g-1}{\kappa_g}}$ 和透平效率的定义式 $\eta_t=\frac{T_3^*-T_4^*}{T_3^*-T_{4s}^*}$，联立两式，并经简单推导可得

$$T_4^*=T_3^*\left(1-\eta_t+\eta_t\frac{1}{\pi_t^{\frac{\kappa_g-1}{\kappa_g}}}\right) \tag{4-1}$$

将 $\pi_t=(1-\varepsilon_c)(1-\varepsilon_b)(1-\varepsilon_t)\pi$ 代入式（4-1），可将其改写为

$$T_4^*=T_3^*\{1-\eta_t+\eta_t[(1-\varepsilon_c)(1-\varepsilon_b)(1-\varepsilon_t)]^{-\frac{\kappa_g-1}{\kappa_g}}\pi^{-\frac{\kappa_g-1}{\kappa_g}}\} \tag{4-2}$$

该式在对额定工况附近的燃气轮机变工况进行分析时有较多应用，在这种情况下：κ_g 基本不变；$\eta_t[(1-\varepsilon_c)(1-\varepsilon_b)(1-\varepsilon_t)]^{-\frac{\kappa_g-1}{\kappa_g}}$ 变化很小；在不发生透平叶片严重积垢的情况下，η_t 的变化也很小。所以，为尽可能地简化，假定它们均为常数，这样，式（4-2）可改写为

$$T_4^* = T_3^* \left(a + b\pi^{-\frac{\kappa_g - 1}{\kappa_g}}\right) \quad (4-3)$$

式中，$a = 1 - \eta_t$，$b = \eta_t\left[(1-\varepsilon_c)(1-\varepsilon_b)(1-\varepsilon_t)\right]^{-\frac{\kappa_g - 1}{\kappa_g}}$，均可看做常数。式（4-3）表明，$T_4^*$ 的高低只取决于初温 T_3^* 和压比 π。当 T_3^* 一定时，π 升高，T_4^* 就减小，反之亦然。

1. 负荷降低时燃气轮机的工作情况

当燃气轮机的负荷从额定工况（图 4-6 上的 A 点）降低时，在燃料量尚未来得及调整的情况下，燃气轮机会出现转速升高的趋势。此时，为了保持转速不变，燃气轮机的调节系统会自动做出反应，降低喷入燃气轮机的燃料量，从而使初温 T_3^* 降低、温比 τ 降低，并使燃气轮机的工作点从 A 点沿等转速线依次向 B 点、C 点移动。由图可见，该调节过程结束后：

（1）初温 T_3^* 将降低。

（2）压比 π 将降低。

（3）流量 q_m 将略有增大或基本不变。

（4）假若燃气轮机在额定工况下效率是最高的，那么此时效率将有所降低。

（5）工作点将向远离喘振边界的方向移动。

（6）由燃气轮机循环的温熵图可见，T_3^* 的降低会导致 T_4^* 降低，但 π 的降低会导致 T_4^* 升高。所以，此时 T_4^* 究竟是升高还是降低，将取决于 T_3^* 的影响大还是 π 的影响大。一般来说，T_3^* 的影响更直接、也更大一些，所以此时 T_4^* 是降低的。

不过需要说明，实际的燃气轮机，特别是工作在联合循环中的燃气轮机，在降负荷时，为了使机组的效率少受一些影响，常常要相配套地对压气机流量进行调节（采用关小 IGV 安装角的办法），以保持 T_3^* 不变。在这种情况下，π 将会降低，T_4^* 将会升高。

2. 环境温度变化时燃气轮机的工作情况

若环境温度 T_1^* 升高，一般来说，为了获得最大出力和最高效率，燃气轮机的调节系统会自动作出反应以维持初温 T_3^* 不变。该调节过程结束后，虽然转速 n 未变，但折合转速 $n/\sqrt{T_1^*}$ 已降低，温比 τ 也已降低。这样，如图 4-7 所示，燃气轮机的工作点会由 A 点移向其左下方的 D 点。在此情况下，显然：

（1）压比 π 将有所降低。

（2）流量 q_m 将因折合流量 $q_m\sqrt{T_1^*}/p_1^*$ 降低和温度 T_1^* 升高的双重影响而减小。

（3）假若燃气轮机的效率在 A 点时是最高的，那么此时将有所降低。

（4）受流量减小和压比、效率降低的多重影响，燃气轮机的出力将有较大幅度的降低。

（5）工作点将向远离喘振边界的方向移动。

（6）由式（4-3）可知，排气温度 T_4^* 将因压比降低而升高。

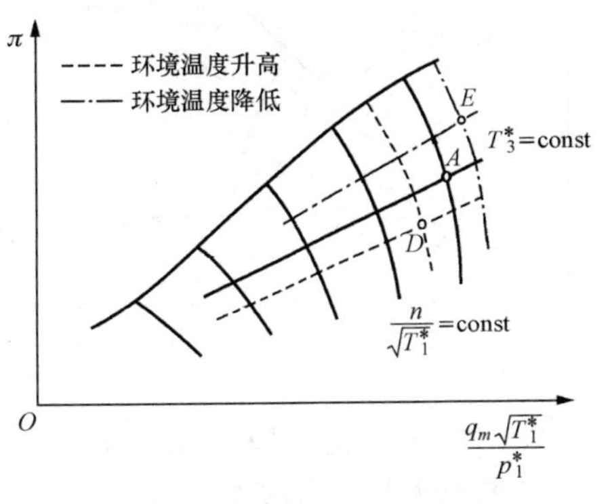

图 4-7　环境温度变化对燃气轮机性能和运行点的影响

相反，若环境温度降低，并且 T_3^* 仍维持额定值，调节过程结束后，折合转速 $n/\sqrt{T_1^*}$ 将会升高，温比 τ 也会升高。这样，如图 4－7 所示，燃气轮机的工作点将会由 A 点移向其右上方的 E 点。在此情况下：

（1）压比 π 将有所升高。

（2）流量 q_m 将因折合流量 $q_m\sqrt{T_1^*}/p_1^*$ 升高和温度 T_1^* 降低的双重作用而增大。

（3）假若燃气轮机的效率在 A 点时是最高的，那么此时将有所降低。

（4）受流量增大和压比提高的双重影响，燃气轮机的出力也将有较大幅度的提高。

（5）工作点将向喘振边界的方向移动，对安全不利。

（6）排气温度将因压比升高而降低。

3. 环境压力变化时燃气轮机的工作情况

与 T_1^* 变化时的情况相类似，若环境压力发生变化，燃气轮机的调节系统也会做出动作以保持初温 T_3^* 不变。由图 4－6 可知，在这种情况下，由于温比 τ 不变，转速 n 和折合转速 $n/\sqrt{T_1^*}$ 不变，燃气轮机的工作点将会保持在 A 点不变。这样，在环境压力 p_1^* 降低时：

（1）压比 π 不变。

（2）折合流量 $q_m\sqrt{T_1^*}/p_1^*$ 不变。虽然如此，流量 q_m 要有所减小。

（3）由于工作点不变，所以燃气轮机的效率也不变。

（4）由于流量 q_m 减小，所以燃气轮机的出力要降低。

（5）工作点不变，安全性不受影响。

（6）因 T_3^* 和 π 都不变，所以排气温度 T_4^* 不变。

相反，在环境压力 p_1^* 升高时，流量 q_m 将增大，出力将升高，其他参数都不变。

4. 压气机叶片积垢时燃气轮机的工作情况

电站燃气轮机工作时需要从大气中大量地吸取空气，而空气中不可避免地含有尘埃，虽然这些尘埃大部分都会被燃气轮机进口处的过滤装置除去，但仍不可避免地会有一部分进入燃气轮机。所以，燃气轮机在运行一段时间后，其压气机叶片上会形成积垢。叶片积垢的直接作用是改变叶片型线和减小叶栅通流面积，由此引起压气机流动阻力增大、气动性能变差。

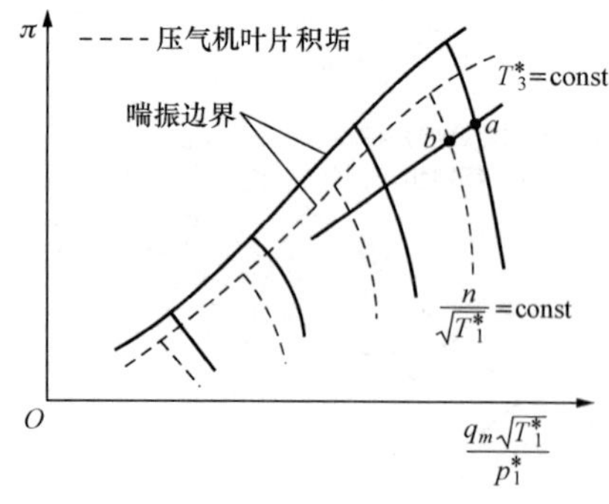

图 4－8 压气机叶片积垢对燃气轮机性能和运行点的影响

显然，当叶片积垢时，由于在同样的压比和折合转速下，空气流量会因叶栅通流面积减小而减小，所以在压气机的性能图上，等折合转速线会向左下方移动，如图 4－8 所示。与此同时，由于在同样的转速下，气动性能更容易恶化，所以压气机的喘振边界线会向下移动。这样，如果初温 T_3^* 保持不变，燃气轮机的工作点就会从图 4－8 上的 a 点移向 b 点。在此情况下：

（1）压比 π 将降低。

（2）流量 q_m 将减小。

（3）虽然温比 τ 不变，但因压比 π 降低，且压气机效率降低，所以燃气轮机的效率降低。

（4）流量减小和效率降低，使得燃气轮机的出力降低。

（5）工作点更靠近喘振边界，对安全不利。

（6）温比 τ 不变，压比 π 降低，使得排气温度 T_4^* 升高。

5. 透平叶片积垢时燃气轮机的工作情况

燃气轮机在燃用天然气时，透平叶片上一般不会积垢。但在燃用液体燃料，特别是重油时，运行一段时间后，透平叶片上也会形成垢。透平叶片积垢与压气机叶片积垢的作用类似，也是改变叶片形线，减小叶栅通流面积，由此引起透平流动阻力增大、气动性能变差。

由于透平叶片积垢后，在同样的折合转速下，必须提高透平的膨胀比，才能流过同样的折合流量，所以燃气轮机的等温比线会向上移动，如图 4-9 所示。这样，如果初温 T_3^* 保持不变，工作点会从 a 点移向 b 点。在此情况下：

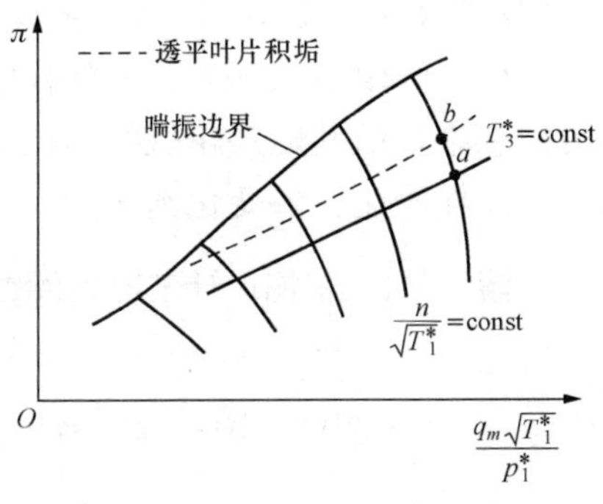

图 4-9　透平叶片积垢对燃气轮机性能和运行点的影响

（1）压比 π 将升高。

（2）流量 q_m 将因折合流量 $q_m\sqrt{T_1^*}/p_1^*$ 减小而减小。

（3）虽然压比 π 升高使循环效率有所提高，但抵消不了透平效率降低所造成的影响，所以燃气轮机效率降低。

（4）流量减小和效率降低，使得燃气轮机的出力降低。

（5）燃气轮机的工作点更靠近喘振边界，对安全不利。

（6）由燃气轮机循环的温熵图和式（4-2）均可看出，压比 π 的升高会导致 T_4^* 降低，而透平效率 η_t 的降低也导致 T_4^* 升高，所以，此时 T_4^* 究竟是升高还是降低，将取决于 π 的影响大还是 η_t 的影响大。一般来说，η_t 的影响更直接、也更大一些，所以此时 T_4^* 是升高的。

6. 燃料发热量变化时燃气轮机的工作情况

电站燃气轮机在运行时有时会遇到燃料成分改变的情况，在这种情况下，由于燃料发热量有变化，燃气轮机的运行会受到一定影响。燃料发热量降低时，要保持同样的初温 T_3^*，燃料量必须增大，相应地燃气流量将有所增大。要使增大的燃气流量流过透平，膨胀比必须升高，其效果与透平叶片积垢多少有些相似（见图 4-9）：

（1）压比 π 将升高。

（2）流量 q_m 将因折合流量 $q_m\sqrt{T_1^*}/p_1^*$ 减小而减小。

（3）假若燃气轮机的效率在 a 点时是最高的，那么此时将有所降低。

（4）效率降低和流量减小，使得燃气轮机的出力降低。

（5）工作点更靠近喘振边界，对安全不利。

（6）温比 τ 不变，压比 π 升高，使得排气温度 T_4^* 降低。

燃料发热量升高时的情况则与此相反。

【例 4-2】 设某单轴燃气轮机的工作特性如图 4-6 所示，其设计工况点为图上的 A 点，设计工况下的环境温度 T_1^* 为 293.2K、压力 p_1^* 为 0.101 3MPa。

（1）试查图计算该燃机的设计转速 n、设计初温 T_3^*、设计压比 π 和设计流量 q_m。

（2）假设设计工况下，其压气机内效率 η_c 为 0.88，透平效率 η_t 为 0.91，燃烧室效率 η_b 为 0.99，燃气轮机进气管、燃烧室和排气管的压力损失均忽略不计（即 $\varepsilon_c=\varepsilon_b=\varepsilon_t=0$），空气和燃气的流量差别也忽略不计（即 $\mu_{cl}=0$），试求该燃机的比功 w_n、效率 η_{gt} 和轴功率 P_{gt} [计算时取 $c_{pa}=1.005$kJ/(kg·K)，$\kappa_a=1.4$；$c_{pg}=1.156$kJ/(kg·K)，$\kappa_g=1.33$]。

（3）假定 p_1^*、T_3^*、n 均不变，T_1^* 由 293.2K 升高到 308.2K，而 η_c、η_t、η_b 的变化均可以忽略，试问燃气轮机的压比 π、流量 q_m、排气温度 T_4^*、比功 w_n、效率 η_{gt} 和轴功率 P_{gt} 分别怎样变化？各变化到多少？

解　（1）根据设计工况条件查图得 $\tau_1=\dfrac{T_3^*}{T_1^*}=3.66$，$\dfrac{n}{\sqrt{T_1^*}}=292$（r/min·$K^{-\frac{1}{2}}$），$\pi=6.0$，

$\dfrac{q_m\sqrt{T_1^*}}{p_1^*}=1120(\times10^{-5}\text{kg}\cdot\text{s}^{-1}\cdot\text{K}^{\frac{1}{2}}\cdot\text{Pa}^{-1})$

由此得 $n=292\times\sqrt{293.2}=5000$（r/min）

$$T_3^*=3.66\times293.2=1073(K)$$

$$q_m=1120\times10^{-5}\times101\ 300\div\sqrt{293.2}=66.3(\text{kg/s})$$

（2）
$$T_{2s}^*=T_1^*\pi^{\frac{\kappa_a-1}{\kappa_a}}=293.2\times6^{\frac{1.4-1}{1.4}}=489.2(\text{K})$$

$$\Delta T_{cs}=T_{2s}^*-T_1^*=489.2-293.2=196(\text{K})$$

$$\Delta T_c=\frac{\Delta T_{cs}}{\eta_c}=\frac{196}{0.88}=222.7(\text{K})$$

$$T_2^*=T_1^*+\Delta T_c=292.2+222.7=515.9(\text{K})$$

$$w_c=c_{pa}\Delta T_c=1.005\times222.7=223.8(\text{kJ/kg})$$

$$q_b=c_{pg}T_3^*-c_{pa}T_2^*=1.156\times1073-1.005\times515.9=721.9(\text{kJ/kg})$$

$$\pi_t=(1-\varepsilon_c)(1-\varepsilon_b)(1-\varepsilon_t)\pi=6$$

$$T_{4s}^*=\frac{T_3^*}{\pi_t^{\frac{\kappa_g-1}{\kappa_g}}}=\frac{1073}{6^{\frac{1.33-1}{1.33}}}=687.9(\text{K})$$

$$\Delta T_{ts}=T_3^*-T_{4s}^*=1073-687.9=385.1(\text{K})$$

$$\Delta T_t=\eta_t\Delta T_{ts}=0.91\times385.1=350.4(\text{K})$$

$$T_4^*=T_3^*-\Delta T_t=1073-350.4=722.6(\text{K})$$

$$w_t=c_{pg}\Delta T_t=1.156\times350.4=405.1(\text{kJ/kg})$$

$$w_n=w_t-w_c=405.1-223.8=181.3(\text{kJ/kg})$$

$$\eta_{gt}=\frac{\eta_b w_n}{q_b}=\frac{0.99\times181.3}{721.9}=0.249=24.9\%$$

$$P_{gt}=w_n\cdot q_m=181.3\times66.3=12\ 020(\text{kW})=12.02(\text{MW})$$

（3）若 $T_{11}^*=308.2$K，$p_{11}^*=0.101\ 3$MPa

则 $\tau_1=\dfrac{T_{31}^*}{T_{11}^*}=1073/308.2=3.48$

$$\frac{n}{\sqrt{T_{11}^*}}=5000/\sqrt{308.2}=284.8\ (\text{r/min}\cdot\text{K}^{-\frac{1}{2}})$$

查图得 $\pi_1=5.6$，$\dfrac{q_{m1}\sqrt{T_{11}^*}}{p_{11}^*}=1090(\times10^{-5}\text{kg}\cdot\text{s}^{-1}\cdot\text{K}^{\frac{1}{2}}\cdot\text{Pa}^{-1})$

由此得 $q_{m1}=1090\times10^{-5}\times101\ 300/\sqrt{308.2}=62.9(\text{kg/s})$

$$T_{2s1}^{*}=T_{11}^{*}\pi_{1}^{\frac{\kappa_a-1}{\kappa_a}}=303.2\times5.6^{\frac{1.4-1}{1.4}}=496.0(\text{K})$$

$$\Delta T_{cs1}=T_{2s1}^{*}-T_{11}^{*}=496-303.2=192.8(\text{K})$$

$$\Delta T_{c1}=\frac{\Delta T_{cs1}}{\eta_c}=\frac{192.8}{0.88}=219.1(\text{K})$$

$$T_{21}^{*}=T_{11}^{*}+\Delta T_{c1}=303.2+219.1=522.3(\text{K})$$

$$w_{c1}=c_{pa}\Delta T_{c1}=1.005\times219.2=220.3(\text{kJ/kg})$$

$$q_{b1}=c_{pg}T_{31}^{*}-c_{pa}T_{21}^{*}=1.156\times1073-1.005\times522.3=715.2(\text{kJ/kg})$$

$$\pi_{t1}=(1-\varepsilon_c)(1-\varepsilon_b)(1-\varepsilon_t)\ \pi_1=5.6$$

$$T_{4s1}^{*}=\frac{T_{31}^{*}}{\pi_{t1}^{\frac{\kappa_g-1}{\kappa_g}}}=\frac{1073}{5.6^{\frac{1.33-1}{1.33}}}=699.8(\text{K})$$

$$\Delta T_{ts1}=T_{31}^{*}-T_{4s1}^{*}=1073-699.8=373.2(\text{K})$$

$$\Delta T_{t1}=\eta_t\Delta T_{ts1}=0.91\times373.2=339.6(\text{K})$$

$$T_{41}^{*}=T_{31}^{*}-\Delta T_{t1}=1073-339.6=733.4(\text{K})$$

$$w_{t1}=c_{pg}\Delta T_{t1}=1.156\times339.6=392.6(\text{kJ/kg})$$

$$w_{n1}=w_{t1}-w_{c1}=392.6-220.3=172.3(\text{kJ/kg})$$

$$\eta_{gt1}=\frac{\eta_{b1}w_{n1}}{q_{b1}}=\frac{0.99\times172.3}{715.2}=0.239=23.9\%$$

$$P_{gt1}=w_{n1}q_{m1}=172.3\times62.9=10\,838(\text{kW})=10.84(\text{MW})$$

由该例可以看出，对所研究的这台燃气轮机而言，在保持初温不变的条件下，环境温度升高 15℃，将导致轴功率从 12.02MW 下降到 10.84MW，下降率（12.02－10.84)/12.02＝9.8％；排气温度从 722.6K 升高到 733.4K，升温值（733.4－722.6)＝10.8K；效率由 24.9％下降到 23.9％，下降率（24.9－23.9)/24.9＝4.0％。这证明环境温度对燃气轮机的工作影响确实很大。

第三节　电站燃气轮机的运行调节方式

燃气轮机的运行调节方式与其压气机进口导叶 IGV 是否可转有很大关系。现代大功率燃气轮机的进口导叶一般都可转。可转导叶在燃气轮机中至少可起到以下四个方面的作用：

（1）在燃气轮机启动、停机时，通过关小 IGV 安装角，调整压气机首级的速度三角形，减小其速度冲角，以防止压气机喘振。

（2）在燃气轮机启动时，通过关小 IGV 安装角，减少压气机进气量，降低机组的启动力矩，加快启动过程。

（3）在燃气轮机以单循环方式、低负荷运行时，通过关小 IGV 安装角，减少压气机进气量，使燃气轮机保持较高初温，以提高燃气轮机的运行效率。

（4）当联合循环在低负荷运行时，通过关小 IGV 安装角，减少压气机进气量，使燃气轮机在保持较高初温的同时，也保持较高的排气温度，以提高余热锅炉、汽轮机以及整台机组的运行效率。

在压气机进口导叶可转的情况下，燃气轮机尤其是联合循环中所用的燃气轮机可用三种不同的调节方式满足负荷变化的要求：第一种，保持 IGV 不动，改变 T_3^* 以调整出力；第二种，保持 T_3^* 恒定，改变 IGV 安装角以调整空气流量，从而调整出力；第三种，保持 T_4^* 恒定，改变 IGV 安装角以调整空气流量，从而调整出力。这三种调节方式在燃气轮机，尤其是联合循环中都有应用。

若采用第一种调节方式，正如本章第二节所分析的那样，负荷降低时，需同步降低初温 T_3^*，此时排气温度 T_4^* 也会降低，这会使燃气轮机的效率下降，同时也会使联合循环后续的余热锅炉和汽轮机的效率下降。

若采用第二种调节方式，即负荷降低时，同步关小 IGV 角，则不仅可以保持 T_3^* 不变，使燃气轮机的性能少受一些影响，而且可以使 T_4^* 升高从而使联合循环的性能得到改善。但是，T_4^* 升得过高对燃气轮机和余热锅炉的安全都不利，所以采用这种调节方式时，须增加一条限制，即不能使 $T_4^* > T_{4max}^*$。当不能满足该条件时，也就不能采用这种调节方式了。

在第三种调节方式下，负荷降低时，T_4^* 保持不变，同步关小 IGV 角时，T_3^* 有一定降低，但比第一种调节方式下降得少一些，这就可以在余热锅炉和汽轮机的性能少受影响的情况下，使燃气轮机的性能也少受一些影响。

实际的燃气轮机往往将上述三种调节方式结合起来使用。图 4-10 所示为 GE 公司设计生产的一台无补燃余热锅炉型联合循环机组的部分负荷性能。该机组额定工况下的净功率为 51MW，净效率为 43.2%，T_4^* 为 821.2K（548℃），压气机进口导叶 IGV 的安装角 γ_{pmax}（最大全速角）=84°。从额定工况降低负荷时，机组一开始先按照第二种调节方式调节，即关小 IGV 角，保持 T_3^* 恒定，此时 T_4^* 将逐渐升高；待 T_4^* 升高到所规定的最大值 $T_{4max}^*=$ 841.2K（568℃）后，改按第三种调节方式调节，即关小 IGV 角，保持 $T_4^*=T_{4max}^*$ 恒定，此时 T_3^* 逐渐降低；待 IGV 角减小到 γ_{pmin}（最小全速角）=57°后，第二、三种调节方式都已不能再用，机组改按第一种调节方式调节，此后，T_3^* 和 T_4^* 都随负荷的升高而降低。

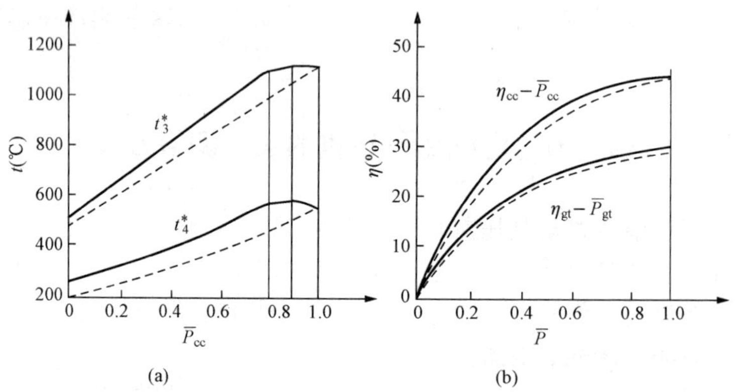

图 4-10 压气机可转进口导叶对燃气轮机与联合循环性能的影响

（a）温度-功率曲线；（b）效率-功率曲线

——进口导叶可转；----进口导叶不可转

由图 4-10 可见，上述调节过程中，T_3^* 和 T_4^* 始终比 IGV 不调时高出一定值，联合循环效率也始终比 IGV 不调时高出一定数值。在相对负荷 $\overline{P_{cc}}$ 为 0.66～0.88 时，η_{cc} 比 IGV 不调时约高 2 个百分点。但正如图 4-10（b）所示，对简单循环的燃气轮机而言，IGV 调节时的效率比不调节时的效率提高不了多少，这是由于在部分负荷下，关小 IGV 角时，排气温度 T_4^* 要升高，简单循环的排气损失要增大，部分抵消了高 T_3^* 所带来的好处。

在此须指出，燃气轮机的初温 T_3^* 在实际中是很难直接测量的，这是因为：一方面 T_3^* 很高，测量 T_3^* 的热电偶容易被烧毁；另一方面，燃气轮机的结构非常紧凑，燃烧室出口处的燃气温度场、速度场很不均匀，正常情况下，不同点处的 T_3^* 值可以相差 100K 以上，很难测准。所以实际工程中，总是用其他办法间接地测量 T_3^*。最常用的办法是测量排气温度 T_4^*，然后用 T_3^* 与 T_4^* 之间所存在的关系式（4-2）来估算 T_3^*。在用式（4-2）估算 T_3^* 时，还需要引入 π 的测量值，而 π 是可以通过测量 p_2^* 获得的，于是问题也就解决了。

间接测量 T_3^* 还有其他办法，但应该说，哪一种方法都没有 T_4^* 测量法理想。因为式（4-2）的推导只用到了透平的等熵过程式和效率定义式，没有涉及其他因素，而环境温度和压力变化、通流部分积垢、燃料发热量变化等，尽管都会导致 T_3^* 与 T_4^* 之间的数量关系改变，但这些改变都已经被包含在 π 之中，因而也已经被包含在式（4-2）之中了。在这一点上，其他方法都无法与之比拟。

另外，在实际工程中，为了应用方便，人们还常常在 T_3^* 保持恒定的条件下，在一定的压比变化范围内，将式 T_4^* 与 π 的关系简化为线性关系。为此，先由式（4-2）求出 T_4^* 对 π 的偏导数，即

$$\frac{\partial T_4^*}{\partial \pi}=-\frac{(\kappa_g-1)\left[(1-\varepsilon_c)(1-\varepsilon_b)(1-\varepsilon_t)\right]^{-\frac{\kappa_g-1}{\kappa_g}}}{\kappa_g}\eta_t T_3^*\pi^{-\frac{2\kappa_g-1}{\kappa_g}} \tag{4-4}$$

然后，在 $T_3^*=\text{const}$ 时，写出 T_4^* 的微分方程，并经推导得

$$T_4^*=A+B\pi^{-\frac{\kappa_g-1}{\kappa_g}} \tag{4-5}$$

其中

$$A=\left(T_4^*+\frac{\partial T_4^*}{\partial \pi}\right)\bigg|_{T_3^*=T_{30}^*,T_4^*=T_{40}^*,\pi=\pi_0}$$

$$B=-\frac{(\kappa_g-1)\left[(1-\varepsilon_c)(1-\varepsilon_b)(1-\varepsilon_t)\right]^{-\frac{\kappa_g-1}{\kappa_g}}}{\kappa_g}\eta_t T_{30}^*\pi_0^{-\frac{2\kappa_g-1}{\kappa_g}}$$

除发生透平叶片严重积垢的极端情况外，A、B 可作为常数处理。

计算表明，在一定的压比范围内，将式（4-5）线性化，所带来的误差是有限的。下面通过一个例子进行演示。

【例 4-3】 设某燃气轮机在设计条件下工作时，其初温 T_3^* 为 1623K，压比 π 为 17，透平效率 η_t 为 0.92，压损率 ε_c 为 0.01、ε_b 为 0.03、ε_t 为 0.03。

（1）试确定该燃气轮机设计条件下的排气温度 T_4^*。

（2）假设变工况下 η_t、ε_c、ε_b、ε_t 均近似不变，试问若要保持 T_3^* 不变，T_4^* 应如何随 π 和 p_2^* 变化而变化（设大气压力 p_a 为 0.101 3MPa）？

解　取 $\kappa_g=1.315$

（1）由式（4-2）得 $T_4^*=T_3^*\left\{1-\eta_t+\eta_t\dfrac{1}{\left[(1-\varepsilon_c)(1-\varepsilon_b)(1-\varepsilon_t)\pi\right]^{\frac{\kappa_g-1}{\kappa_g}}}\right\}$

将有关数据代入得 $T_4^*=900.3\text{K}$

（2）将有关数据代入式（4-2）并整理得

$$T_4^*=130.0+1519\pi^{-0.24}$$

由于

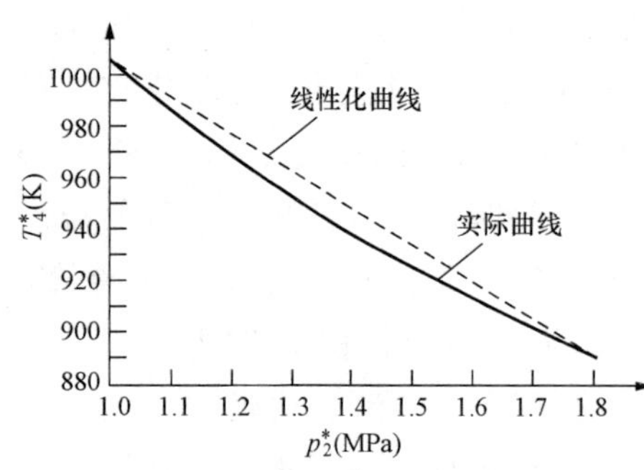

图 4-11 某燃气轮机 T_4^* 与 p_2^* 之间的关系（T_3^* 不变时）

$$\pi=\frac{p_2^*}{p_1^*}=\frac{p_2^*}{(1-\varepsilon_c)\ p_a}=\frac{p_2^*}{(1-0.01)\ \times 0.1013}=9.971p_2^*$$

所以 $T_4^*=130.0+877.0\ (p_2^*)^{-0.24}$

根据该式可以算出，当压力 p_2^* 在 1.0～1.8MPa 的范围内变化时，T_4^* 与 p_2^* 之间的关系如图 4-11 上的实线所示，如果用图上的虚线将其代替，可以将 T_4^* 与 p_2^* 之间的关系线性化为

$$T_4^*=1151-144.3p_2^*$$

计算表明，在所研究的压比范围内，采用该线性化关系式，最大误差不会超过 1.2%。对工程应用而言，该精确度是足够的。

第四节 燃气轮机热部件的材料

燃气轮机的高温化，一是依赖冷却技术的进步；二是依赖材料科学的发展。燃气轮机对材料的要求是，既具有足够的高温蠕变强度、热疲劳强度，又具有良好的抗腐蚀、抗氧化能力。但现有的合金材料，要同时满足这两项要求还比较困难，所以暴露在高温腐蚀区的材料，往往还要采用各种涂层，以补充其抗腐蚀、抗氧化能力的不足。

一、材料与工艺

燃气轮机的热部件主要指透平动叶、静叶和燃烧室。这些部件对金属材料的高温蠕变强度、热疲劳强度、低周疲劳强度、抗腐蚀抗氧化能力以及可加工性都有一定的要求。但是，不同的部件因功能、作用不同，对各项性能要求的程度也不同。

透平动叶是工作条件最恶劣的热部件，它对材料的高温强度，特别是高温蠕变强度的要求最高。通常采用以 Ni 基为主加上其他一些关键元素（5%～25%的 Cr，8%以上的 Al 以及少量 Mo、W、Ti 等）的超耐热合金材料，以真空精密浇铸的方式制造。

除了材料，制造商们都非常重视叶片铸造工艺的发展。传统的精密铸造叶片中不可避免地存在着横向晶界，这些横向晶界减弱了叶片的蠕变强度。为了避免产生横向晶界，人们已将航空发动机上所使用的“定向结晶（DS）”和“单晶（SC）”铸造工艺应用到电站燃气轮机最为关键的透平第一、二级动叶的制造上。所谓定向结晶是这样一种工艺：控制熔化的金属温度，使其从一个仔细选择的晶粒开始，首先凝成一个柱状晶体，然后沿横向方向逐渐长大。单晶工艺是建立在定向结晶基础上的一种工艺，单晶叶片（简称 SC 叶片）可在定向结晶叶片（简称 DS 叶片）的基础上经热处理形成。定向结晶叶片中只存在沿叶长方向的晶界，不存在横向晶界。单晶叶片理论上则完全不存在晶界。与普通叶片相比，DS 叶片和 SC 叶片的蠕变强度、热疲劳强度都有大幅度提高。具体地说，DS 叶片的工作温度可以提高 20～30℃，SC 叶片的工作温度可以提高 40～60℃。

与透平动叶相比，透平静叶的工作温度要高一些，但受力要小得多，所以，它对材料蠕变强度的要求比动叶低，但对热疲劳强度的要求比动叶高。不少燃气轮机的透平静叶都采用 Co 合金材料精密铸造。Co 合金与 Ni 基合金相比，铸造性、焊接性、耐腐蚀性都要好一些。但是，最近的燃气轮机对透平静叶的蠕变强度也提出了很高的要求，所以也开始使用 Ni 基合金静叶、DS 叶片和 SC 叶片。

燃烧室部件的受力较小，但工作温度最高，所以，它对材料的抗腐蚀、抗氧化能力和热疲劳强度要求最高。除此之外，由于结构和加工上的原因，它对材料的焊接性、制造性也有较高的要求。通常用氧化物分散强化合金等制造。

二、涂层

工作在仅比其熔化温度低几百度高温下的金属部件，不可避免地会被氧化和腐蚀。为了保护这些热部件（包括透平动叶、静叶和燃烧室），一般要在它们的金属表面涂上耐腐蚀、耐氧化材料和热障材料。

耐腐蚀、耐氧化涂层材料的代表有 Al、Cr、MCrAlY 等。所采用的工艺是：Al、Cr 采取扩散渗透法；MCrAlY 采用真空等离子喷涂法。这些涂层在机组运行 25 000h 后，一般需要进行修整或刷新。热障涂层材料至少由两层组成，外层一般为导热系数小、高温强度好、热胀系数与金属接近的陶瓷系列材料，如 ZrO_2、Y_2O_3 等，施工上采用大气压等离子喷涂法。内层为金属焊接层。

三、发展中的陶瓷材料

由于陶瓷材料具有卓越的耐高温性能，所以制造商们一直希望能用陶瓷材料制造燃气轮机的高温部件。不过在将陶瓷材料用于燃气轮机之前，还必须提高其韧性和可靠性，并充分降低制造成本，这确实很困难，为此人们已经进行了长期不懈的努力。目前，日本、美国、德国都在积极从事这方面的研究工作。

在日本，曾有一个受到国际贸易和工业部支持的、以开发一台功率为 300kW、以陶瓷为基材的燃气轮机的项目，其目的是在 1350℃ 的初温下对陶瓷燃气轮机的疲劳寿命和高效性进行验证试验。

在美国，从 20 世纪 90 年代起，启动了一个由美国能源部出资、分为三个阶段的陶瓷燃气轮机计划，目的是在商业运行中充分研究和验证陶瓷燃气轮机的耐久疲劳性。该计划由索拉公司牵头具体实施，参与者包括主要的陶瓷部件供应商、国家实验室和一个工业热电联产的最终用户。按照计划，索拉公司用陶瓷材料改造了一台功率为 4.3MW 的 Centaur50S 型燃气轮机的第一级喷嘴、动叶和燃烧室内衬。改造后，这台燃气轮机的初温可从 1010℃ 提高到 1121℃，效率可提高 6%，功率可提高 25%。有资料显示，这台燃气轮机由于在初温 1010℃ 的 2000h 耐久疲劳试验中一只叶片被撞坏而早已结束，但索拉公司认为，其他陶瓷部件的性能是好的。这个项目可看做是陶瓷叶片参与商业运行的首例。

在德国，西门子公司自 20 世纪 60 年代起，就已经开始采用非冷却陶瓷板拼制燃烧室的热防护板（内衬）。目前西门子公司已生产了上千台具有陶瓷燃烧室的燃气轮机，这些燃气轮机累计已经经受了上千万小时的运行考验。据称，西门子公司生产的具有陶瓷燃烧室的燃气轮机从未发生过因陶瓷护板引起的停机事故。

总的来说，陶瓷燃气轮机是一种极有诱惑力的燃气轮机，虽然目前尚很难进入大规模商业化运行，但人们一直在对其进行研究，并不断取得新的进展。

1. 燃气轮机结构设计一般需满足哪些主要要求？

2. 燃气轮机结构设计中有哪些基本原则？

3. 现代大功率燃气轮机为什么多采用轴向排气方式？

4. 大功率燃气轮机主要采用哪几种转子结构形式？它们各有哪些特点？

5. 试说明为什么燃气轮机装置可以采用较高的工作温度而汽轮机装置不可以？

6. 在燃气轮机中，压气机的工作状态一定时，透平的工作状态是否确定，为什么？

7. 何谓燃气轮机的联合运行特性线图？试用该图对你所能想到的燃气轮机的某一种变工况运行情况进行分析。

8. 电站燃气轮机工作时，若在负荷降低时，不改变压气机进口导叶的安装角，燃气轮机的流量是增大还是减小？

9. 环境温度升高或降低时，如果初温不变，电站燃气轮机的出力和效率分别作何变化？

10. 环境温度升高或降低时，如果初温不变，电站燃气轮机的排气温度分别作何变化？

11. 环境压力升高或降低时，如果初温不变，电站燃气轮机的出力和效率分别作何变化？

12. 压气机叶片积垢时，如果初温不变，电站燃气轮机的特性线和运行状态点如何变化？

13. 透平叶片积垢时，如果初温不变，电站燃气轮机的喘振边界线是否有变化？运行状态点是否有变化？

14. 压气机进口可转导叶有哪些作用？

15. 在压气机进口导叶可转的情况下，燃气轮机可以采用哪三种不同调节方式来满足负荷变化的要求？

16. 目前燃气轮机的初温很难直接测量，为什么？

17. 如何在初温不可测的情况下对燃气轮机实施控制？

18. 燃气轮机的高温部件对材料有哪些方面的性能要求？

19. 燃气轮机的透平动叶、静叶和燃烧室在材料性能要求上有什么区别？

20. 何谓 DS 叶片？何谓 SC 叶片？如何制造这些叶片？

21. 燃气轮机的热部件为什么要采用涂层？按照功能，可将涂层分成哪两种类型？

练 习 题

1. 设某单轴燃气轮机所配透平的工作特性如图 3 - 61 所示，并已知在环境温度 T_a 为 15℃，压力 p_a 为 0.101 3MPa，转速 n 为 8000r/min，空气流量 q_m 为 21.8kg/s 时，其压气机的压比 π 为 5.5，效率 η_c 为 0.82。假设进气道、燃烧室、排气道的压力损失均可以忽略不计（即 $\varepsilon_c=\varepsilon_b=\varepsilon_t=0$），空气和燃气的流量差别也忽略不计（即 $\mu_{cl}=0$）。

（1）试问在此条件下，透平的进口温度 T_3^* 应为多少？

（2）假设在此条件下，燃烧室的效率 η_b 为 0.96，试通过计算确定燃气轮机的功率 P_{gt} 和效率 η_{gt}［计算时，取 $\kappa_a=1.4$，$\kappa_g=1.33$，$c_{pa}=1.005\text{kJ/(kg·K)}$，$c_{pg}=1.156\text{kJ/(kg·K)}$］。

2. 设某单轴燃气轮机的工作特性如图 4-6 所示，其设计工况点为图上的 A 点，设计工况下的环境温度 T_1^* 为 293.2K、压力 p_1^* 为 0.101 3MPa，现假定 T_1^* 由 293.2K 升高到 $T_{11}^*=313.2$K，而 p_1^*、T_3^*、n 均保持不变，试问该燃气轮机燃机的压比 π、流量 q_m 分别变化到多少？

第五章　联合循环的其他热力设备与机组布置

第一节　联合循环的余热锅炉

一、余热锅炉的原理、类型与特点

余热锅炉（heat recover steam generator，HRSG）是燃气-蒸汽联合循环中的关键设备之一，它处于燃气循环和蒸汽循环的交接点上，接收燃气轮机的余热，产生汽轮机所需要的蒸汽。

余热锅炉的形式、种类很多，按照汽水系统的特点，可分为单压式（产生一种压力的蒸汽）、多压式（产生多种压力的蒸汽）、再热多压式三种类型；按照锅内汽水流程的特点，可分为汽包式、直流式两种类型；按照汽水循环方式的不同，可分为自然循环式、强制循环式两种类型；按照炉内烟气的流动方向，可分为卧式、立式两种类型；按照有无补燃装置，可分为补燃式、无补燃式两种类型。

上述各种类型交叉组合，形成了多种形式的余热锅炉。随着燃气轮机初温的提高，联合循环已很少采用补燃式的余热锅炉，这里仅介绍无补燃的余热锅炉。

图 5-1 所示为一台最简单的无补燃、单压余热锅炉的汽水系统，它由省煤器、蒸发器、过热器等换热面和汽包等部件组成。该锅炉的传热量 Q 与烟气和汽水温度 T 之间的关系如图 5-2 所示。在烟气侧，由于比热容近似等于常数，所以烟气的温度与放热量之间近似呈线性关系。在汽水侧，给水在省煤器中和蒸汽在过热器中被加热时，温度与吸热量之间呈线性关系，但在蒸发器中发生相变时，温度保持不变。

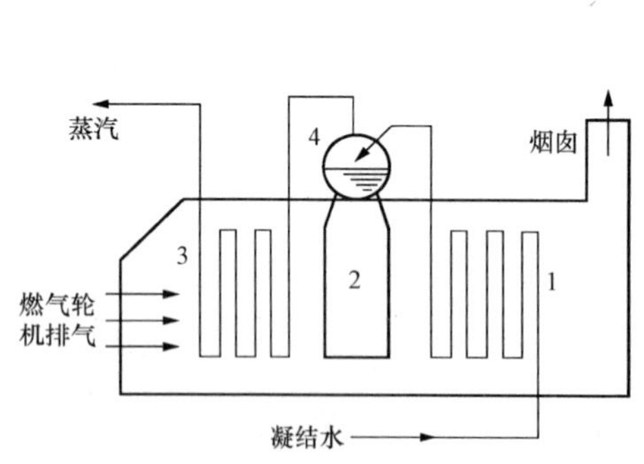

图 5-1　单压余热锅炉的汽水系统

1—省煤器；2—蒸发器；3—过热器；4—汽包

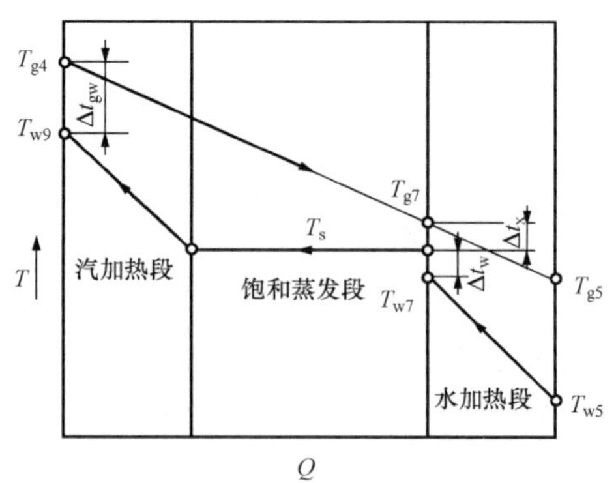

图 5-2　单压余热锅炉中的传热量与烟气和汽水温度之间的关系

由于余热锅炉在联合循环中与燃气轮机和汽轮机的联系很密切，相互影响很大，所以有很多常规燃煤锅炉所不具备的特点。

（1）运行参数变化大，且无法独立控制。常规燃煤锅炉的热源由燃料燃烧产生，可独立控制，所以其运行参数也可独立控制。而余热锅炉的热源是上游燃气轮机的排气，由于燃气轮机的负荷经常处在变动之中，且排气温度和流量经常有较大变化，所以其运行参数既经常变化，也无法独立控制。

（2）传热温差小，体积和质量大。常规锅炉的烟气温度高、传热温差大，且辐射换热量要占到全部换热量的40%～50%甚至更多，所以受热面相对较小；而联合循环的余热锅炉由于进口烟气温度仅为500～640℃，主要依靠对流换热，且传热温差较小，所以其受热面较大，体积、质量也较大。换一个角度也可以理解这个问题：一般来说，常规锅炉的烟气流量与蒸汽流量之比只有1～1.2，而余热锅炉的这一比值则高达4～10，这必然使余热锅炉的体积、质量远大于常规锅炉。

（3）炉内烟气的速度和温度分布很不均匀。燃气轮机的排气在离开透平末级动叶流道时，速度和温度都很不均匀，加之燃气轮机与余热锅炉之间的连接通道又比较短，所以余热锅炉进口截面上的烟温烟速都很不均匀，烟速变化可达±400%，烟温变化可达±55℃。不均匀的烟气会给受热面带来膨胀不均、振动、磨损等诸多问题，同时也会使流动阻力增加，导致燃气轮机背压升高、效率降低。

（4）汽水系统形式多样。当组成联合循环的燃气轮机已经选定时，余热锅炉的汽水系统根据技术经济比较，有多种类型（单压、双压、双压再热、三压、三压再热等）可供选择，这一点与常规锅炉有很大不同。

（5）变工况时烟气侧和蒸汽侧的热力参数需仔细协调。由于燃气轮机排气的温度和流量随负荷和环境温度一直在变，所以余热锅炉烟气侧的热力参数也一直在变，但是，其蒸汽侧热力参数的变化不能太快太频繁，这就产生了一个参数协调的问题，须用特殊措施加以解决。

（6）需要适应燃气轮机快速启动的要求。现代大型联合循环机组很多都采用一拖一、单轴布置的方案，并且基本上都不设旁路烟道，这就对余热锅炉提出了快速启动的要求，否则与联合循环中其他设备的启动过程很难协调，因为燃气轮机冷态启动一般不超过20min。要具备快速启动特性，余热锅炉的汽包、换热管束、烟道、护板等在结构上都要进行特殊设计。

二、余热锅炉的热力参数

（一）余热锅炉的主要性能参数

1. 效率

余热锅炉效率通常被定义为输出的热量与输入的热量之比。对无补燃的余热锅炉，输出的热量是水和水蒸气在余热锅炉中吸收的热量，输入的热量是燃气轮机排气中可供给余热锅炉使用的热量。设燃气轮机排气的比焓为 h_{g4}，环境温度下烟气的比焓为 h_{g1}，则无补燃余热锅炉效率应为

$$\eta_h = \frac{Q_{st}}{h_{g4} - h_{g1}} \tag{5-1}$$

式中　Q_{st}——单位质量燃气轮机排气所产生的水蒸气在余热锅炉中吸收的热量。

在散热量可忽略不计的情况下，Q_{st} 就等于烟气在余热锅炉中实际放出的热量（$h_{g4}-h_{g5}$）。于是，无补燃余热锅炉的效率可近似表示为

$$\eta_h = \frac{h_{g4} - h_{g5}}{h_{g4} - h_{g1}} \tag{5-2}$$

此外，输入的热量也有包含和不包含燃气轮机排气中所含水蒸气的潜热之分，按前者计算的效率称为高热值效率，按后者计算的效率称为低热值效率。在联合循环电厂中，采用低热值计算余热锅炉效率的情况居多，如果再忽略烟气比定压热容随温度的变化，则无补燃余热锅炉的效率可进一步简化为

$$\eta_h = \frac{c_{pg}(T_{g4} - T_{g5})}{c_{pg}(T_{g4} - T_{g1})} = \frac{T_{g4} - T_{g5}}{T_{g4} - T_{g1}} \tag{5-3}$$

式中 T_1——环境温度；

c_{pg}——烟气的比定压热容。

其他参数的含义见图 5-2。

由式（5-3）可见，余热锅炉的效率不仅取决于排烟温度 T_{g5}，而且还在很大程度上取决于燃气轮机排气温度 T_{g4}，所以，余热锅炉效率的高低并不一定能代表锅炉设计制造水平的高低。η_h 的值目前一般为 0.70～0.90。

2. 端差、节点温差和接近点温差

进入余热锅炉的烟气的温度与流出余热锅炉的过热蒸汽的温度之差称为余热锅炉的端差，记为 Δt_{gw}，即

$$\Delta t_{gw} = T_{g4} - T_{w9} \tag{5-4}$$

蒸发器起始点处燃气的温度与给水饱和温度之差称为余热锅炉的节点温差（有些书称之为窄点温差），记为 Δt_x，即

$$\Delta t_x = T_{g7} - T_s \tag{5-5}$$

锅炉汽包压力下饱和水的温度与省煤器出口处的给水温度之差称为余热锅炉的接近点温差（又称为欠温），记为 Δt_w，即

$$\Delta t_w = T_s - T_{w7} \tag{5-6}$$

这三个温差均可直接表示在传热量与烟气和汽水温度之间的关系图上，如图 5-2 所示。

（二）余热锅炉热力参数的选取

余热锅炉的一大特点是热力系统形式多样，且每种形式的热力参数都有多种选择，而无论是形式还是热力参数的选择，都需要从经济和技术两个方面进行优化。优化的原则是使整个联合循环系统在技术可行、整体投资费用较低的前提下获得最大的热效率。这里先讨论热力参数的优化选取问题。

1. 锅炉排烟温度的选取

由式（5-3）可见，在燃气轮机排烟温度和环境温度一定的条件下，排烟温度 T_{g5} 越低，余热锅炉的效率就越高。但要达到较低的排烟温度 T_{g5}，余热锅炉就要有更多的换热面积，这一方面会使制造费用上升（换热面积费用通常占余热锅炉总费用的 40%～50%），另一方面还会使烟气侧的流动阻力增大，从而导致燃气轮机功率和效率的下降。因此对余热锅炉排烟温度的选取，不仅要考虑余热锅炉的效率，还要考虑联合循环的总效率；不仅要考虑热经济性，更要考虑包括投资因素在内的技术经济性。从经济上来看，应该存在着最佳的排烟温度。

从技术上看，对排烟温度的选取还受到烟气酸露点温度的限制。因为当烟气中含有 SO_2 时，如果排烟温度过低，烟气中的 SO_2 会转化为 SO_3 并使锅炉尾部受热面受到硫酸腐蚀；当烟气中不含 SO_x 时，则存在着碳酸腐蚀的问题。目前，在燃烧含有硫分的气体燃料或液体燃

料的联合循环中，T_{g5}的取值范围一般为150～200℃；在燃烧天然气的联合循环中，余热锅炉的排烟温度T_{g5}一般选取100℃以下。

2. 主蒸汽温度的选取

从经济性上看，主蒸汽温度T_{w9}选取得高，会使汽轮机的出力增大，从而使联合循环机组的出力和效率提高；但T_{w9}选取得高，会使余热锅炉的平均传热温差减小（见图5-3），从而增加余热锅炉的换热面积，使设备制造费增加。因此在经济上存在一个最佳主蒸汽温度。

从技术上看，T_{w9}的选取还需要与蒸汽压力以及汽轮机的容量相匹配。在不补燃的联合循环中，余热锅炉高压蒸汽的温度要受到燃气轮机排烟温度的限制。考虑到变工况下汽轮机的安全性，还要求（$T_{g4}-T_{w9}$）不小于30℃。所以，一般要在$\Delta t_{gw}\geqslant 30$℃的范围内，通过优化选取主蒸汽温度$T_{w9}$。

对于多压余热锅炉，中压蒸汽和低压蒸汽的温度则比它们各自所在的余热锅炉受热面上游的燃气温度低11℃左右。在确定低压蒸汽温度时，还要使高、中压蒸汽膨胀做功后与补入的低压蒸汽混合时的温差不能太大，否则将引起汽轮机内的热应力过大。

3. 主蒸汽压力的选取

选取主蒸汽压力p_{w9}时，同样也要考虑经济和技术两方面的因素。其他条件不变时，如果主蒸汽压力提高，余热锅炉的排烟温度就要升高（见图5-4），效率就会下降，余热锅炉中产生的蒸汽也会因此而减少。但由于工质在余热锅炉中的平均吸热温度升高，蒸汽循环的效率会因此而有所提高。研究表明，随着蒸汽压力的提高，联合循环的效率先是有一定程度的提高，但升至一个最佳值后又开始下降。从技术上看，主蒸汽压力的高低还要影响汽轮机的排汽湿度，因而影响汽轮机工作的安全性。所以，主蒸汽压力的高低还要与主蒸汽温度、汽轮机容量等参数相匹配。

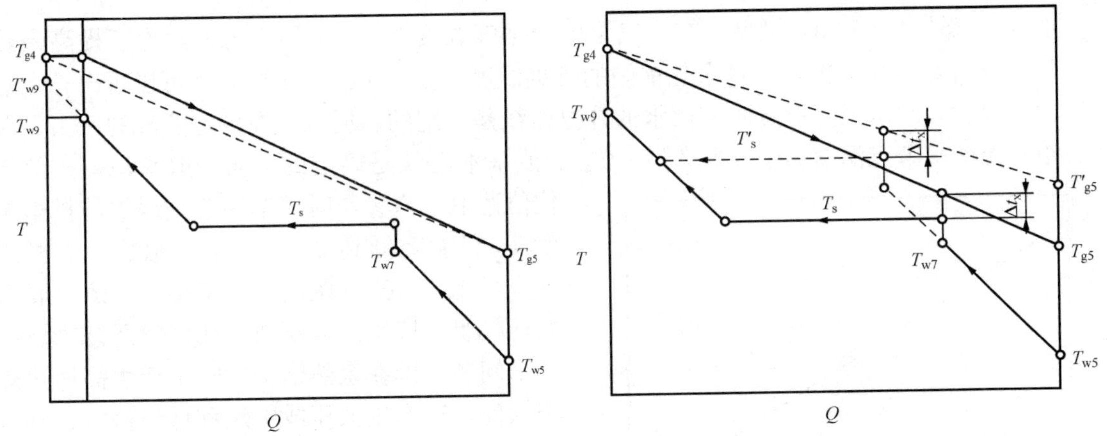

图5-3　主蒸汽温度提高时T-Q曲线的变化情况　图5-4　主蒸汽压力提高时T-Q曲线的变化情况

对于多压锅炉，低压蒸汽过程的效率与其压力的关系是随着低压蒸汽压力的升高而下降的，所以低压蒸汽的压力应取一个较低值。但压力过低，其在汽轮机中的焓降会很小，容积流量会很大，对汽轮机不利。因此，低压蒸汽压力也有一个最佳取值的问题。

4. 节点温差的选取

节点温差Δt_x的大小对余热锅炉的造价和热效率有较大影响。由图5-2可见，在其他条件不变时，节点温差 Δt_x 增大，排烟温度 T_{g5} 就要升高，余热锅炉的效率就会因此而降低。但是，减小节点温差，余热锅炉各换热面的传热温差都减小，换热面积就要增大，从而使锅炉造价升高；同时，烟气侧阻力增加，燃机效率下降。所以，从经济上看，存在着最佳的节点温差。研究表明，Δt_x 的最佳值一般为 8～20℃。

5. 接近点温差的选取

为余热锅炉设置一定的接近点温差 Δt_w，主要目的是防止低负荷工况下或机组启停期间给水在省煤器中汽化，因为低负荷下，燃气轮机的排气温度会降低，这会引起省煤器换热量的相对增大。而给水在省煤器中汽化则会导致省煤器管壁过热、振动等安全问题。所以，从安全角度看，接近点温差 Δt_w 应选取得大一些。但是，Δt_w 过大时，锅炉的循环倍率就要提高，蒸发器的换热面积会因此而增大，余热锅炉的效率也会因此而降低。所以，从安全性和设备造价两个因素综合考虑，Δt_w 也有一个最佳取值问题。研究表明，较为合适的 Δt_w 值为 5～20℃。

上述关于节点温差和接近点温差的选取是针对单压余热锅炉而言的，对于多压余热锅炉则需要对多个节点温差和接近点温差进行优化。

6. 烟气侧流速的选取

在管束间的对流换热过程当中，烟气侧流速的变化对传热和流动都会产生影响。烟气流速增大时，余热锅炉的换热系数会增大，但烟气侧的流动阻力也会增加。前者可使换热面积减小或传热量增加；后者则会使燃气轮机的排气压力升高，导致其出力和效率下降。计算表明，1kPa 的压降会使燃气轮机的功率和效率下降 0.8%左右。因此，对余热锅炉烟气流速也要按照整体经济性最优的要求来取值。

三、余热锅炉的汽水系统

（一）汽水系统的压力分级

由效率表达式（5-3）可见，在燃气轮机的排气温度 T_{g4} 一定的情况下，为了提高余热锅炉的效率 η_h，应尽可能地降低余热锅炉的排烟温度 T_{g5}。但是，由图 5-2 可以看出，在蒸汽压力、温度和给水温度取定时，汽水的升温曲线是一定的。所以，在取定蒸汽的压力、温度、给水温度、节点温差 Δt_x 等参数后，T_{g5} 的值基本上就是确定的。而一般来说，按照最佳值选取蒸汽参数时，单压余热锅炉的排烟温度 T_{g5} 只能降低到 200℃左右。那么，怎样进一步降低 T_{g5} 呢？现代大功率燃气-蒸汽联合循环机组一般采用双压或三压蒸汽系统来解决这个问题，即在余热锅炉中除了产生高压过热蒸汽外，还产生低压或中压和低压蒸汽，补入汽轮机的中、低压缸中做功。

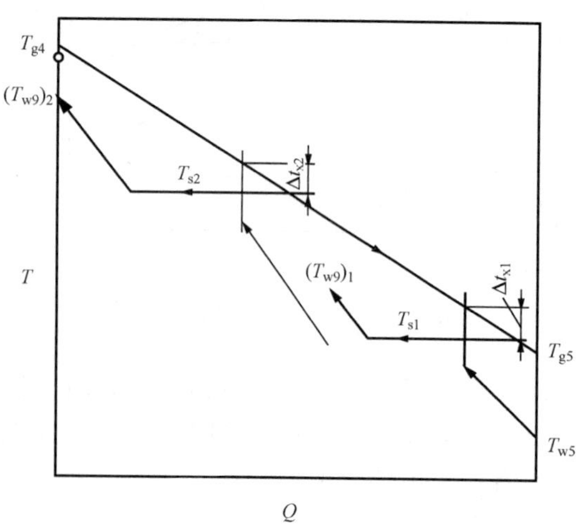

图 5-5　双压无再热余热锅炉的 T-Q 曲线

图 5-5 给出了双压无再热余热锅炉的 T-Q 曲线。将其与图 5-2 对比可以看出，双压余热锅炉之所以可将排烟温度降得更低，是因为它相当于在第一台余热锅炉之后又串联了一台压力等级低一些的余热锅炉（当然，实际情况并非如此简单，一般来说，采用双压余热锅炉

时，蒸汽侧的压力是要重新优化的），后者以前者的排烟为热源，使烟气的温度降到更低后才排放。目前，多压系统可以把余热锅炉的排气温度降低到 110～130℃的水平，对于燃天然气的机组，其排烟温度可降至 80～85℃。

研究表明，三压联合循环的效率比双压联合循环的效率大约可提高 1%；双压和三压采用再热后，联合循环效率均能再提高 0.8%～0.9%。在实际应用中，究竟选择哪一种系统，应结合效率、可靠性、投资等几方面因素综合考虑。一般根据燃气轮机排烟流量和进入余热锅炉的烟气温度来确定汽水系统是单压还是多压以及是否再热，其中烟气温度的影响更大一些。多数情况下，若进入余热锅炉的烟气温度高于 510℃时，可选择双压或三压汽水系统；若进入余热锅炉的烟温高于 560℃时，可考虑采用三压再热系统。近年来采用三压再热式余热锅炉已成为联合循环机组发展的主流。

（二）蒸汽循环的除氧系统

由于汽轮机没有回热抽汽，所以联合循环机组的汽水除氧就不能像常规机组一样采用回热抽汽。目前联合循环中常用的除氧方式有三种：一是在余热锅炉中除氧；二是在凝汽器中进行真空除氧；三是用独立设置的除氧器除氧。

余热锅炉除氧是目前应用较多的一种除氧方式。这种情况下，除氧水箱通常也作为余热锅炉的低压汽包使用，称为整体式除氧器。正常情况下除氧所用的蒸汽直接由余热锅炉低压汽包提供，启停和低负荷时所用的蒸汽则由辅助锅炉和中压或高压汽包提供。

将凝汽器兼用作真空除氧器也是联合循环经常采用的一种除氧方式。这种情况下，系统提供给余热锅炉的是除过氧、温度较低的给水，不仅不再有除氧损失，而且还可以使余热锅炉的排烟温度降低到 80～90℃。但为了确保启停和低负荷时的除氧效果，需要采取一定的辅助措施。

当然，也有一些机组仍然采用了独立于余热锅炉和凝汽器之外的除氧器。

（三）典型汽水系统简介

如前所述，余热锅炉可以设计成自然循环的，也可以设计成强制循环的，两者各有其优点和局限性。一般来说，自然循环的余热锅炉较为简单，运行维护简便，无额外功率消耗，可用率高，但启动时间要长一些；强制循环的余热锅炉冷启动比较快，但是运行维护相对复杂，而且因为循环泵可能会发生故障致使余热锅炉的可用率低 2 个百分点左右。所以一般倾向于选用自然循环形式的余热锅炉。

图 5-6 所示为一台三压、再热、自然循环、带整体式除氧器、卧式布置余热锅炉的汽水系统。其低压汽水循环系统由凝结水加热器（即低压省煤器）、整体式除氧器（与低压汽包合为一体）、低压蒸发器和低压过热器构成；中压汽水循环系统由带有中间抽头的水传送泵、中压省煤器、中压汽包、中压蒸发器、中压过热器和再热器构成；高压汽水循环系统由第一级高压省煤器、第二级高压省煤器、高压汽包、高压蒸发器、高压过热器和再热器构成。烟气自左至右依次掠过再热器、高压过热器、高压蒸发器、中压过热器、第二级高压省煤器、中压蒸发器、第一级高压省煤器、中压省煤器、低压过热器、低压蒸发器、凝结水加热器后，从烟囱排向大气。高压过热蒸汽进入汽轮机高压缸做功后，与中压过热蒸汽汇合进入再热器；再热蒸汽进入汽轮机中压缸做功后，与低压过热蒸汽一起进入汽轮机低压缸。

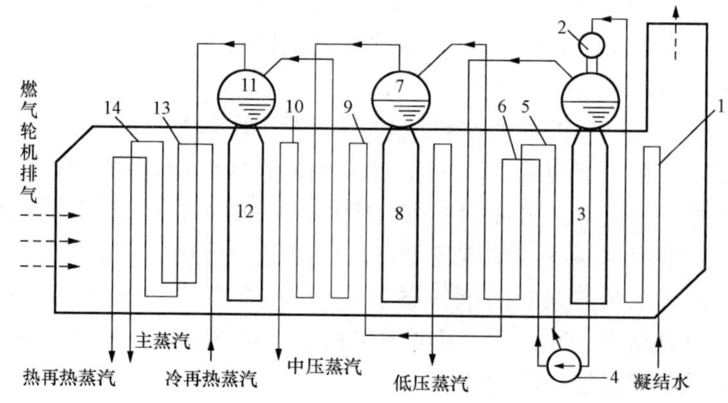

图 5-6　三压、再热、自然循环、带整体式除氧器余热锅炉的汽水系统

1—凝结水加热器；2—整体除氧器；3—低压蒸发器；4—水传送泵；5—中压省煤器；6—高压省煤器（第一级）；7—中压汽包；8—中压蒸发器；9—高压省煤器（第二级）；10—中压过热器；11—高压汽包；12—高压蒸发器；13—再热器；14—高压过热器

图 5-7 所示为一台三压、无再热、强制循环、立式布置余热锅炉的汽水系统，其除氧器独立设置。除氧器水循环系统由凝结水加热器、除氧器循环水泵、除氧蒸发器和除氧器、除氧水箱构成。余热锅炉的低压汽水循环系统由低压循环泵、低压省煤器、低压汽包、低压蒸发器和低压过热器构成；高压汽水循环系统由高压循环泵、三级高压省煤器、高压汽包、两级高压蒸发器、高压过热器构成。烟气自下而上依次掠过高压过热器、高压蒸发器、低压过热器、高压省煤器、低压蒸发器、低压省煤器、除氧蒸发器、凝结水加热器后，从烟囱排向大气。该锅炉虽然产生三个压力的蒸汽，但只有两个压力的蒸汽进入汽轮机做功，另外一个压力的蒸汽仅供除氧使用。各级水循环的动力都由循环泵提供，为确保水循环可靠，每级水循环都配有一开一备两套循环泵。

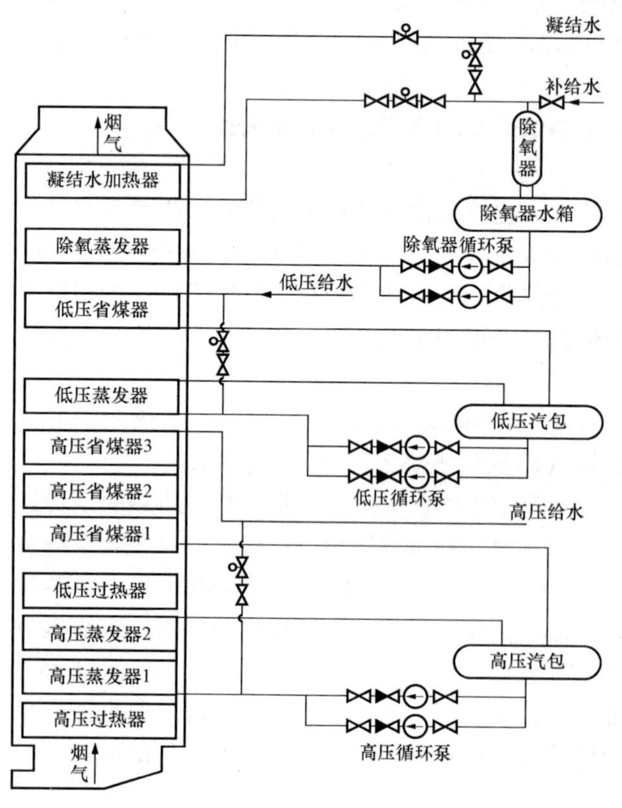

图 5-7　三压强制循环立式余热锅炉的汽水系统

以上两台锅炉分别采用了自然循环与卧式布置匹配、强制循环与立式布置匹配的组合方式，这是水循环方式与受热面布置之间最常用的组合方式。但是，自然循环余热锅炉也有立式的。图 5-8 所示的一台三压、再热、自然循环锅炉就采用了立式布置，而且其除氧器也独立设置。除水循环方式之外，这台锅炉与图 5-7 所示的余热锅炉的不同点还有：除氧蒸汽从汽轮机低压缸抽取，余热锅

炉三个压力的蒸汽都通向汽轮机做功。

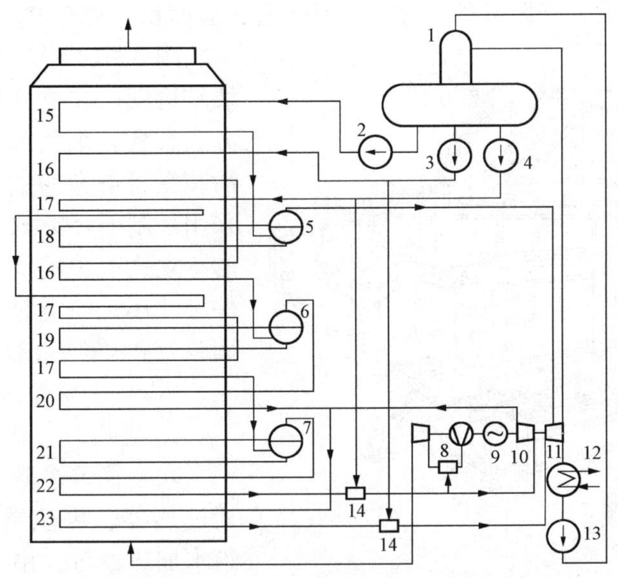

图 5 - 8　三压、再热、立式、自然循环余热锅炉热力系统示意

1—真空除氧器；2—低压给水泵；3—中压给水泵；4—高压给水泵；5—低压汽包；6—中压汽包；7—高压汽包；8—燃气轮机；9—发电机；10—汽轮机高压缸；11—汽轮机中低压缸；12—凝汽器；13—凝结水泵；14—减温器；15—低压省煤器；16—中压省煤器；17—高压省煤器；18—低压蒸发器；19—中压蒸发器；20—中压过热器；21—高压蒸发器；22—高压过热器；23—再热器

四、余热锅炉的结构

（一）总体结构

余热锅炉在总体结构上有卧式和立式两种类型，为便于快速安装，多采用模块式结构。为了降低燃气轮机排气中的氮氧化物，锅炉内往往还设有脱硝装置。图 5 - 9 所示为单压卧式余热锅炉的模块结构。在卧式锅炉中，管束以垂直方式布置，烟气水平地掠过管束，汽包布置在管束模块的上方，汽水循环多采用自然循环方式。卧式锅炉的优点是烟气流动损失

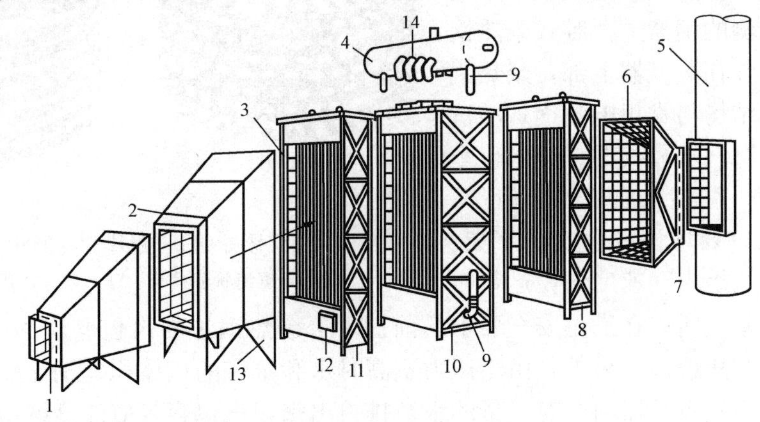

图 5 - 9　卧式余热锅炉的模块结构

1—膨胀节；2—进口烟道；3—内部保温材料；4—汽包；5—烟囱；6—出口烟道；7—膨胀节；8—省煤器；9—下降管；10—蒸发器；11—过热器；12—人孔；13—钢结构；14—上升管

小、管束容易布置、易于配置脱硝装置和补燃系统、钢结构少、易于满足高地震地区的要求。缺点是占地面积大，且因部件尺寸大而对制造、运输和安装有较高要求。

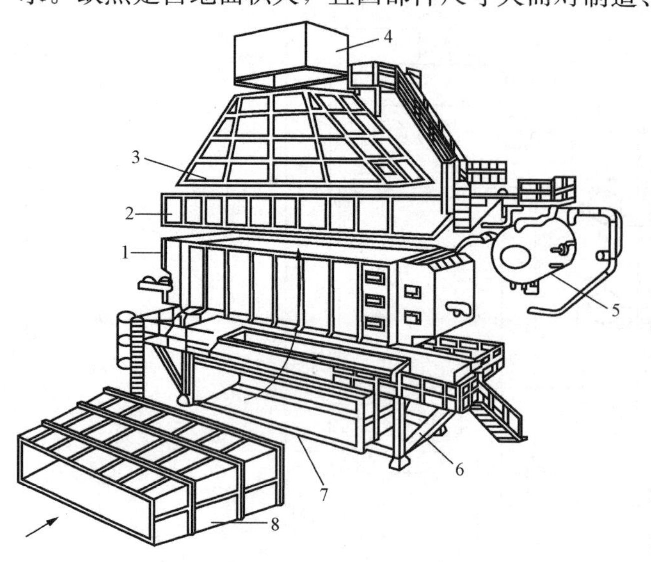

图 5-10　立式余热锅炉的模块结构
1—蒸发器和过热器；2—省煤器；3—过渡段；4—烟囱；5—汽包；6—钢结构；7—弯烟道；8—进口段

图 5-10 所示为立式余热锅炉的模块结构图。在立式锅炉中，管束以水平方式布置，烟气垂直地掠过管束，汽包吊装在管束旁的钢结构上，汽水循环多采用强制循环方式，但也有自然循环式的。立式锅炉的优点是占地面积小、部件尺寸小；缺点是钢结构件多、配置脱硝装置和补燃系统困难。

（二）主要部件

1. 受热面

联合循环余热锅炉的受热面一般包括过热器、再热器、蒸发器、省煤器、给水加热器等。由于余热锅炉进口烟气温度比常规锅炉低，所以获取同样热量时，其受热面比常规锅炉要大许多。为了强化传热并减小热惯性，余热锅炉的受热面常使用小管径薄壁翅片管，管束采用错列布置。翅片管一般用连续高频焊接工艺将薄片状的翅片材料以螺旋状焊接在钢管上制成，按照翅片形状又分为环片状和锯齿状两种类型，如图 5-11 所示。翅片的高度和密度则根据联合循环所用燃料的种类和管束在余热锅炉中所处的烟温区域来选择。为了适应联合循环快速启动的要求，余热锅炉一般应具备一定的耐干烧能力，所以其受热面需采用耐高温、抗氧化、抗蠕变的材料制造。

2. 汽包

余热锅炉的蒸汽压力相对较低，汽包一般为卧式。立式余热锅炉的汽包一般设置于前（或后）侧的钢架上，卧式余热锅炉的汽包则多放置在蒸发器上部。余热锅炉汽包的功能和结构与常规电站锅炉的汽包相同，内部设有汽水分离器、给水分配管、连续排污管、调整水质的加药管等，每只下降管座入口处均设有消旋十字架。但由于联合循环机组启动速度快，运行时负荷波动大且频繁，所以在满足安全要求的前提下，余热锅炉的汽包壁应尽可能地薄一些，以降低其热应力和热惯性。另外，由于压力不高时水和蒸汽的比体积差别比较大，所以余热锅炉在启动过程中其蒸发器内会有大量的水被排挤出来，汽包容量应能容纳得下这一过程所排挤出的水量，否则将需要紧急排水从而造成损失。

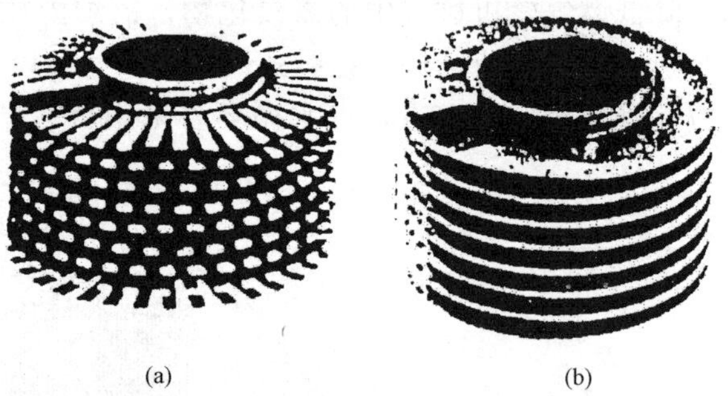
(a)　　(b)

图 5-11　翅片管的形状
（a）锯齿状翅片管；（b）环片状翅片管

3. 联箱与翅片管的连接

余热锅炉的联箱与管屏有单管排连接和多管排连接两种方式，如图 5-12 所示。传统的余热锅炉一般采用多管排连接方式，即把两排、三排或更多排的翅片管与联箱直接相连，使受热面内的工质在联箱内混合后进入汽包。采用这种连接方式的翅片管在与联箱相连接处有弯头，联箱直径也比较大，运行时连接处的热应力比较大且工质混合不均匀。现代新型余热锅炉多采用单管排连接方式，即先将一排排翅片管与一个个小联箱相连接，再将小联箱与直径较大的联箱相连，使受热面内的工质经小联箱混合后，再进入下一组较大直径的联箱进行二次混合，最后进入汽包。采用这种连接方式时，翅片管与小联箱连接处无弯头，运行热应力较小，工质混合也比较均匀。

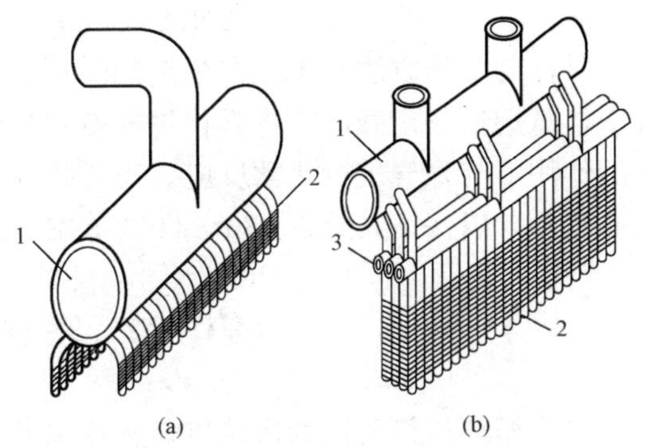

图 5-12　联箱与管屏的连接方式

(a) 多管排连接方式；(b) 单管排连接方式

1—汇集联箱；2—螺旋翅片管；3—小联箱

4. 炉墙

余热锅炉大多采用轻型炉墙，墙板一般由内护板、保温层和外护板构成，如图 5-13 所示。外护板上按一定的纵、横节距焊有螺柱，内护板则通过螺柱上的螺母及特制的垫圈固定在外护板上，保温材料填充在内、外护板之间。对于不设置膨胀中心的余热锅炉而言，每一个区间的膨胀都相对独立。因此，每一个区间内护板的膨胀都是自由多向的，这给内护板之间的连接带来了一定的困难。为此，设计时应对每一块内护板设置膨胀中心。

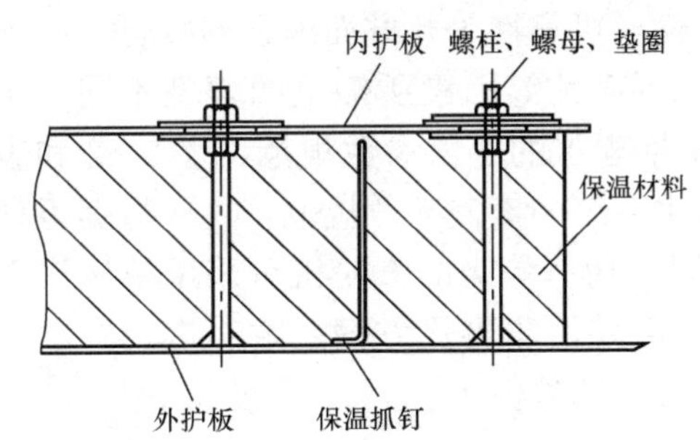

图 5-13　余热锅炉墙板的构成

5. 膨胀节

联合循环系统中通常布置两个非金属膨胀节，分别位于燃气轮机排气扩散段出口与余热锅炉进口烟道之间和余热锅炉出口与烟囱进口之间（见图 5-9），其主要功能是吸收前后设备之间的膨胀位移。膨胀节是一个由法兰、蒙皮和保温层构成的柔性连接结构，能吸收较大的位移量。这种柔性的密封连接结构能有效地阻隔燃气轮机、余热锅炉和烟囱作用力的相互传递，当出现一些不可预见的破坏性因素时，可使这些设备（或部件）处于相互不受干扰的状态中，避免产生连锁性的破坏。除此之外，余热锅炉本体上还有为数众多的管道需穿出墙板，对于这些穿墙管，必须量身定制大小不等的金属膨胀节，以起到密封和不影响其膨胀的功用。

6. 烟气脱硝装置

联合循环机组运行中产生的主要污染物质是 NO_x。为降低 NO_x 排放，燃气轮机大多已采用了低污染燃烧技术。在此基础上，还广泛使用了一种被称之为选择性催化还原法（SCR）的烟气脱硝技术。选择性催化还原法的原理是使烟气中的 NO_x 在催化剂作用下与 NH_3 发生反应，生成无害的 N_2 和 H_2O，其主要化学反应方程式为

$$4NH_3+4NO+O_2 \longrightarrow 4N_2+6H_2O$$

$$4NH_3+6NO+O_2 \longrightarrow 5N_2+6H_2O$$

$$2NH_3+NO_2+NO \longrightarrow 2N_2+3H_2O$$

具体的实施方法是预先在余热锅炉烟道中布置一套催化反应床，然后在余热锅炉运行过程中，从烟道一定截面处将雾化过的氨水均匀地喷入烟道，使烟气中的氮氧化物在催化反应床的作用下与氨气进行化学反应。需要指出的是，催化反应床在余热锅炉烟道中的位置必须精心选择，以保证其处在280～410℃的温度范围内。

第二节 联合循环的汽轮机

联合循环机组所用的汽轮机与常规电站所用的汽轮机工作原理相同，结构形式也相似。因此，本节省去对汽轮机一般原理和构造的介绍，重点介绍联合循环汽轮机与常规电站汽轮机的不同之处。

一、热力参数及系统上的特点

上一节已指出，在设计联合循环机组的热力系统时，要经过详细的技术经济性分析，以便使机组的技术经济性达到最优化，并且对一些参数的选取问题进行了初步讨论。概括起来说，优化设计主要是为了解决这样一些问题：①是否采用多压汽水系统；②是否对主蒸汽进行再热；③蒸汽参数选取什么值；④是否采用独立的除氧器等。

这些问题的答案归根结底取决于对经济性、可行性、可靠性等几方面因素的综合。由于需要考虑的因素很多，且在不同场合对效率、投资、可靠性等因素所侧重的程度不同，所以，结果并非独一无二。表5-1列出了西门子公司早期建议的蒸汽参数规范，表5-2和表5-3列出了GE公司早期建议的单压、双压和三压汽水系统的蒸汽参数规范，这些数据可理解为是优化过的数据。分析表5-1中的数据可见，同一功率等级的汽轮机可采用单压汽水系统，也可采用多压汽水系统；可采用再热方案，也可采用非再热方案；主蒸汽、二次蒸汽、三次蒸汽的压力是一个宽广的范围而不是某一个确定的数值等。

表5-1　西门子公司建议的蒸汽参数规范

循环形式	汽轮机功率（MW）	主蒸汽		再热蒸汽		二次蒸汽	
		压力（MPa）	温度（℃）	压力（MPa）	温度（℃）	压力（MPa）	温度（℃）
单压循环	30～200	4.0～7.0	480～540				
双压循环	30～300	5.5～8.5	500～565			0.5～0.8	200～260
三压有再热循环	50～300	11.0～14.0	520～565	2.0～3.5	520～565	0.4～0.6	200～230

表5-2　GE公司建议的单压、双压汽水系统的蒸汽参数规范

项目＼循环形式	单压无再热循环	双压无再热循环			双压再热循环
汽轮机功率（MW）	全部	≤40	40～60	≥60	>60
主蒸汽压力（MPa）	4.13	5.64	6.61	8.26	9.98
主蒸汽温度（℃）	538*	538*	538*	538*	538
再热蒸汽压力（MPa）					2.06～2.75
再热蒸汽温度（℃）					538

续表

循环形式 / 项目	单压无再热循环	双压无再热循环			双压再热循环
二次蒸汽压力（MPa）		0.55	0.55	0.55	0.55
二次蒸汽温度（℃）		比过热器前的燃气温度低 11℃			

* 若燃气轮机的排气温度低于 568℃，主蒸汽温度应比排气温度低 30℃。

表 5-3　GE 公司建议的三压汽水系统的蒸汽参数规范

循环形式 / 项目	三压无再热循环			三压再热循环
汽轮机功率（MW）	≤40	40～60	≥60	>60
主蒸汽压力（MPa）	5.85	6.88	8.26	9.98
主蒸汽温度（℃）	538*	538*	538*	538
再热蒸汽压力（MPa）				2.06～2.75
再热蒸汽温度（℃）				538
中压蒸汽压力（MPa）	0.69	0.83	1.07	2.06～2.75
中压蒸汽温度（℃）	270	280	300	305
低压蒸汽压力（MPa）	0.17	0.17	0.17	0.28
低压蒸汽温度（℃）	160	170	180	260

* 若燃气轮机的排气温度低于 568℃，主蒸汽温度应比排气温度低 30℃。

将表 5-1～表 5-3 中的数据与表 1-1 的数据进行对比，可以看出，联合循环汽轮机不同于常规汽轮机的另一个地方，即主蒸汽压力一般低于同功率常规汽轮机的主蒸汽压力。尽管目前与 G/H 等级燃气轮机相配套的汽水系统的压力已有较大幅度的提高，该特点依然存在。

出现这一结果的主要原因在于：余热锅炉烟气侧的平均温度远远低于常规锅炉炉侧的平均温度，其传热过程受到节点温差的严格限制，在一定的节点温差下，如果锅侧压力过高，锅炉的排烟温度就不可能被降到较低的值。

总的来看，联合循环汽轮机与同功率等级的常规汽轮机在热力系统上的差别主要有：①联合循环汽轮机的系统类型众多，彼此之间的参数有很大差别；②联合循环汽轮机的主蒸汽压力一般低于同功率常规汽轮机的主蒸汽压力；③联合循环汽轮机一般无回热抽汽，而常规汽轮机一般有回热抽汽。

二、结构上的特点

联合循环所使用的汽轮机在结构上与常规汽轮机也有一定区别，其原因有以下几点：

（1）汽轮机不再有回热抽汽，相反，在双压及三压系统中，还有蒸汽从中途汇入。这样，汽轮机的排汽量与主蒸汽量相比，要多出 30%左右，而不是像在常规汽轮机中那样，排汽量与主蒸汽量相比减少 30%～40%。

（2）汽轮机普遍采用滑压运行。通常采用的方式是：在汽轮机功率从 100%降至 45%的过程中，让蒸汽压力线性下降，此后维持不变。联合循环汽轮机之所以采用滑压运行方式，原因在于降低压力可以使余热锅炉的排烟温度降低，效率和产汽量提高，同时也可以使汽轮机的排汽湿度不至于过大。

（3）为了使联合循环机组能快速启停，联合循环中的汽轮机也会在结构上采取相应措施。

由于上述几点原因，联合循环中使用的汽轮机一般有以下一些设计特点：

（1）低压部分的结构相对更庞大，单缸汽轮机的“锥度”较大。

（2）一般采用全周进汽，无调节级。

（3）因无回热抽汽管道等，可采用轴向或侧向排汽，以便于单层布置。

（4）结构尽可能对称，蒸汽导管、控制阀、关断阀、外围管道等也都设计成偶数并对称布置，以降低启动过程中的热应力。

（5）在不过分影响汽轮机效率的前提下，加大动静部件之间的间隙，以防止在快速启动过程中由于动静部件膨胀不同步而发生碰磨。

这些结构特点在图 5 - 14 和图 5 - 15 所示的两台联合循环用汽轮机上表现得很明显。图 5 - 14 是一台用于双压联合循环系统的单缸汽轮机的总体结构图。图 5 - 15 是西门子公司设计生产的一台用于三压、再热联合循环系统的双缸、单排汽汽轮机的纵剖面图。

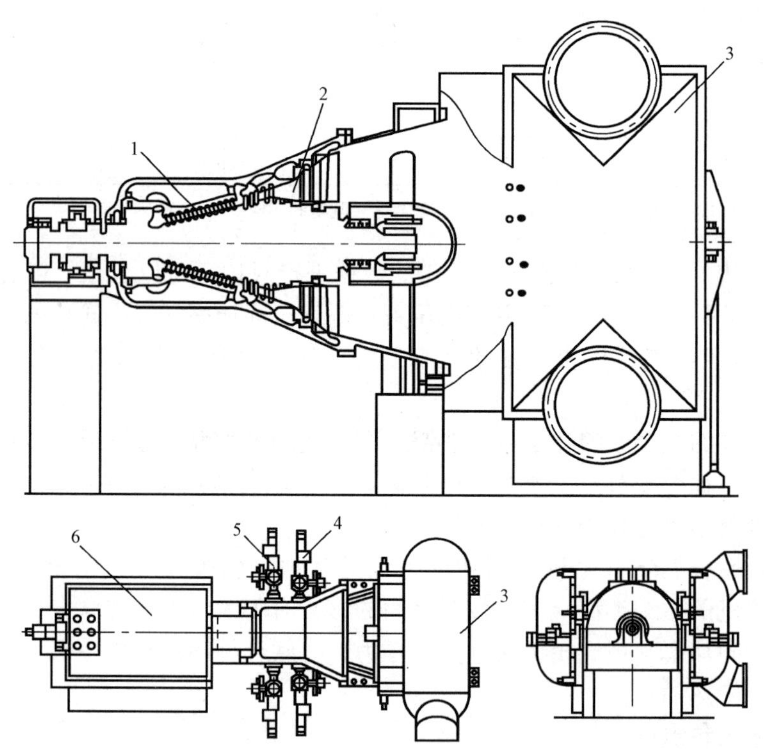

图 5 - 14　用于双压联合循环系统的单缸汽轮机

1—高压缸；2—低压缸；3—凝汽器；4—二次蒸汽进汽阀；5—主蒸汽进汽阀；6—发电机

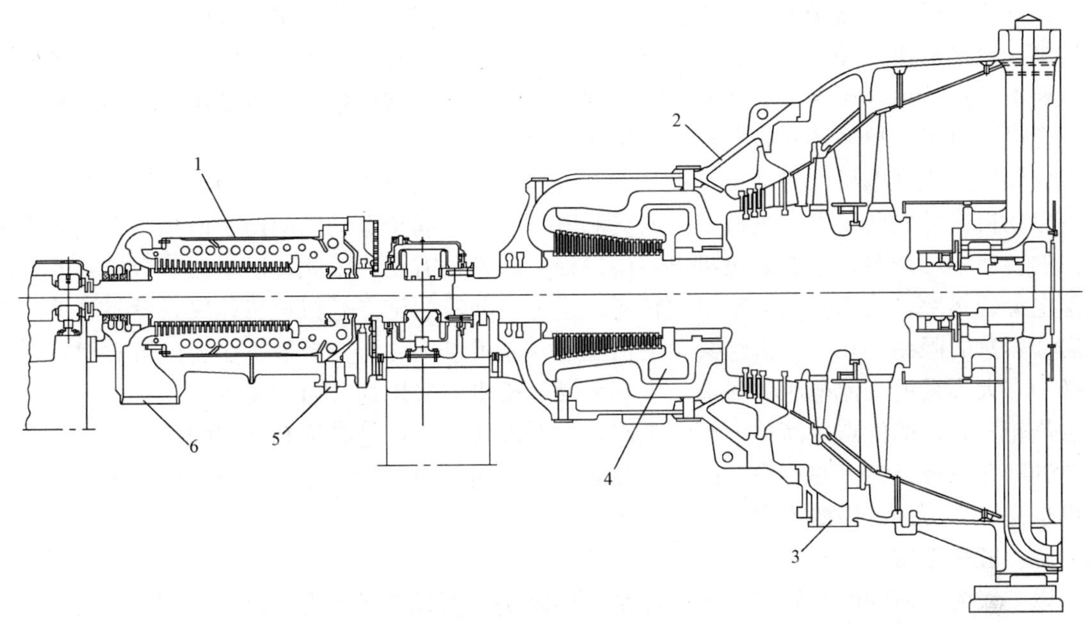

图 5-15　西门子公司生产的用于三压再热联合循环的双缸单排汽汽轮机

1—高压缸；2—中低压缸；3—低压汽进口；4—中压和再热蒸汽进口；5—主蒸汽进口；6—冷再热蒸汽出口

第三节　联合循环的主要辅助设备和系统

余热锅炉型联合循环配备的辅助设备或系统一般有：①启动装置；②润滑油系统；③液压油系统；④燃料系统；⑤冷却水系统；⑥进气系统；⑦通流部分清洗装置；⑧同步自动离合器等。其中，第②、③、⑤项与常规蒸汽动力电站的情况没有太大差别，第④项则取决于燃料的类型。这里仅简要介绍第①、⑥、⑦和第⑧项。

一、启动装置

余热锅炉型联合循环机组只有在燃气轮机启动后才能进入整套正常运行。然而，静止状态的燃气轮机如果没有外力的驱动是不可能启动的，因为燃气轮机在转子转动起来之前，外界空气不会自动流入，燃烧室中虽有空气但未经压缩，此时若持续地喷入燃料燃烧，只会烧毁燃气轮机，而不会使透平产生动力。不仅如此，燃气轮机即使已经转动起来，在达到一定转速之前也不能启动，因为燃气轮机转速很低时，其压气机的压比、效率和透平的效率都很低，即使喷入燃料，透平产生的动力也不足以抵消压气机的消耗，空转尚不能维持，更谈不上加速。所以，燃气轮机启动时，必须先用外部动力装置将其带到可以自动维持运转的速度（简称自持转速，一般为额定转速的40%左右）以上，才可以让其完全依靠自身的动力继续加速，带动其运转的外部动力装置被称为燃气轮机的启动装置。

燃气轮机的启动装置一般由启动机、耦合器（变矩器）、盘车机构和控制器等组成，其核心是启动机。启动机的功率须达到一定的要求，单轴燃气轮机启动机的功率一般应为主机额定功率的3%～5%。联合循环燃气轮机所使用的启动机主要有柴油机、变频器加主发电机、汽轮机三种形式。这三种启动机各有其优点，也有其局限。

柴油启动机的优点是灵活，不需要大容量的外界电源，易于实现“黑启动”，缺点是需要增加一台柴油机，并且为了满足燃气轮机在启动过程中对排气系统的吹扫、点火、暖机等所需要的扭矩特性，还需要增加一台液力耦合器。目前，这种启动机主要用在中小功率的多轴联合循环机组、单循环和应急燃气轮机发电机组上。

变频器加主发电机的启动机是将主发电机当做同步电动机，再加上一台可控硅变频器构成的启动机。并网前，主发电机中通入交流电就可当做同步电动机使用。但是，交流同步电动机的转速不可调节，不能满足机组启动过程中的各种需要。因此，要增加一台变频器，以调整电源的频率，从而控制电动机的转速。这种启动机的优点是扭矩特性好，设备简单，没有启动容量的限制，在多台机组共存的情况下，还可以用一台变频器供多台机组共用；缺点是必须有大容量的交流电源。目前，大功率燃气轮机多采用这种启动装置。

汽轮机启动的优点是简单方便，无需增加新设备；缺点是必须有合适的汽源，且只适用于单轴联合循环机组。在有稳定的蒸汽源的场合，如采用母管制运行的老电厂，采用这种启动机也是一个可以考虑的方案。

二、进气系统

以空气为工质的燃气轮机由于压比小、焓降小，所以工质流量很大。据估算，9HA.02型燃气轮机的空气流量已达到980kg/s左右。伴随着大量空气的吸入，燃气轮机需克服两个问题：一是空气所含粉尘的危害问题；二是空气流动所引起的噪声问题。

且不用说在工业区、矿区、海边、繁忙的公路边和沙尘暴频发等污染比较严重的地区，即使在环境比较好的地区，空气中也不可避免地含有粉尘或盐分。这些粉尘如果被大量地吸入燃气轮机，就会附着在压气机叶片上，减少压气机的通流面积，降低压气机的压比和效率，同时还产生腐蚀问题。这些粉尘如果被带入透平，就可能会堵塞透平动、静叶内部的冷却通道，造成叶片过热甚至烧毁。另外，不管是压气机还是透平叶片积垢，都会使燃气轮机的运行线向喘振边界线靠近（见图4-8和图4-9）。

大量空气的流动还会引起噪声问题。研究表明，燃气轮机的噪声主要由气流激振引起，其中进气口处的噪声频率很高、尖锐刺耳，若不设法消除，将会严重地危害运行人员的健康并影响周边环境。

所以，为了使燃气轮机能正常有效地工作，也为了减轻其对运行人员和周边环境的噪声危害，燃气轮机必须配备具有空气过滤和降低噪声作用的进气系统。有些情况下，燃气轮机的进气系统内还设有进气冷却和进气加热装置。进气冷却装置的作用是在高温季节降低进入燃气轮机的空气的温度，以保证燃气轮机的出力和效率，因为环境温度升高会严重影响燃气轮机的出力和效率。进气加热装置的作用是在寒冷潮湿的季节，防止燃气轮机进气道中结冰，否则结冰脱落后随空气进入压气机，会打坏压气机叶片，同时也防止在过低的进气温度下，燃气轮机的运行点太靠近喘振边界（见图4-7）。

进气过滤室一般由钢结构箱体与安装在其进口处的过滤元件组成。过滤元件有惯性分离器和介质过滤器两种类型。图5-16所示为目前燃气轮机最常用的两种惯性分离器，均用金属制成。它们的原理都是让运动着的尘粒在气流突然转弯时依靠惯性被分离出来。惯性分离器的过滤效果通常还达不到燃气轮机的要求，因此一般只作为前置预过滤使用，其后面还需要串联一至二级介质过滤器。

介质过滤器一般用非织造纤维或特制纸张制成，图5-17所示为目前燃气轮机中最常用

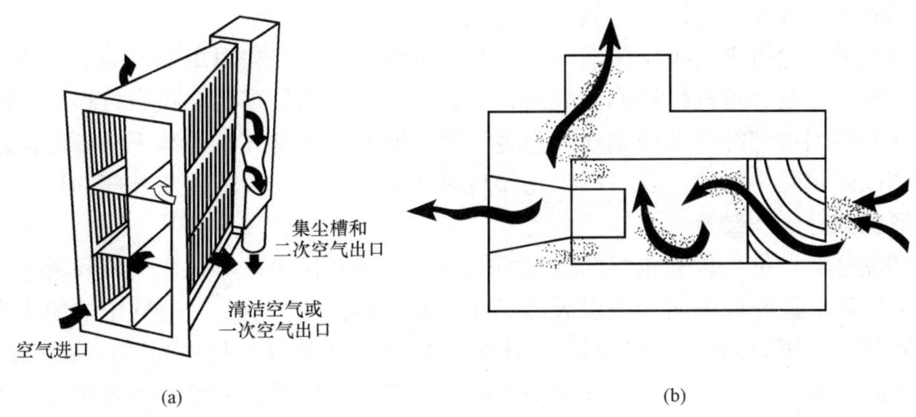

图 5-16　惯性分离器

（a）百叶窗式；（b）旋风管式

的两种介质过滤器，均用纸张制成。它们的原理都是让尘粒撞到障碍物时依靠粒子与障碍物之间的引力将其黏附在障碍物上。

介质过滤器一般都设计成自清式的，即当粉尘在过滤器上集到一定程度后，可以用压缩空气从反面将粉尘冲洗掉。图 5-18 即为一种以图 5-17（b）所示的组合形自清式过滤器为元件的进气过滤室。该过滤室会在过滤元件的工作阻力达到设定值时，用特殊设计的喷嘴喷出脉冲空气，对过滤元件进行清洗。脉冲空气的压力一般为 0.6～0.8MPa。

衡量过滤元件优劣的主要指标是过滤效率（即过滤器捕获的粉尘量与未过滤空

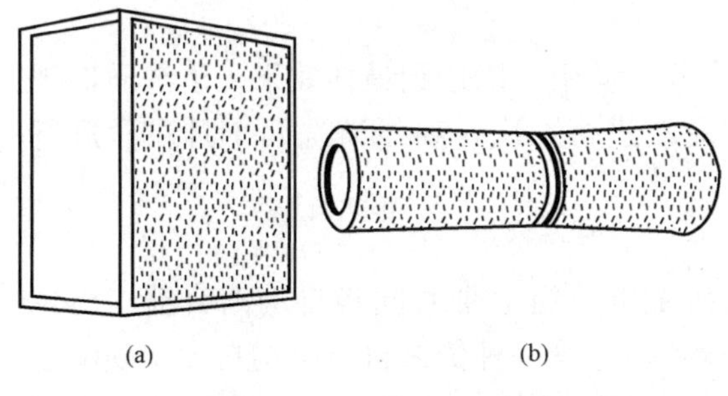

图 5-17　介质分离器

（a）方形；（b）圆柱圆锥组合形

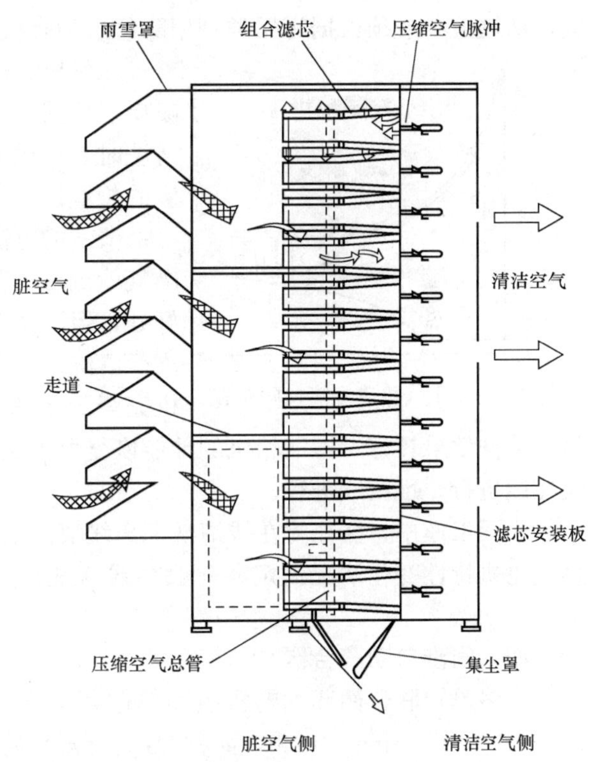

图 5-18　自清式进气过滤室

气的粉尘量之比）和压力损失。这是两个相互矛盾的指标，过滤效率高，其阻力必然大，因为没有障碍物，就无法对空气中的尘粒进行过滤。对于自清式过滤器，其全新状态下的压降应不大于 250Pa，使用后的压降为 450～500Pa，当压降达到 650～750Pa 时即须用脉冲空气吹洗，使其阻力全部或部分地恢复到原来的值。

目前用于燃气轮机进气系统的消声器主要为阻性消声器，它由矩形或圆形管道与多只消声片组成。消声片及管道内衬层的外表面为穿孔板，里面则是多孔性吸声材料。为防止被吹走，吸声材料多用玻璃纤维布或钢丝网包裹。消声器下游的进气管道都采取隔声措施，即在管道内壁衬以隔热隔声材料，既可以阻止噪声对外传播，又减少管道与外部的热交换。

三、通流部分清洗装置

尽管经过过滤，进入燃气轮机的空气中仍然含有细微粉尘，所以压气机和透平叶片上的积垢仍然无法避免。经验表明，在以天然气和轻油为燃料的机组中，空气中的粉尘主要附着在压气机叶片上，短时间内，压气机叶片上的积垢就会使燃气轮机的出力和效率显著降低；在以重油为燃料的机组中，压气机和透平通流部分都会产生严重积垢。为解决这个问题，燃气轮机往往都带有通流部分清洗装置。采用该清洗装置，可以定期或不定期地对压气机、透平的通流部分进行清洗。

清洗装置有干式和湿式两种类型。干式清洗装置主要由盛装固体清洗介质的容器和将清洗介质送入压气机和透平的设施组成，专用的固体清洗介质对压气机和透平积垢具有很好的剥离效果，又不会损伤叶片。湿式清洗装置主要由盛装清洗液的容器、清洗液输送泵等组成，清洗液一般须根据污垢类别用除盐水和有机溶剂专门配制。

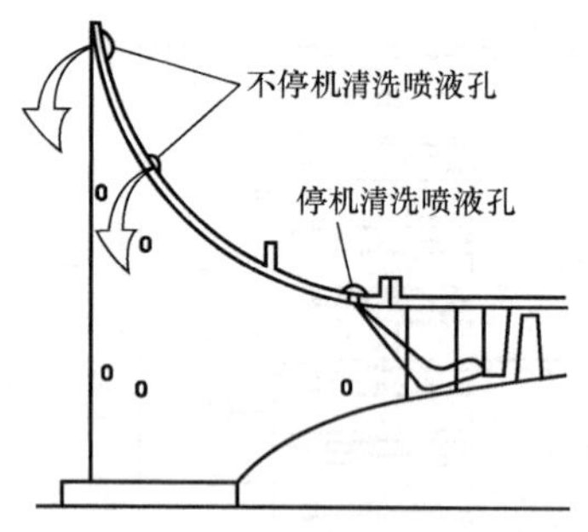

图 5-19　压气机清洗喷口的布置

压气机、燃烧室和透平的进口一般都布置有专用清洗喷口（见图 5-19），需要对压气机或透平的通流部分进行清洗时，可用专用设备通过这些喷口，将清洗介质喷入相应的位置。

清洗的方法有在线和离线两种形式。在线清洗可以在燃气轮机带负荷的情况下进行，所以在运行方面有一定的好处，但清洗效果较差，不能完全恢复燃气轮机的性能。离线清洗是在盘车的状态下进行的，由于需要等到燃气轮机完全冷下来才能进行，所以对运行有一定的影响，但是，清洗效果较好，燃气轮机的性能恢复得也比较好。干式清洗一般只在线进行；湿式清洗既在线进行，也离线进行。

实际工作中，往往将在线清洗和离线清洗组合起来使用，以达到最佳效果。清洗周期视燃气轮机特性变化情况而定，一般在线清洗一周左右进行一次，离线清洗两个月左右进行一次。

四、同步自动离合器

许多单轴联合循环发电机组和单循环燃气轮机发电机组上带有同步自动离合器（Synchro-Self-Shifting Clutch，简称 3S 离合器）的设备，它是一种依靠自身机构自动实现啮合或脱离，从而使输入设备与输出设备连接或者分离开来的设备。3S 离合器一般能够实现以下功能：

（1）静态啮合。当把这种离合器布置在燃气轮机和发电机之间时，它能够使正在旋转的燃气轮机主轴与静止的发电机主轴平滑地啮合。这种功能主要用在单循环燃气轮机发电机组的启动上。

（2）动态脱离。当把这种离合器布置在燃气轮机和发电机之间时，它能够使正在与发电机同步运转的燃气轮机单独停下来，而让发电机在电网中作调相机使用。

（3）动态啮合。当把这种离合器布置在燃气轮机和发电机之间时，它能够在发电机作调相运行的过程中，使处于静止状态的燃气轮机单独启动，并在燃气轮机转速有超越发电机转速的趋势时，将燃气轮机主轴与发电机主轴平滑地啮合在一起，使发电机恢复到发电状态。当把这种离合器布置在单轴联合循环机组的汽轮机和燃气轮机发电机组之间时，它能够在汽轮机处于静止的状态下，单独启动燃气轮机发电机组，随后，在余热锅炉产生了合乎要求的蒸汽，并且把汽轮机冲转到额定转速时，将汽轮机主轴与燃气轮机发电机组平滑地啮合在一起。

图 5 - 20 所示为西门子公司在 GUD1S. 94. 3A 型联合循环发电机组上安装的 3S 离合器的结构与工作情况示意图，它被布置在汽轮机轴和由燃气轮机拖动的发电机轴之间。由图可见：该离合器主要由输入件、主滑动组件、中继滑动件、输出件等组成；主滑动组件与输入件和中继滑动件之间各有一组螺旋形花键和键槽；输出件与主滑动组件和中继滑动件之间各有一组齿轮和齿圈；中断滑动件与输出件之间有一组棘轮和棘爪；输入件与汽轮机轴相连，输出件与由燃气轮机拖动的发电机轴相连。需说明的是，棘爪是垂挂在中继滑动件的外圆上的，当中继滑动件转速较低时，棘爪与棘轮并不接触，只有当中继滑动件的转速达到一定程度后，棘爪才会在离心力的作用下向外张开并与棘轮发生接触。

现利用图 5 - 20 简要介绍汽轮机与已经并网的燃气轮机发电机组动态啮合时 3S 离合器的工作情况，以便读者对离合器的工作原理建立一定认识。

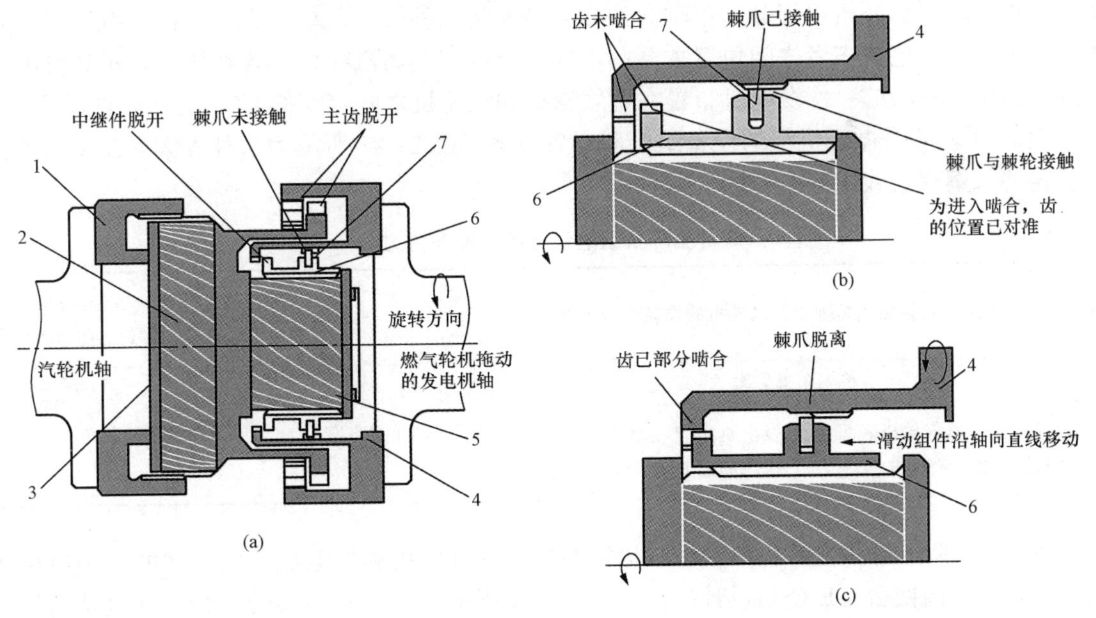

图 5 - 20　3S 离合器的结构与工作情况示意

（a）脱开状态；（b）准备啮合；（c）正在啮合

1—输入件；2—主螺旋形花键；3—主滑动组件；4—输出件；5—螺旋形花键；6—中继滑动件；7—棘爪

在这种情况下，最初燃气轮机拖动发电机以额定转速运行，而汽轮机处在静止状态，此时 3S 离合器的输入件和与其通过花键相连的主滑动组件、中继滑动件等都处在静止状态，棘爪与棘轮不接触，如图 5-20（a）所示。当余热锅炉产生了合乎要求的蒸汽时，汽轮机将被冲转并被逐步升速，此时主滑动组件和中继滑动件都随汽轮机转动，但在转速提升到一定值之前棘爪与棘轮仍不接触。当汽轮机的转速达到一定值后，棘爪在离心力的作用下将向外张开并与棘轮接触，此时输出件与中继滑动件之间的齿轮和齿圈虽尚未啮合，但已彼此对准，做好了啮合的准备，如图 5-20（b）所示。当汽轮机的转速有超越发电机转速的趋势时，由于主滑动组件须随输入件以汽轮机的转速旋转，而中继滑动件在棘轮棘爪作用下须随输出件以发电机的转速旋转，这样中继滑动件将在螺旋形花键的作用下向左移动，使中继滑动件与输出件上的齿轮和齿圈进入啮合，如图 5-20（c）所示。与此同时，主滑动组件将在中继滑动件的带动下向左移动，使主滑动组件与输出件上的齿轮和齿圈进入啮合。随着汽轮机转速的进一步升高，主滑动件与输出件上的齿轮和齿圈将进入完全啮合状态。此后，汽轮机与燃气轮机和发电机将一起运转，汽轮机轴上的扭矩将通过主滑动件与输出件上的齿轮齿圈传递到发电机上。

第四节　联合循环机组的布置方案

余热锅炉型联合循环发电机组虽然总是由燃气轮机、余热锅炉、汽轮机等热力设备和发电机构成，设备的组合和布置方案却可以多样化。按照热力设备组合方案的不同，可将联合循环机组划分为一拖一方案和多拖一方案两种类型。按照机组中燃气轮机、汽轮机是否同轴布置，可将联合循环机组划分为单轴方案和多轴方案两种类型。单轴方案的机组按照燃气轮机、汽轮机、发电机三者之间位置关系的不同又可以划分为汽轮机布置在燃气轮机和发电机之间（简称 CSG 方案）、发电机布置在燃气轮机和汽轮机之间（简称 CGS 方案）两种类型。

表 5-4 为联合循环机组的设备组合和布置方案，图 5-21 所示为每种方案的设备布置情况。这些方案在实践中都有应用的实例。

表 5-4　　联合循环机组的设备组合和布置方案

<table>
<tr><td colspan="3">1 台燃气轮机、1 台余热锅炉配 1 台汽轮机的设备组合方案</td><td>多台燃气轮机、多台余热锅炉配 1 台汽轮机的设备组合方案</td></tr>
<tr><td colspan="2">单轴布置方案</td><td rowspan="2">双轴布置方案</td><td rowspan="2">多轴布置方案</td></tr>
<tr><td>汽轮机布置在燃气轮机和发电机之间的方案（CSG 方案）</td><td>发电机布置在燃气轮机和汽轮机之间的方案（CGS 方案）</td></tr>
</table>

图 5-22 所示为一拖一、单轴、汽轮机布置在燃气轮机和发电机之间方案的一个应用实例，它表示了由四台 GE 公司设计生产的 S107FA 型单轴机组所构成的联合循环电站的设备情况。

图 5-23 所示为一拖一、单轴、发电机布置在燃气轮机和汽轮机之间方案的一个应用实例，它表示了西门子公司设计生产的 GUD1S. 94. 3A 型单轴联合循环机组模块的设备布置情况，该机组在汽轮机和发电机之间设有一台 3S 离合器。

图 5-24 所示为一拖一、双轴布置方案的一个应用实例，它表示了由四台 GE 公司设计生产的一拖一双轴布置机组所构成的联合循环电站的设备情况。

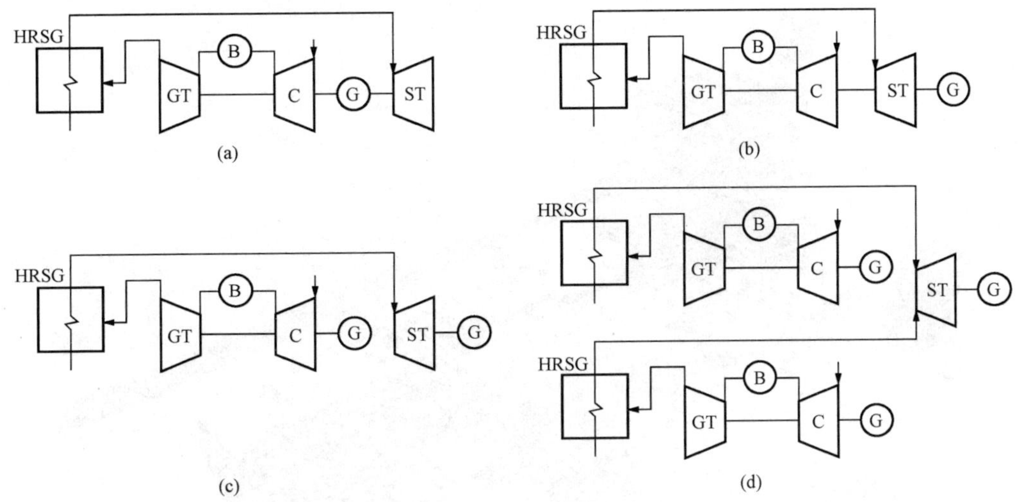

图 5-21　联合循环机组的各种设备组合和布置方案

(a) CGS 方案；(b) CSG 方案；(c) 一拖一双轴方案；(d) 二拖一多轴方案

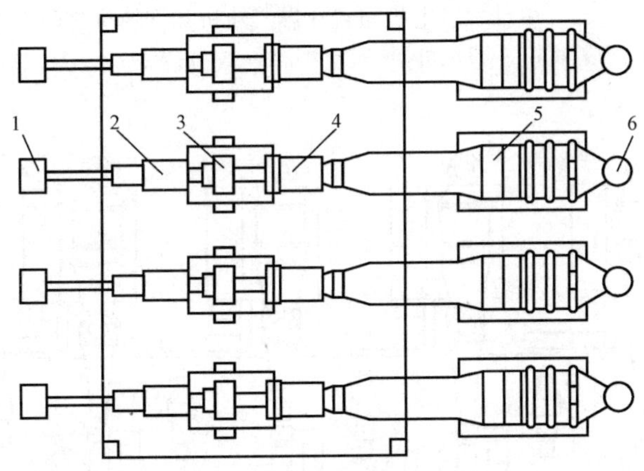

图 5-22　单轴、汽轮机布置在燃气轮机和发电机之间的方案

1—变压器；2—发电机；3—汽轮机；4—燃气轮机；5—余热锅炉；6—烟囱

图 5-25 所示为多轴布置方案的一个应用实例，它表示了西门子公司设计生产的 GUD2S. 94. 3A 型多轴联合循环机组模块的设备布置情况，该模块是一套由两台燃气轮机、两台余热锅炉和一台汽轮机所构成的二拖一机组。

这里有两个问题值得讨论：①单轴方案与多轴方案之间有哪些主要差别；②CSG 方案和 CGS 方案之间有哪些主要差别。

表 5-5 从多个角度对单轴方案和多轴方案做了比较，从中可以看出，总的来说，每一种方案都有自己的优点和局限性。相对而言，单轴方案较适宜于燃料价格相对昂贵、机组承担中间负荷的场合，而多轴方案适宜于任何场合。

CSG 方案和 CGS 方案的差别最主要地表现在机组启动和发电机检修方式上。CSG 方案的优点是便于发电机抽转子检修，有稳定的蒸汽源时还可以用汽轮机启动，缺点是汽轮机必须与燃气轮机同时启动和运行，为此必须配置辅助蒸汽系统，以便在启动时用辅助蒸汽冲转

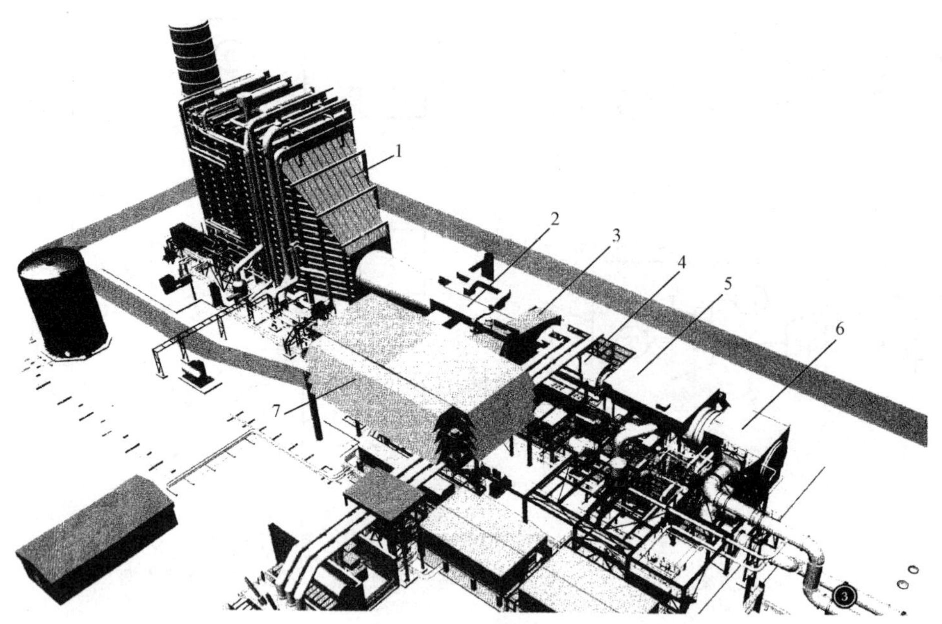

图 5 - 23 单轴、发电机布置在燃气轮机和汽轮机之间方案

1—余热锅炉；2—燃气轮机；3—发电机；4—3S 离合器；5—汽轮机；6—凝汽器；7—空气过滤器

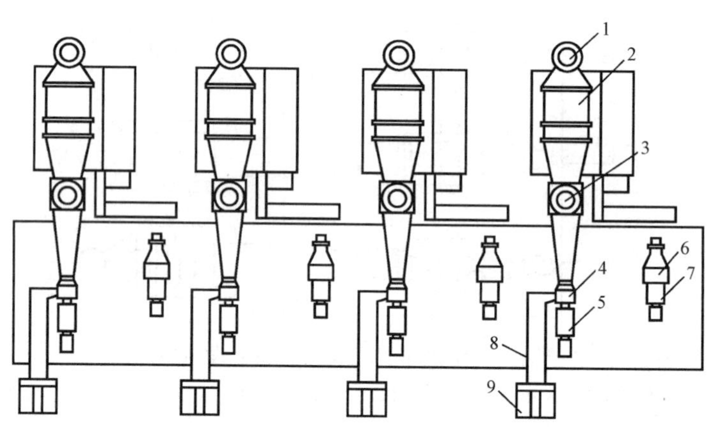

图 5 - 24 一拖一组合、双轴布置方案

1—烟囱；2—余热锅炉；3—旁通烟囱；4—燃气轮机；5—燃气轮机的发电机；

6—汽轮机；7—汽轮机的发电机；8—燃气轮机的进气通道；9—空气过滤器

和保护汽轮机。另外，其汽轮机不便于单层布置（除非侧向排汽）。CGS 方案的优点是燃气轮机与汽轮机可分开启动（如果在汽轮机和发电机之间设有 3S 离合器，如图 5 - 23 所示），汽轮机便于单层布置（轴向排汽）；缺点是发电机检修时，抽转子不便。

总的来看，CGS 方案启动更方便一些，至于抽转子问题，采取一些特殊措施完全可以解决。所以，各大燃气轮机公司最新开发的 G/H 等级的联合循环机组普遍采用了这种方案。

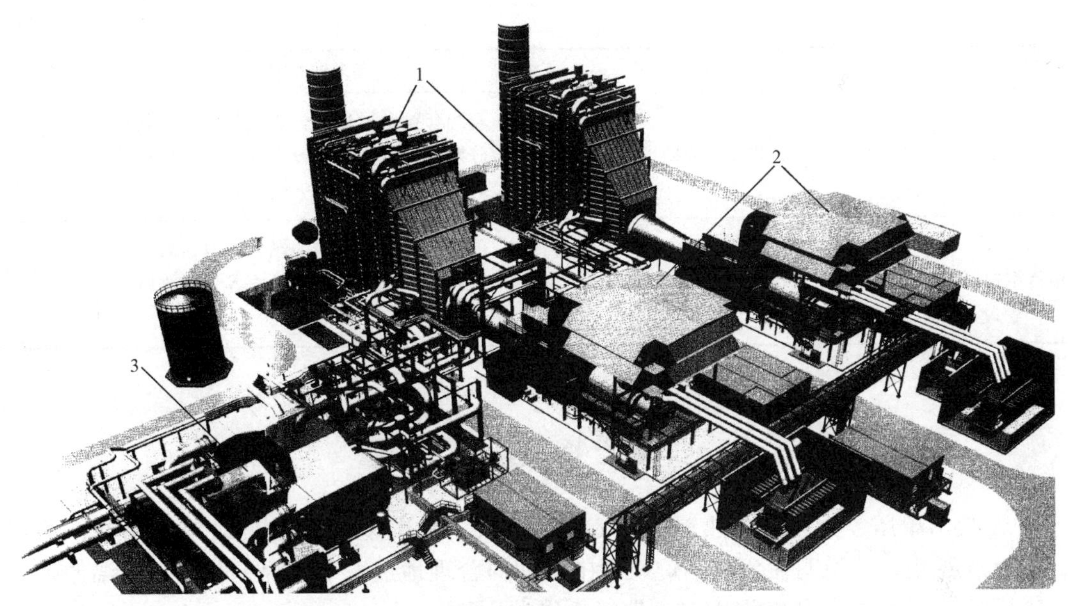

图 5 - 25　多轴布置方案示例

1—余热锅炉；2—燃气轮机发电机组；3—汽轮发电机组

表 5 - 5　单轴布置方案与多轴布置方案的比较

比较项目	单轴方案	多轴方案	备　注
构成	1 台燃气轮机、1 台余热锅炉配 1 台汽轮机	多台燃气轮机、多台余热锅炉配 1 台汽轮机	
额定工况效率	因所配汽轮机容量相对小，效率稍低，但对大功率机组，这一缺点并不明显	因所配汽轮机容量大，效率较高	
部分负荷效率	如果电站内建有若干套同类型的单轴机组，并采用增减运行单元数的方法来增减出力，可在较大范围内，得到较高的热效率	采用增减运行燃机台数的方法来增减出力，也可在较大范围内，得到较高的热效率。但由于汽轮机大部分时间处于部分负荷下运行，效率较低，所以整套机组的效率也相对低一些	见图 1 - 16
调峰性能	在采用增减运行单元数的方法来满足调峰需求时，汽轮机需时常停机和再启动，所以大幅度频繁调峰运行的性能不十分好	在采用增减运行燃机台数的方法来满足调峰需求时，汽轮机始终处于正常工作状态，所以机组可更加快速地增减负荷，调峰性能好	
系统复杂性	相对简单	相对复杂	
运行控制	相对简单	相对复杂	
运行灵活性	需单元运行，燃机不可单独运行	若配置旁通烟囱，燃机可单独运行	
设备投资	少一台发电机，但多若干台汽轮机，因此设备投资相对大小视具体情况而异	少若干台汽轮机，但多一台发电机，因此设备投资相对大小视具体情况而异	
占地面积	略小	略大	
土建投资	略小	略大	

续表

比较项目	单轴方案	多轴方案	备　注
建设周期	需以单元为单位建设，周期相对较长	若配套置旁通烟囱，燃气轮机、汽轮机可分期建设，整机建设周期长，但燃机建设周期短，并可提前投入运行	
运行维护	需按单元进行检修	可轮流检修系统内的燃机，但检修汽轮机时，整套机组都要停运或者只能维持单循环运行	

思 考 题

1. 试绘出单压、无再热余热锅炉的 Q - T 曲线，在图上标出余热锅炉的端差、节点温差、接近点温差，并说明在余热锅炉设计中应如何合理地选取节点温差和接近点温差。

2. 选取余热锅炉的排烟温度时，应考虑哪些因素？

3. 余热锅炉有哪两种总体结构形式？它们各有哪些优缺点？

4. 联合循环机组为什么要采用多压汽水系统？目前主要有哪些多压汽水系统类型？

5. 余热锅炉除氧系统与常规煤粉电站的除氧系统有何异同？

6. 设计联合循环机组时，都需要对哪些参数进行优化？

7. 与常规电站汽轮机相比，联合循环汽轮机的热力参数有什么特点？为什么？

8. 与常规电站汽轮机相比，联合循环汽轮机在结构上有哪些特点？

9. 启动装置的作用是什么？有哪几种形式？各有哪些特点？

10. 燃气轮机的进气系统有哪些功能？

11. 燃气轮机为什么要安装进气过滤室？

12. 何谓自清式进气过滤室？

13. 燃气轮机为什么要时常清洗？怎样清洗？

14. 何谓 3S 离合器？3S 离合器有哪些主要功能？

15. 余热锅炉型联合循环发电机组有哪些设备组合和布置方案？

16. 单轴和多轴方案相比较，哪一种更适合调峰运行？为什么？

17. CSG 方案和 CGS 方案之间有哪些主要差别？

练 习 题

设某燃天然气的燃气轮机的排气温度为 610℃，现为其配备一台余热锅炉和一台汽轮机构成联合循环，试通过计算分析，在 ISO 环境条件下，当余热锅炉的排烟温度分别选取 150、130、110℃及 90℃时，余热锅炉的效率有何变化？

第六章　燃气轮机联合循环的运行与控制

燃气轮机与燃气-蒸汽联合循环的运行涉及启动、加载、减载、停机等操作，每一种操作又因机组的设备组成、运行方式、所处状态不同而不同。所以，要在有限的篇幅内详细介绍每一种机组在每一种运行方式和状态下的各种操作非常困难。但任何机组任何状态下的各种操作所基于的原则都基本相同，即在不超温、不超速、不超振、安全可靠的前提下尽可能使机组快速、高效地过渡到所要求的运行状态，不同之处仅在于操作的具体内容和程序。这些原则在机组的启动上体现得很明显，因此，本章仅对燃气轮机和联合循环的启动加以介绍。

与任何热机一样，燃气轮机与燃气-蒸汽联合循环机组也必须在控制系统的作用下才能安全可靠地运行。燃气轮机的主控项目包括了功率控制、温度控制、启动控制、加速度控制、停机控制、手动控制等内容，这些控制均通过燃料量的调节来实现。实际运行中，控制系统会利用最小值选择器自动地选择出燃料量要求最低的项目并执行其指令，所以每一时刻只会有一个控制项目真正在起作用。在这些项目中，启动控制、加速度控制、停机控制一般仅在机组并网前或解列后才用到，手动控制仅在控制器发生故障或机组调试时才用到，所以对于并网的燃气轮机而言，涉及较多的主要是功率控制和温度控制两个项目。除主控项目外，燃气轮机还设置了压气机防喘振等有特殊作用的辅控项目。本章第三节将对这些控制系统的工作原理进行简要介绍。

燃气-蒸汽联合循环控制所涉及的内容很宽，首先包括燃气轮机、余热锅炉和汽轮机的控制，其次包括电站各种辅机的控制，最后还要包括整套机组的协调控制。但是，由于余热锅炉和汽轮机的控制相对于常规汽轮发电机组而言要简单得多，所以本章只简单讨论整套机组的协调控制问题，然后介绍几个典型的燃气-蒸汽联合循环发电机组控制系统，目的是使读者对联合循环的控制系统有一个概念性的了解。

第一节　燃气轮机的启动

一、启动过程

燃气轮机的启动过程是指其从静止状态到全速运转状态的过渡过程。由于燃气轮机在静止状态下无空气流动，无法加入燃料，也不能产生有效功，所以只有在启动机的带动下才能完成启动，这一过程可被分为以下几个阶段。

（1）冷拖、清吹。在这个阶段，燃气轮机完全依赖启动机的带动加速，达到一定转速时稳定一段时间，利用压气机产生的压缩空气对机组进行吹扫，清除掉机内因燃料阀泄漏等原因而可能积存在机组热通道中的可燃气体或燃油，以避免点火时发生爆燃。清吹时间的长短须视机组排气道容积大小而定，一般要求要能够将排气道内的空气更换三次。

（2）点火、暖机。清吹结束后，燃气轮机将在控制系统的作用下立即把转速调整到点火转速 n_i 并进行点火。n_i 一般比清吹转速略低一些，为额定转速的 15%～20%，其目的是降低燃烧室内空气的流速，以降低点火难度。在点火装置连续点火 30～60s 之后，如果火焰探测器已探测到火焰，燃气轮机即适当降低燃料量，进入 1min 左右的暖机阶段。暖机的目的是使机组的热通道和相关部件有一个均匀加热和膨胀的时间，以减少其热应力，也避免机组静动部件因胀差过大而发生碰磨。降低燃料量则是因为前一阶段点火时，燃料量有意设得大了一些。

（3）升速、脱扣。点火成功后，透平已可以输出一定功，但尚不足以克服压气机和机组携带的辅助设备的耗功。所以暖机结束后，燃气轮机将按照一定的速率逐渐增大燃料量，与此同时其转速将快速上升，当转速达到其自持转速 n_s（一般为额定转速的 40%左右）时，透平的输出功正好等于压气机的耗功。此后，燃气轮机将在启动机功率和自身净功率的联合带动下继续增速，直至单独依靠净功率已足以使燃气轮机持续升速时，启动机将脱扣（即脱开燃气轮机并停止工作）。单轴燃气轮机的脱扣转速 n_b 一般为额定转速的 50%～60%。

（4）自升速、并网。从启动机脱扣起到转速达到额定值，燃气轮机都完全依靠自身的净功率使转子继续升速。在本阶段和上一阶段，燃气轮机的热通道、转子、气缸等都一直处在加热升温之中，所以升速率和升温率都要控制在一定范围之内，以免产生过大的热应力。

除上述几个阶段之外，不少制造商还把燃气轮机的启动过程扩大到加载阶段。在这种情况下，如果用户在启动前没有选择负荷点，机组在并网后将按设定的程序，或全速空转，或自动加载到一个起点负荷（其数值约为额定负荷的 10%）。如果用户在启动前已选择了某一负荷点（如基本负荷），并选择了自动加载方式，机组将按设定的加载率自动加载到该负荷点。加载过程中，机组仍处在加热升温之中，所以加载率应控制在一定范围内。

二、启动方式

燃气轮机启停快的优点决定了它们在电网中可能会被要求承担基本负荷、中间负荷、尖峰负荷、应急负荷等各种负荷，也决定了燃气轮机在不同的负荷要求下需采用不同的启动方式。按照启动时间的长短，燃气轮机的启动可分为正常启动、快速启动和紧急启动三种方式。

正常启动是燃气轮机在承担基本负荷或中间负荷时所采取的一种方式，启动过程中需要暖机并需要严格控制升速率和加载率，保证机体内的热应力在一个安全的水平之内。因此，这种启动方式所需要的时间相对较长，重型燃气轮机一般需要 10～22min。

快速启动是燃气轮机在承担尖峰和应急负荷时可能采取的一种方式，启动过程中只要保证机体内的热应力处在一个可接受的水平之内，就可以减少暖机时间甚至取消暖机，并可提高升速率和加载率。因此，这种启动方式所需要的时间相对较短，一般仅为正常启动时的 50%～60%。

除上述两种方式外，燃气轮机还有一种时间更短的启动，称为紧急启动。这是一种强制性的启动，即超越正常程序、在很短时间内强行使机组从静止状态过渡到满负荷状态。

应该指出，燃气轮机的热部件在每一次启停中都要经历一次热应力循环，即启动时出现瞬时拉应力的部位停机时又会出现瞬时压应力（反之亦然），当循环的次数达到一定限度时，这些部件就会因疲劳而损伤（称为低周疲劳损伤）。所以，燃气轮机在每次启动中都要受到一定的损害。正常启动对燃气轮机的损害相对较小，快速启动的损害相对较大，紧急启动的损害则非常严重。一般来说，如果把正常启动造成的损害看作 1，那么快速启动的损害就是 2，紧急启动的损害就是 20。所以，一般情况下燃气轮机都尽可能采用正常启动方式，迫不得已时才采用快速启动方式，非万不得已不采用紧急启动方式。

三、实例分析

图 6 - 1 所示为 GE 设计公司生产的 MS7001E 型燃气轮机以联合循环方式运行的启动和加载过程曲线。该机组燃气轮机的 ISO 基本功率 P_{gt0} 为 85.4MW，额定转速 n_0 为 3600r/min，额定排气温度 t_{40}^* 为 975℉（524℃）。图上给出了机组的相对转速 $\bar{n}$、排气温度 t_4^*、燃料阀行程基准 FSR 与出力 P_{gt} 随时间变化的曲线（FSR 与转速 n 的乘积代表着燃料量的大小）。下面利用图 6 - 1，对单循环燃气轮机的启动和加载过程进行分析。

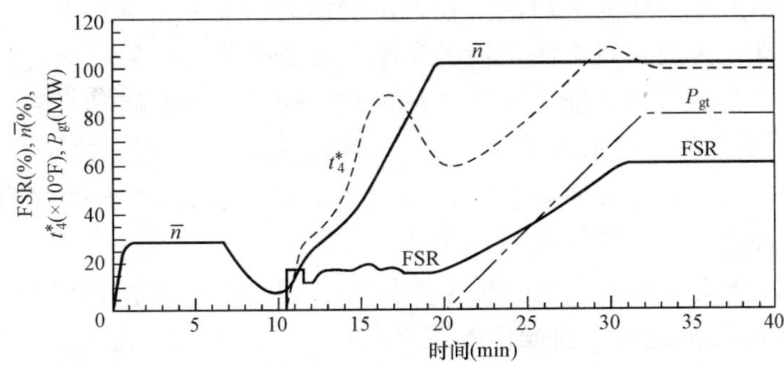

图 6 - 1 MS7001E 型燃气轮机的启动和加载过程曲线

（1）从图上的转速曲线 $\bar{n}$ 可以看出：该机组在启动过程中，首先被启动机将其转速提升到额定值的 28%并维持 6min，使燃烧室和排气道得到充分吹扫；然后在 4min 时间内将转速降低到额定值的 10%左右，为点火创造有利条件；从第 10min 点火开始，转速稳定上升，到第 20min 时达到额定值。期间，相对转速 $\bar{n}$ 从 10%升到 100%历时 10min，平均升速率达到了每分钟 330r/min。

（2）从图上的燃料阀行程 FSR 曲线可以看出：机组在启动过程的第 10.5min 左右开始点火，点火过程大约持续 1min，期间，FSR 维持在 18%左右；点火成功后，FSR 立即减小到 13%左右并维持 1min，使机组进行暖机，期间，因转速有所提高，实际燃料量也有所提高；暖机结束后，FSR 回增到 18%左右，并在第 20min 机组并网之前基本维持不变；从第 20min 开始，FSR 逐渐增大使机组出力增大，到第 32min 时与机组出力一起达到额定值。

（3）从图上的排气温度 t_4^* 曲线可以看出：从第 10.5min 机组点火开始，排气温度 t_4^* 即迅速上升，到第 17min 时达到第一个峰值 900℉（482℃）左右；第 17min 以后，t_4^* 逐渐降低直至机组转速达到额定值以后；在机组加载过程中，t_4^* 再次开始上升，并在机组出力达到额定值的 95%左右时达到第二个峰值；随后 t_4^* 逐渐回落到额定值 975℉（524℃）。t_4^* 两度出现峰值与压气机 IGV 角度的调整有关。机组点火之初，为了避免喘振并降低启动功率，压气机的 IGV 角处在最小值 β_{p0}，此时压气机的空气流量相对较小，所以机组点火后，t_4^* 迅速上升；当转速升高到额定转速的 50%左右时，IGV 角开始逐渐开大，压气机的空气流量增加，于是 t_4^* 在达到其第一个峰值后逐渐回落。在机组转速升高到接近额定值时，压气机的 IGV 角已开大到最小全速角 $\beta_{p\min}$ 并保持不变，于是 t_4^* 再次上升；当机组加载到额功率的 80%左右时，IGV 角将再次开始逐渐开大，于是 t_4^* 又达到其第二个峰值；当机组的出力达到额定值时，IGV 角已开到最大值 $\beta_{p\max}$，此后，t_4^* 便维持在额定值左右。

（4）从图上的出力 P_{gt} 曲线可以看出：机组在第 20min 并网以后，P_{gt} 基本上是以一个恒定的加载率逐步增加到额定值的，加载过程大约持续了 12min，到第 32min 时，机组的启动和加载过程全部结束，加载率为 8.33%P_{gt0}/min。

（5）总的来看，该机组的启动过程用了 20min，含加载用了 32min，偏长一些。许多简单循环燃气轮机的启动时间，不含加载时为 5～10min，含加载时为 10～22min。

四、“热悬挂”现象及其原因

燃气轮机的启动一般在程序控制下自动实现，只要机组的燃料系统和点火装置正常、进/排气道通畅、压气机和透平的通流部分没有严重积垢，不大会发生启动不成功的情况。然而，有时也需要用人工操作完成启动。在人工操作的情况下，对点火燃料量和随后燃料量增升率的控制对启动是否成功将有决定性的影响。实践表明，如果点火燃料量过大或随后的燃料增升率过高，燃气轮机就可能会发生“热悬挂”现象，导致启动失败。

“热悬挂”又称为热挂，一般发生在启动机脱扣之后，其表现形式是：启动机脱扣之后，机组转速停止上升，运行声音异常，若继续增大燃料量，初温 t_3^* 会随之升高，但转速不仅不上升，反而呈下降趋势，最终导致启动失败。

分析表明，“热悬挂”现象产生的根本原因在于启动过程线离压气机喘振边界线太近。如图 6-2 所示，若启动机脱扣之前操作不当，燃料量增加太快，温度 t_3^* 升高过快，那么脱扣瞬间由于机组净功率显著减小，转速 n 升高的速度就会与温度 t_3^* 升高的速度不匹配，使机组的运行点靠向喘振边界线（由图上的 a 点突跳至 a' 点）。此时，压气机可能会发生失速，效率 η_c 降低，流量减小，耗功增大，从而使转子停止升速，机组就像被“挂”住似的，这就是所谓的“热悬挂”。

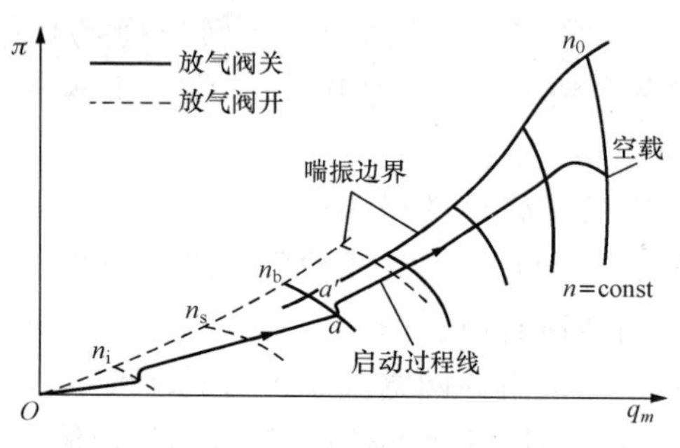

图 6-2 电站单轴燃气轮机启动曲线

显然，发生“热悬挂”现象时，如果增加燃料量，不仅于事无补，而且适得其反，最终导致启动失败。但如果此时能暂时适当减少一些燃料量，使 t_3^* 略微降低一些，机组的运行点就可能会下移并离开喘振边界线，此后再以适当的速率增加燃料量，机组就可能脱离“热悬挂”继续升速下去。如果处理得好，启动失败就可以避免。另外，从图 6-2 还可以看出，打开放气阀对“热悬挂”现象有重要的防范作用，此时，压气机的喘振边界线将向左上方偏移，等折合转速线将向左下方偏移。

第二节 联合循环的启动

与简单循环相比，联合循环机组由于有余热锅炉和汽轮机，所以启动过程要复杂一些。而且，余热锅炉是否设旁通烟道、是否补燃、汽轮机与燃气轮机是否同轴、同轴时采用刚性联轴器还是 3S 离合器连接等，对启动操作都有很大影响。

同时，联合循环机组的启动和加载过程与启动前燃气轮机、余热锅炉、汽轮机热部件的温度状态也很有关系。如果启动前这些热部件的温度很低，例如与环境温度相同，启动过程中就需要暖机并需要把升速率和加载率控制在较低的水平，以保证它们不会受到过大的热冲击。如果启动前这些热部件的温度非常高，启动过程中就可能会取消暖机并提高升速率和加载率，以避免这些热部件受到强制冷却。

按照启动前余热锅炉汽包、汽轮机转子等热部件温度的高低，联合循环机组的启动一般分为冷态启动、温态启动和热态启动三种状态，有时热态启动中还会再分出一种极热态启动。但是，由于各制造厂生产的不同型号的机组结构差异很大，很难用某一个部件的温度来统一、严格地定义这几种状态，所以大多数制造厂都按照机组停机后所经过的时间的长短来粗略地区分其所处的状态。即便如此，由于机组热惯性与散热条件的差异，区分标准也不一致。目前，很多厂家都笼统地将停机在72h以上的启动划归为冷态启动，10～72h之间划归为温态启动，1～10h之间划归为热态启动，1h之内划归为极热态启动。不同状态下的启动和加载时间可以有很大差别。一般，冷态启动所用的时间最长，温态启动所用的时间大约为冷态的一半或不到一半，热态启动所用的时间大约为冷态的三分之一或略多一些，但这也都是很笼统的数值。

本节打算结合实例介绍几种典型联合循环在不同状态下的启动特点，目的是使读者对联合循环机组的运行有一个初步了解。

一、多轴联合循环的启动

多轴联合循环中的汽轮机与燃气轮机不同轴，各自带有自己的发电机。如果余热锅炉有旁通烟道，则燃气轮机、余热锅炉和汽轮机基本上相互独立。启动时，首先将余热锅炉进口挡板关闭并将旁通烟道挡板开启，使燃气轮机像简单循环那样单独启动和加载；然后，利用烟气挡板调节进入余热锅炉的烟气，并利用蒸汽旁路调节蒸汽的压力和温度，使余热锅炉按照自身规律启动起来；最后，使汽轮机按照自身规律启动和加载，待汽轮机已全部接受余热锅炉所产生的蒸汽以后，整台机组启动即告完成。

如果余热锅炉不设旁通烟道，燃气轮机启动和加载的过程就要延长一些，以保证余热锅炉对燃气轮机排气温度的承受能力。至于是同时延长启动和加载过程还是只延长加载过程，延长多少，则视机组具体情况而定。除此之外，整个启动过程与有旁通烟道的情况没有太大区别。

下面用两个实例分别介绍多轴联合循环在有旁通烟道和无旁通烟道时的启动和加载情况。

图6-3所示为某100MW联合循环机组的冷态启动曲线。该机组采用了二拖一、多轴布置方案，配用单压、有旁通烟道的余热锅炉，其燃气轮机的额定排气温度为532℃，燃气轮机和汽轮机的额定转速均为3000r/min。图上给出了燃气轮机排气温度t_4^*、排气流量q_{mgt}、蒸汽压力p_{st}、蒸汽温度t_{st}、余热锅炉产汽率q_{mh}、汽轮机主蒸汽流量q_{mst}、汽轮机转速n_{st}、汽轮机出力P_{st}、凝汽器压力p_c随时间变化的情况。

（1）由图上的排气温度t_4^*和流量q_{mgt}曲线可以看出：该机组由于有旁通烟道，所以其燃气轮机完全像简单循环那样单独启动和加载，启动后第15min并网，第20min即加载到满负荷，加载率达到了$20\% P_{gt0}$/min；加载过程中，t_4^*和q_{mgt}迅速升高到额定值并保持不变。

（2）由图上的蒸汽参数p_{st}、t_{st}和余热锅炉产汽率q_{mh}曲线可以看出：在燃气轮机并网前，余热锅炉已开始加热；从燃气轮机到达满负荷后第15min，即启动开始后第30min，余热锅炉已开始引出蒸汽，蒸汽压力也迅速上升；第55min时，蒸汽压力升高到额定值；在第70min左右，产汽率q_{mh}达到峰值；此后，t_{st}逐渐上升，q_{mh}相应有所回落。

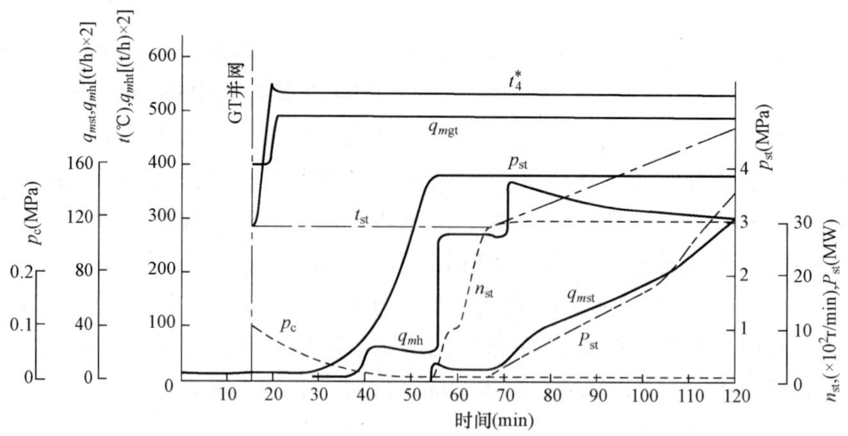

图 6-3 某 100MW 二拖一、多轴联合循环机组的冷态启动曲线

(3) 由图上的汽轮机流量 q_{mst}、转速 n_{st} 和出力 P_{st} 曲线可以看出：汽轮机从第 55min 开始通蒸汽启动，3min 后转速升到 1000r/min；在此转速下，汽轮机中速暖机 2min，然后在 4min 内快速地将转速提升到额定值 3000r/min，并在第 66min 并网成功；并网以后，汽轮机逐渐加载，到第 120min 时，汽轮机已接受余热锅炉所产生的全部蒸汽（$q_{mst}=q_{mh}$），启动和加载过程全部完成。汽轮机的加载率为 1.85%P_{st0}/min。

(4) 由图上的蒸汽压力 p_{st} 和汽轮机出力 P_{st} 曲线可以看出：在汽轮机的整个负荷范围内，p_{st} 都比较稳定，这说明该机组采用的是定压运行方式，并未采用滑压运行。

(5) 由图上的锅炉产汽率 q_{mh}、汽轮机流量 q_{mst} 和凝汽器压力 p_c 曲线可以看出：在汽轮机启动前后的很长一段时间内，余热锅炉的产汽量都大于 q_{mh} 汽轮机的蒸汽流通量 q_{mst}；为了接收这部分剩余的蒸汽，更为了配合余热锅炉和汽轮机的启动，凝汽器真空泵从第 15min 燃气轮机并网时即已启动，到第 55min 汽轮机冲转时，p_c 已达到正常工作值。

(6) 该机组的启动和加载一共用了 120min，对联合循环机组的冷态启动而言，这算比较快的一例。许多联合循环机组的冷态启动都需要 180min 左右。

图 6-4 所示为某 120MW 联合循环机组的热态启动曲线。该机组采用了一拖一、双轴布置方案，配用了双压、无旁通烟道的余热锅炉；其燃气轮机的额定功率为 80MW，汽轮机的额定功率为 42MW；燃气轮机和汽轮机的额定转速均为 3000r/min。图上给出了燃气轮机排气温度 t_4^*、转速 n_{gt} 和出力 P_{gt}、高压蒸汽参数 p_{HP}/t_{HP} 和流量 q_{mHP}、低压蒸汽参数 p_{LP}/t_{LP} 和流量 q_{mLP}、汽轮机转速 n_{st} 和出力 P_{st}、凝汽器压力 p_c 等 12 个参数随时间变化的曲线。下面对该机组的热态启动和加载过程进行分析。

(1) 由图上的燃气轮机转速 n_{gt}、排气温度 t_4^* 和出力 P_{gt} 曲线可以看出：燃气轮机的升速没有因不设旁通烟道而受到影响，启动后第 5min 即已并网。但其加载率受到了一定影响，从第 5min 开始加载，到第 17min 达到满负荷，加载过程持续了 12min，加载率只有 8.33%P_{gt0}/min。

(2) 由图上的高压蒸汽参数（p_{HP}、t_{HP}、q_{mHP}）和低压蒸汽参数（p_{LP}、t_{LP}、q_{mLP}）曲线可以看出：由于没有旁通烟道，所以燃气轮机点火后，p_{HP} 立即出现了增升趋势；在燃气轮机加载过程中，p_{HP}、t_{HP} 迅速升高，p_{LP}、t_{LP} 也升高，但趋势缓和一些；第 8min 高压蒸汽开

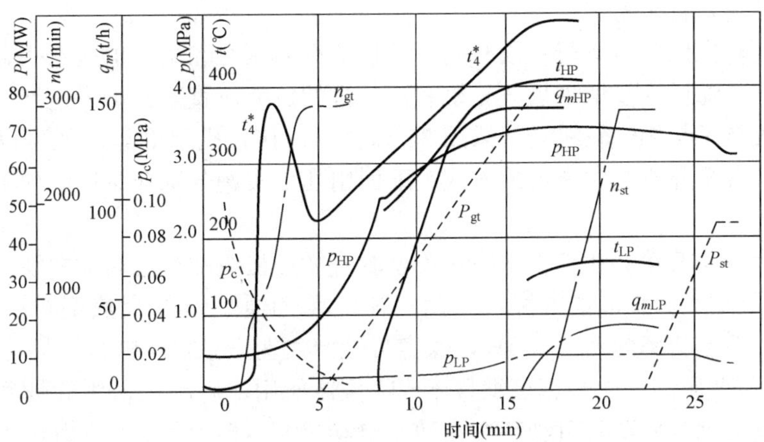

图 6-4　某 120MW 一拖一、双轴联合循环机组的热态启动曲线

始输出，第 16min 低压蒸汽也开始输出。

(3) 由图上的汽轮机转速 n_{st} 和出力 P_{st} 曲线可以看出：汽轮机从第 17min 开始通蒸汽启动，4min 内转速升到额定值，随即并网；并网以后，从第 22min 开始加载，到第 27min 时已带上满负荷，加载率为 20%P_{st0}/min。至此整台机组的启动和加载过程已全部完成。

(4) 由图上的高压蒸汽参数（p_{HP}、t_{HP}）和汽轮机出力 P_{st} 曲线可以看出：在汽轮机的整个负荷范围内，p_{HP}、t_{HP} 都基本保持稳定，这说明该机组采用了定压运行方式，未采用滑压运行方式。

(5) 由图上的高低压蒸汽流量（q_{mHP}、q_{mLP}）、汽轮机转速 n_{st} 和凝汽器压力 p_c 曲线可以看出：汽轮机在第 17min 才开始冲转，第 27min 才带上满负荷，而余热锅炉在第 8min 和第 16min 已分别有高压蒸汽和低压蒸汽输出，这个过程中有大量剩余蒸汽需通过蒸汽旁路引到凝汽器中；为了接收这部分剩余蒸汽，并配合余热锅炉和汽轮机的启动，凝汽器真空泵从燃气轮机点火时即已启动，到第 6min 时，凝汽器压力已达到正常工作值。

(6) 总的来看，该机组的启动和加载仅用了 26min，远远短于冷态启动用时。另外，值得注意的是：上述启动过程中，汽轮机升速只用了 4min，加载只用了 5min，而燃气轮机升速却用了 5min，加载用了 12min，汽轮机的升速率和加载率都高于燃气轮机，这似乎与经验相悖。出现这种现象可能主要因为机组处在温度很高的热态，其次也因为燃气轮机在启动和加载过程要顾及余热锅炉的承受能力。

二、单轴联合循环的启动

单轴联合循环中的汽轮机与燃气轮机同轴，而且余热锅炉没有旁通烟道。如果汽轮机转子与燃气轮机转子采用刚性联轴器连接，启动时须充分考虑锅炉和汽轮机的暖机需要，所采取的主要措施如下：

(1) 在燃气轮机点火时，向汽轮机中通入一定量的冷却蒸汽。否则，因汽轮机转子必须与燃气轮机转子一起增速，汽轮机通流部分的摩擦鼓风会使机组的启动功率严重增大，并使通流部分的温度急剧升高。为此，这类联合循环机组一般都配有启动锅炉。

(2) 燃气轮机并网后不立即加载至满负荷，而是先在 20%以下的某个负荷运行一段时间。其目的是先把排气温度控制在较低范围内，使余热锅炉得到暖机，并使其产生的蒸汽压力和温度逐步升高，直至稳定。

（3）在燃气轮机低负荷运行一段时间，并且蒸汽的压力和温度也达到一定水平之后，开始向汽轮机送汽，随后同步增加燃气轮机和汽轮机的负荷，直至其出力达到100%。

如果汽轮机转子与燃气轮机转子采用3S离合器连接，机组的启动就可以采用与没有旁通烟道的多轴联合循环机组相类似的方式。下面用几个实例分别介绍这两种单轴联合循环的启动和加载情况。

图6-5所示为GE公司生产的S109FA型联合循环机组的冷态启动曲线。该机组采用了一拖一、刚性联轴器单轴布置方案，配用三压、无旁通烟道的余热锅炉；其燃气轮机为PG9311FA型，额定功率为226.5MW，额定排气温度为585℃；机组的额定转速为3000r/min；余热锅炉所产生的低压蒸汽仅供整体式除氧器使用；启动机采用的是静态变频器加机组本身的同步发电机（启动时自动转变为同步电动机）。图上给出了机组转速、燃气轮机排气温度、高压（HP）蒸汽参数、中压（IP）蒸汽参数、燃气轮机出力 P_{gt}、汽轮机出力 P_{st}、总出力（负荷）等随时间变化的曲线，还标出了一些关键的时间节点。下面对该机组的启动过程进行分析。

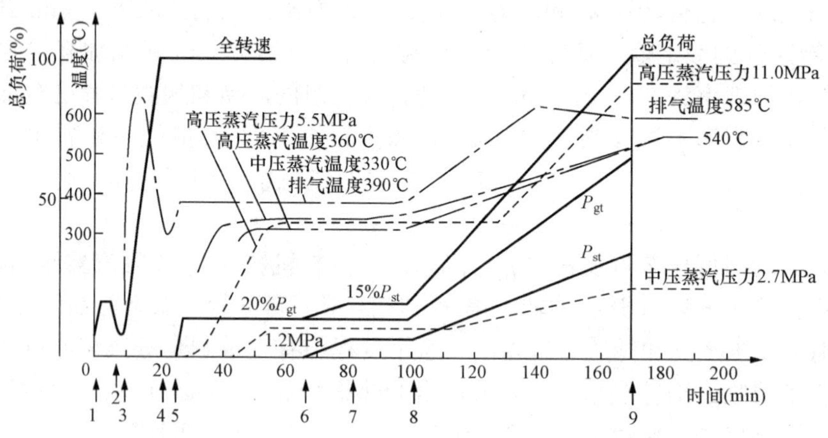

图6-5 S109FA型单轴联合循环机组的冷态启动曲线

1—启动开始；2—燃气轮机点火；3—向汽轮机通冷却蒸汽；4—燃气轮机达到额定转速；5—机组并网，燃气轮机加20%载荷；6—汽轮机开始加载；7—汽轮机加到15%载荷；8—燃气轮机和汽轮机同步加载；9—机组加载至满负荷

（1）由图上的关键时间点和转速曲线可以看出：在启动过程中，首先启动机在1min左右的时间内将转速提升到额定值的20%，维持5min，使燃烧室和余热锅炉得到充分吹扫；然后又在1min左右的时间内将转速降低到额定值的10%，为点火创造条件；第8min时，燃气轮机开始点火，几乎与此同时，汽轮机开始通入冷却蒸汽；第20min时，机组并网。期间，机组转速从额定转速的10%上升到100%，历时12min，平均升速率达到了每分钟225r/min。

（2）由图上的关键时间点和燃气轮机出力 P_{gt}、排气温度、高中压蒸汽参数曲线可以看出：为了避免余热锅炉受到过大的热冲击，燃气轮机并网后并没有立即加上很高的负荷，而是在第25min时，才用2.5min左右的时间加上了20%的负荷，并在此负荷下运行了很长一段时间；期间，燃气轮机排气温度维持在390℃，余热锅炉的高压蒸汽参数逐步升高到

5.5MPa/360℃，中压蒸汽参数升高到 1.2MPa/330℃。

（3）由图上的关键时间点和燃气轮机出力 P_{gt}、汽轮机出力 P_{st}、高中压蒸汽参数曲线可以看出：在余热锅炉的蒸汽参数稳定以后，燃气轮机仍没有立即加大负荷，而是在第 65min 时，先让汽轮机用 15min 左右的时间加上了 15％的负荷，又运行了 20min，以让其充分暖机并为下一步加载作好准备；直到第 100min 时，燃气轮机才与汽轮机一起用 70min 的时间逐步加载到满负荷。

（4）由图上的燃气轮机出力、汽轮机出力、燃气轮机排气温度、蒸汽参数曲线可以看出：在燃气轮机和汽轮机同步加载期间，燃气轮机的排气温度逐步升高，蒸汽的温度相应升高，但高压和中压蒸汽的压力最初都维持不变；直到第 112min 和 125min 之后，中压蒸汽和高压蒸汽的压力才分别随机组负荷的升高而升高。这说明机组采用了滑压运行方式。

（5）总的来看，该机组从冷态启动到加载至满负荷一共用了 170min，但相对于常规燃煤机组而言已算很快。

图 6-6 所示为西门子公司设计生产的 GUD1S.94.3A 型联合循环机组的冷态启动曲线。该机组采用了一拖一、3S 离合器连接的单轴布置方案，配用三压、无旁通烟道的余热锅炉；其燃气轮机为 V94.3A 型，额定功率 390MW，额定排气温度 585℃，额定转速 3000r/min；启动机采用的是静态变频器加机组本身的同步发电机。图上给出了燃气轮机转速、高压（HP）蒸汽参数、燃气轮机出力 P_{gt}、汽轮机出力 P_{st}、蒸汽旁通流量等随时间变化的曲线，还标出了一些关键的时间节点。下面对该机组的冷态启动过程作以分析。

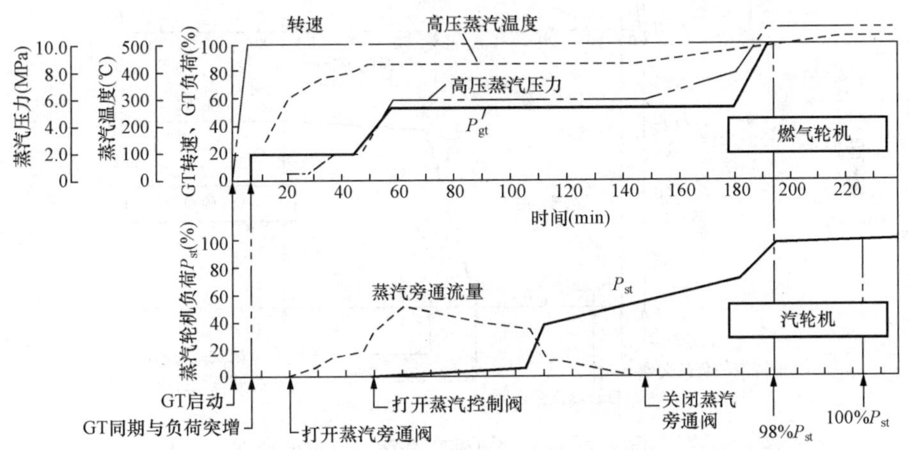

图 6-6　GUD1S.94.3A 型单轴联合循环机组的冷态启动曲线

（1）由图上的关键时间点、燃气轮机转速、出力 P_{gt}和蒸汽参数曲线可以看出：该机组由于转子采用 3S 离合器连接，所以与没有旁通烟道的多轴联合循环机组相似，其燃气轮机升速受到的限制很小，启动后第 8min 即已并网，负荷也在很短时间内加到额定值的 20％。但是，为了避免余热锅炉受到过大热冲击，燃气轮机在 20％的负荷运行了 40min；期间，余热锅炉的高压蒸汽压力逐步升高到了 2.0MPa，温度升到了 430℃并趋向稳定。

（2）由图上的关键时间点、燃气轮机出力 P_{gt}、汽轮机出力 P_{st}和蒸汽参数曲线可以看出：在余热锅炉的蒸汽温度稳定以后，燃气轮机并没有一次性地将负荷加到额定值，而是先用 15min 的时间加到了额定值的 50％左右，在此负荷下又运行了 120min；期间，汽轮机按照自身启动要求先用了 30min 左右的时间暖机、冲转、与燃气轮机转子同期，然后又用了 130min 的时间缓慢地加上了 70%的负荷；过程中，蒸汽压力逐步升高到额定值，蒸汽温度逐步升高到接近额定值。

（3）由图上的关键时间点和燃气轮机出力 P_{gt}、汽轮机出力 P_{st}、蒸汽参数曲线可以看出：直到第 180min 时，燃气轮机才又用了 15min 左右的时间加载到了满负荷；与此同时，汽轮机的出力从 70%提高到了 98%；之后，随着蒸汽温度的进一步升高并趋向稳定，汽轮机的出力从 98%提高到了额定值。

（4）由图上的蒸汽参数、汽轮机出力、蒸汽旁通流量曲线可以看出：在汽轮机加载期间，蒸汽温度升高很少，而蒸汽压力却经历了几次大的改变，说明汽轮机采用了滑压运行方式，特别是在蒸汽旁通阀完全关闭以后。

图 6-7 所示为同一台 GUD1S. 94. 3A 型联合循环机组的热态启动曲线。将其与图 6-6 作比较不难看出，在燃气轮机的升速和带初负荷阶段，冷态启动和热态启动没有明显差别。但是，在接下来的过程中，两者却有非常明显的差别。

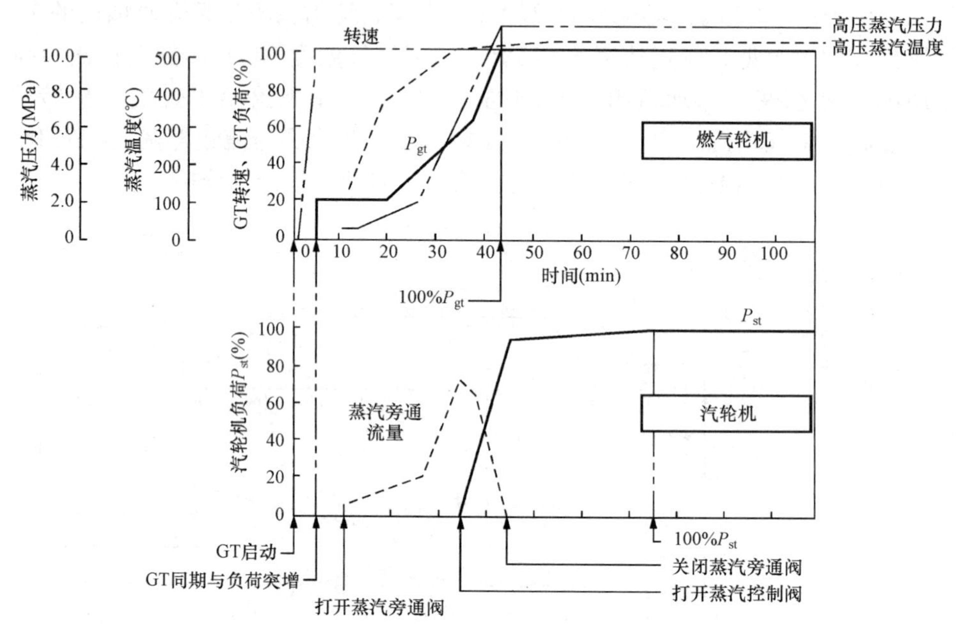

图 6-7　GUD1S. 94. 3A 型单轴联合循环机组的热态启动曲线

（1）热态启动时，该机组的燃气轮机在 20%的负荷下仅停留了 15min，就开始用 25min 时间加载到 100%负荷；而冷态启动时，燃气轮机不仅在 20%的负荷下停留了 40min，而且在 50%的负荷下停留了 120min，之后才用 15min 时间加载到 100%负荷。

（2）热态启动时，余热锅炉所产蒸汽的压力和温度在 35min 内基本都达到了额定值；而冷态启动时，高压蒸汽的温度在 430℃下保持了 130min 左右，之后又经过了 70min 才升高到了额定值，高压蒸汽的压力也在 180min 左右的时间内几经调整，才升高到了额定值。

（3）热态启动时，汽轮机从冲转到基本达到额定出力仅用了 35min 的时间；而冷态启动时，汽轮机差不多用了 180min 的时间才达 98%的出力。

（4）总起来看，机组在冷态下从启动、加载至满负荷，全部过程用了 220min，而在热态下全部过程只用了70min左右的时间，尚不到前者的三分之一。

第三节 燃气轮机的控制

一、燃气轮机的功率控制

电站燃气轮机并网运行时，其控制系统最重要的任务之一是调节功率。这可以通过图6-8所示的功率主控系统来实现。该系统由一个功率控制主回路与若干个（图中只绘出了一个）燃料阀位控制子回路构成。其功率调节器为比例-积分（PI）型，用于功率无差调节；转速调节器为比例（P）型，用于转速有差调节；最小值选择器用于对多种燃料阀位需求信号的低值选择。

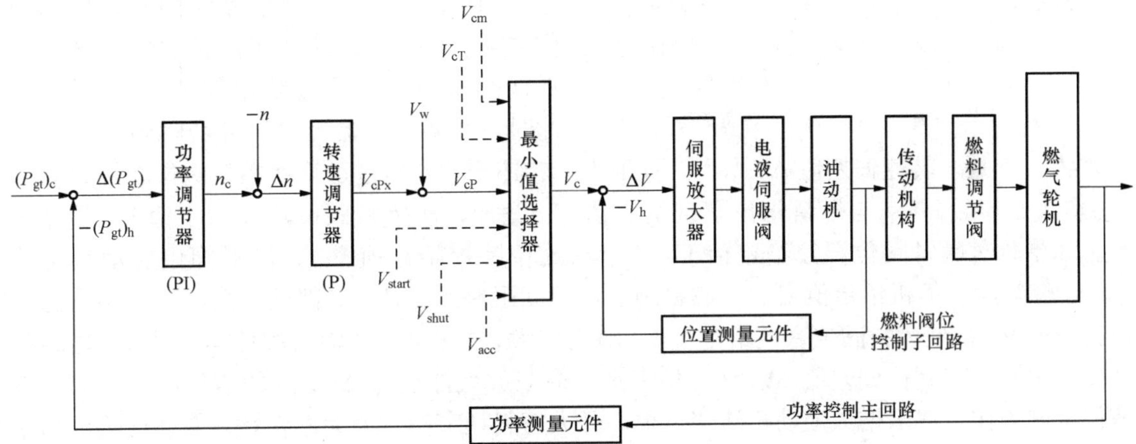

图6-8 电站燃气轮机功率主控系统方块图

$(P_{gt})_c$—功率给定值；$(P_{gt})_h$—功率实测值；ΔP_{gt}—功率偏差值；n_c—转速给定值；n—转速实测值；Δn—转速偏差值；V_w—阀位空载给定值；V_{cPx}—阀位功控计算值；V_{cP}—阀位功控给定值；V_{cT}—阀位温控给定值；V_{cm}—阀位手控给定值；V_c—阀位有效给定值；V_h—阀位实测值；ΔV—阀位偏差值；V_{start}—阀位启动给定值；V_{shut}—阀位停机给定值；V_{acc}—阀位加速度限制给定值

运行中，燃气轮机的功率与转速之间一般存在着如图6-9所示的关系（近似为线性关系），此即控制系统的静态特性线。图中静态特性线与纵坐标交点上的纵坐标值为转速给定值n_c；静态特性线与额定转速n_0等值线交点c上的横坐标即功率给定值$(P_{gt})_c$。根据该图，可导出静态下转速给定值n_c与功率给定值$(P_{gt})_c$之间的关系为

$$n_c=\frac{\delta n_0}{(P_{gt})_0}(P_{gt})_c+n_0 \tag{6-1}$$

式中 n_c——燃气轮机转速给定值，r/min；

$(P_{gt})_c$——燃气轮机功率给定值，MW；

$(P_{gt})_0$——燃气轮机的额定功率，MW；

δ——转速变动率，工作范围为3%～6%。

由式（6-1）和图6-9可知：对功率给定值$(P_{gt})_c$的调整可以转化为对转速给定值n_c的调整；相应地，燃气轮机主控系统的静态特性线要发生平移。例如，$(P_{gt})_c \to (P_{gt})'_c$可转化为$n_c \to n'_c$；相应地，特性线由$c_0$—$c$平移到$c'_0$—$c'$。正因如此，实践中人们常常把功率控

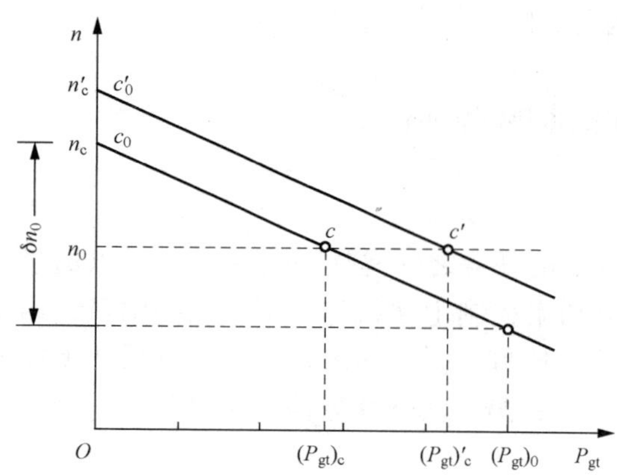

图 6-9 燃气轮机功率主控系统的静态特性

$(P_{gt})_c$—功率给定值；$(P_{gt})'_c$—调节后的功率给定值；n_0—转速额定值；n_c— 转速给定值；n'_c—调节后的转速给定值；δ—转速变动率

制称为“转速控制”。

下面利用图 6-8 和图 6-9 对功率主控系统在几种主要扰动作用下的自动调节过程进行描述。为方便起见，假定扰动前机组并网运行且处在稳定状态（即图 6-9 上的 c 点），对应的机组转速实测值 n 为额定值 n_0，功率实测值为功率给定值$(P_{gt})_c$。

1. *功率给定值扰动下的自动调节*

（1）前向通道的调节过程。如图 6-8 所示，当燃气轮机的功率给定值$(P_{gt})_c$ 发生变化，例如增大时，在控制系统的执行机构动作之前，$(P_{gt})_c$ 与功率实测值$(P_{gt})_h$ 之间的平衡会被打破，导致功率偏差值 $\Delta P_{gt}>0$。此时，功率调节器经过运算会将转速给定值 n_c 增大，于是，转速偏差值 Δn 增大。接下来，转速调节器经过运算使燃料阀位功控计算值 V_{cPx}增大。随后，V_{cPx}与燃料阀位空载给定值 V_w 叠加，使燃料阀位功控给定值 V_{cP}随之增大。如果此时燃料阀位温控给定值 V_{cT}、燃料阀位手控给定值 V_{cm}、燃料阀位启动给定值 V_{start}、燃料阀位停机给定值 V_{shut}、燃料阀位加速度限制给定值 V_{acc}都处在高位，最小值选择器会选中 V_{cP}，使燃料阀位有效给定值 V_c 随之增大，打破 V_c 与燃料阀位实测值 V_h 之间的平衡，引起燃料阀位偏差值 $\Delta V>0$。接下来，伺服放大器会把 $\Delta V>0$ 的信号放大，驱动电液伺服阀动作，逐渐增大油动机活塞行程，开大燃料调节阀，增大燃料量，使燃气轮机功率增加。

（2）反馈通道的调节过程。随着油动机活塞行程的逐渐增大和燃气轮机功率的逐渐增加，相应地，反馈信号 V_h、$(P_{gt})_h$ 将逐渐增强，偏差信号 ΔV、ΔP_{gt}将逐渐减小并趋近于零。当下列两式同时得到满足时，ΔV、ΔP_{gt}将都等于零，系统也就达到了一个新的稳定状态。

$$V'_c-V'_h=0 \quad (6-2)$$

$$(P_{gt})'_c-(P_{gt})'_h=0 \quad (6-3)$$

式中，上角标“′”表示新状态下的值。由图 6-9 可见，在新的稳定状态，系统的工况点已由 c 点移到了 c'点。

2. *电网频率扰动下的自动调节*

（1）电网频率扰动下的功率暂态漂移过程。在电网频率发生变化，例如由额定值增大时，机组转速实测值 n 将由 n_0 增大到 n'，此时，由于转速给定值 n_c 暂时没有改变，所以转速偏差值 Δn 将相应减小，转速调节器经过运算，会使燃料阀位功控计算值 V_{cPx}减小，燃料阀位功控给定值 V_{cP}随之减小，最小值选择器选中 V_{cP}时，会使燃料阀位有效给定值 V_c 减小，打破 V_c 与 V_h 之间的平衡，引起阀位偏差值 $\Delta V<0$，进而伺服放大器、电液伺服阀、油动机、燃料调节阀依次动作，使燃气轮机的实测功率$(P_{gt})_h$ 向下漂移。在这个过程中，系统工况点将会暂时地由图 6-10 上的 c 点漂移到 c_f 点。

（2）电网频率扰动下的功率自动校正过程。由于电网频率变化时功率给定值$(P_{gt})_c$ 并没有改变，所以$(P_{gt})_h$向下漂移后，$(P_{gt})_c$与$(P_{gt})_h$之间的平衡会被打破，引起$\Delta(P_{gt})>0$，功率调节器经过运算会将转速给定值n_c增大，引起Δn回增，从而引发后续各环节动作，使燃气轮机实测功率$(P_{gt})_h$回增，即产生向上的校正作用。

设功率向下漂移量为$\Delta(P_{gt})_{h-ex}$、向上校正量为$\Delta(P_{gt})_{h-em}$，由于$\Delta(P_{gt})_{h-ex}$与$\Delta(P_{gt})_{h-em}$符号相反并共同作用于功率反馈通道，所以当$\Delta(P_{gt})_{h-em}$与$\Delta(P_{gt})_{h-ex}$的绝对值相等时，系统将会达到一个新的稳定状态。此时，系统的工况点已从图6-10上的c_f点移到了c'点，相应地，燃气轮机的实测功率$(P_{gt})_h$在经历了暂态漂移和动态校正后又回到了原来值。

从以上论述中可以看出，在图6-8所示的功率主控系统作用下，燃气轮机的功率不会因电网频率的扰动而改变。系统虽具备一定的暂态一次调频能力，但不具备静态一次调频能力。一般来说，燃气轮机由于受超温保护等因素的制约，一次调频能力比较弱。若一定要利用其有限的一次调频能力，可在上位控制系统中增设间接的一次调频功能。

3. 功率给定值与电网频率联合扰动下的自动调节

功率给定值扰动与电网频率扰动联合作用下的燃气轮机自动调节过程可看成上述两个单独调节过程的叠加，其结果也是叠加的。例如，当功率给定值由$(P_{gt})_c$调整到$(P_{gt})'_c$、实测转速由n_0增大到n'时，调节后的稳定工况点将从图6-11上的c点移到c''点。

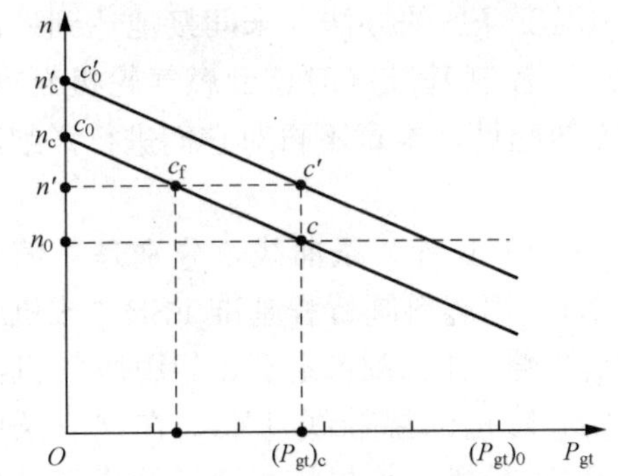

图6-10　电网频率扰动下的功率调节静态特性
$(P_{gt})_c$—功率给定值；n_0—转速额定值；
n_c—转速给定值；n'_c—调节后的转速给定值；
n'—电网频率扰动后的转速实测值

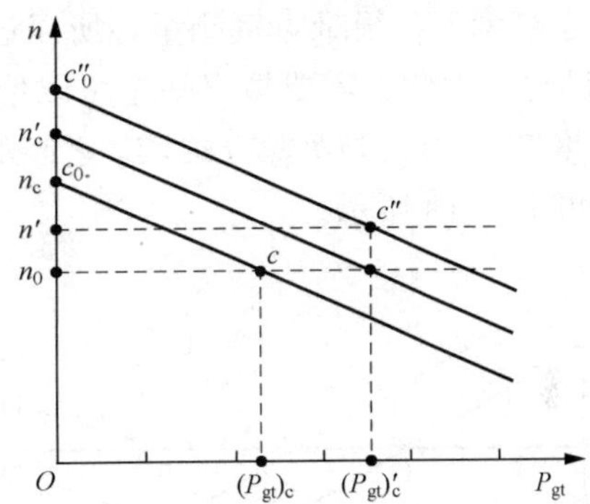

图6-11　功率给定值与电网频率联合扰动下的功率调节静态特性
$(P_{gt})_c$—功率给定值；$(P_{gt})'_c$—调节后的功率给定值；
n_0—转速额定值；n_c—转速给定值；
n'_c—调节后的转速给定值；n'—频率扰动后的转速实测值

燃气轮机运行中随时可能会受到机组内部因素，如燃料压力、温度、发热量变化的扰动，这就是内扰。图6-8所示的功率主控系统对此也可以自动进行校正。例如，当燃料压力上升时，燃料流量将随之增大，这将引起功率实测值$(P_{gt})_h$向上漂移。此时，由于功率给定值$(P_{gt})_c$没有变，所以$\Delta P_{gt}<0$。在此情况下，功率调节器将通过运算使转速给定值n_c减小，引起Δn减小。Δn的减小将引起后续一系列环节动作，最终引起燃气轮机功率回降，实测反馈信号$(P_{gt})_h$逐渐减小，直至等于给定值$(P_{gt})_c$，系统达到新的平衡。

二、燃气轮机的温度控制

燃气轮机控制系统的另一项重要任务是防止初温T_3^*过高引起事故或寿命损耗，为此设置了温度主控系统。该系统的构成如图6-12所示，它由一个温度控制主回路与若干个（图中只绘出了一个）燃料阀位控制子回路构成，其中温度调节器为比例一积分（PI）型。

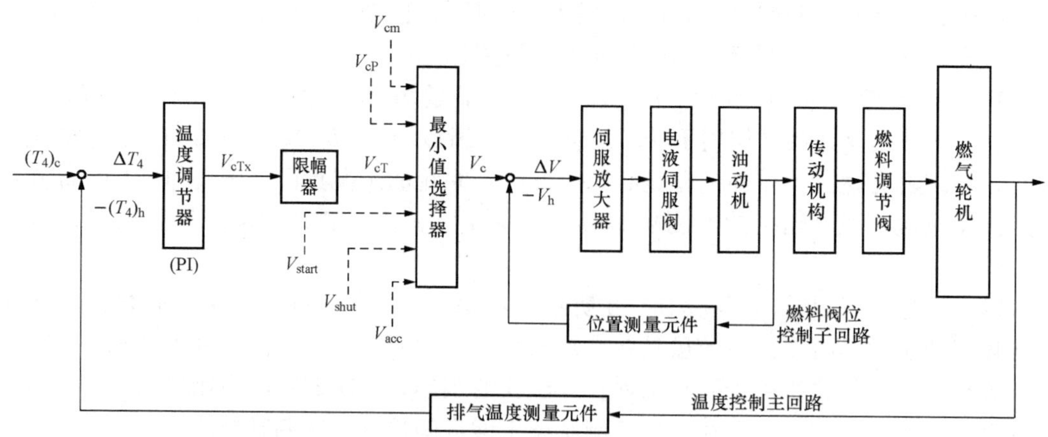

图 6-12 燃气轮机温度主控系统方块图

$(T_4)_c$—排气温度主控给定值；$(T_4)_h$—排气温度实测值；ΔT_4—排气温度偏差值；V_{cTx}—阀位温控计算值；V_{cT}—阀位温控给定值；V_{cP}—阀位功控给定值；V_{cm}—阀位手控给定值；V_c—阀位有效给定值；V_h—阀位实测值；ΔV—阀位偏差值；V_{start}—阀位启动给定值；V_{shut}—阀位停机给定值；V_{acc}—阀位加速度限制给定值

由于初温 T_3^* 很难直接测量，所以该系统采用控制温度 T_4^* 的办法，来间接地达到控制 T_3^* 的目的。为此，需要拟定一个可以使 T_3 不超标的 T_4 控制基准（对整台燃气轮机而言，滞止温度 T_3^*、T_4^* 与静温 T_3、T_4 之间的差别很小，方便起见，本章不再对它们进行详细区分），如图 6-13 所示。

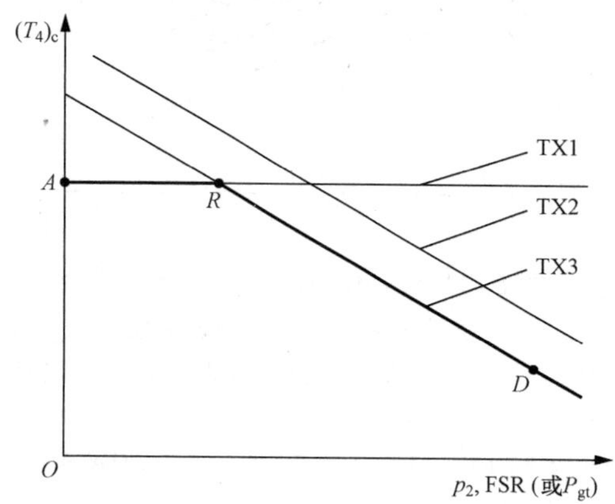

图 6-13 燃气轮机温度主控系统温控曲线

$(T_4)_c$—排气温度主控给定值；TX1—可变的等值温控线；TX2—FSR（或 P_{gt}）修正温控线；TX3—p_2 修正温控线

图 6-13 上有 3 条曲线，分别是等值温控线 TX1、用燃料阀行程基准 FSR（或机组出力 P_{gt}）修正的温控线 TX2、用压气机出口压力 p_2 修正的温控线 TX3。在这三条曲线中，TX1 是燃气轮机排气通道及下游其他设备所能承受的最高排气温度 T_{4max}；TX2 是初温 T_3 不变条件下，排气温度 T_4 与燃料阀行程基准 FSR 之间的关系曲线；TX3 是初温 T_3 不变条件下，排气温度 T_4 与压气机出口压力 p_2 之间的关系曲线。T_4 与 p_2 之间的关系本应由式（4-5）描述，但如第四章所述，在一定的范围内，可以将其足够精确地线性化，TX3 就是线性化后的结果。TX2 所描述的 T_4、FSR 之间的关系与 TX3 所描述的 T_4、p_2 之间的关系表面上看很相似，实际上有很大不同。

第四章曾指出，式（4-3）的导出只用到了透平的等熵过程式和效率定义式，没有涉及其他因素，所以在一定程度上是精确的。至于环境温度压力变化、通流部分积垢、燃料发热量变化等，尽管都会导致 T_3 与 T_4 之间的数量关系改变，但并不改变式（4-3）。然而，T_4 与 FSR 之间的关系并不如此简单，并且环境温度变化、通流部分积垢、燃料发热量变化等都会使该关系发生一定改变。事实上，TX2 是一条依据经验拟定的曲线，通常只作为 TX3 的后备使用。这样，一般情况下，燃气轮机所用的排气温度主控给定值$(T_4)_c$由下式确定：

$$(T_4)_c = \min\{TX1, TX2, TX3\} \tag{6-4}$$

所以，温度主控系统通常实际使用的是图 6-13 上的曲线 *ARD*。

应该说明的是，实际运行时，如果环境温度和燃料发热量等有变化，对曲线 TX3 的位置还是要做一定调整的。但此调整的原因并非因为在这些情况下，按照固定的 TX3 控制 T_4 不能保证 T_3 不变，而是因为燃气轮机的喘振裕度会有变化。举例来说，当环境温度降低时，若按照固定的 TX3 控制 T_4，T_3 虽然可以不变，但燃气轮机的工作点会向喘振边界线靠近（见图 4-7），如果要工作点不向喘振边界线靠近，只有将 T_3 调低一些，相应地需要将 T_4 调低一些，即将 TX3 的位置向左平移一些。再如，当燃料发热量降低时，若按照固定的 TX3 曲线控制 T_4，T_3 虽然不变，但是燃气轮机的工作点也会向喘振边界线靠近（见图 4-9），要避免这种情况，也得将 TX3 的位置向左平移一些。

下面利用图 6-12 简单描述一下温度主控系统的工作过程。

燃气轮机在正常运行并且功率不超过额定值时，只要环境温度不高于设计温度，通流部分没有严重积垢，燃气轮机是不会超温的。此时，图 6-12 中的 $\Delta T_4 \geqslant 0$，温度控制器会输出一个较大的燃料阀位温控计算值 V_{cTx}，经限幅器处理后，生成一个较大的、不会被最小值选择器选中的燃料阀位温控给定值 V_{cT}。此时，温控系统实际上处于退出状态，真正对燃料起调节作用的是功率主控系统。

但是，若环境温度高于设计温度基准，或者压气机叶片上有严重积垢，而功率设定值又很高，燃气轮机就有可能超温。此时，$\Delta T_4 < 0$，温度调节器会不断减小燃料阀位温控计算值 V_{cTx}，经限幅器处理后，会生成一个不断减小的燃料阀位温控给定值 V_{cT}。当 V_{cT} 累减到一定程度后，最小值选择器就会选中它，将其作为燃料阀位有效给定值 V_c 输出。此时，燃气轮机控制系统已由“功率主控”自动切换至“温度主控”，系统将在燃料阀位有效给定值 V_c 的作用下，通过燃料阀位控制子回路的动作，逐渐关小燃料调节阀、减小燃料量，使 T_4 降低，最终将 T_4 的实测值$(T_4)_h$降低到给定值$(T_4)_c$。此时，初温 T_3 将会被牢牢地压制在额定值附近，而燃气轮机的功率即使没有达到设定值，也不能再提高了（因为功率控制系统处在退出状态）。

三、启动控制与加速度控制

燃气轮机的启动有两个阶段：第一阶段是在启动装置的拖动下逐步升到点火转速；第二阶段是在自身启动控制系统的作用下逐步升到全速。第二阶段的启动控制系统是一个功率开环的程序控制系统。如图 6-8 中的燃料阀位控制子回路所示，当燃气轮机的转速达到点火转速并清吹一段时间（一般为 60s 左右）后，启动控制系统将会发出点火指令并将预先设定的一个点火阀位值作为燃料阀位启动给定值 V_{start} 发送到最小值选择器。V_{start} 被最小值选择器选中后将会被作为燃料阀位有效给定值 V_c 输出，打破 V_c 与 V_h 之间的平衡，引起阀位偏差值 $\Delta V < 0$，进而引起后续环节依次动作，直至 $V_c = V_h$。点火过程持续一段时间后，若火焰监测信号表明点火已成功，启动控制系统将会按照预定的程序依次将暖机阀位值、升速阀位值作为燃料阀位启动给定值 V_{start} 发送到最小值选择器，使燃气轮机在燃料阀位控制子回路的闭环控制下逐步暖机、升速。

在燃气轮机启动的后期，启动控制系统将会自动退出并把控制权移交给功率主控系统。

为了保证控制权的平稳移交，启动控制系统把最后阶段的 V_{start} 设计得很大，当 V_{start} 增大到一定程度后，最小值选择器将不再选中它，这样启动控制系统就能顺利地退出。顺便指出，在点火—暖机成功后的升速阶段，加速度控制系统会自动投入监控并随时有可能参与控制。

加速度控制系统一般在燃气轮机启动升速和甩负荷后转速飞升这两个阶段才有可能参与控制，其作用是把燃气轮机转子的加速度限制在一定值以下，以减小高温部件所受到的热冲击。它的作用原理（见图 6-8 中的燃料阀位控制子回路）：将转子加速度信号与给定值进行比较，如果发现转子加速度大于给定值，则使燃料阀位加速度给定值 V_{acc} 从当前值开始不断降低，直至 V_{acc} 被最小值选择器选中并将转子加速度减小到给定值；如果发现转子加速度小于给定值，则将燃料阀位加速度给定值 V_{acc} 从当前值开始不断增大，直至 V_{acc} 不再被选中并退出控制。

四、压气机进口导叶安装角的控制

压气机的进口导叶安装角（IGV 角）是燃气轮机的一个重要辅助控制项目。图 6-14 为某机组的 IGV 角控制系统方块图。该系统采用了一个 IGV 辅助温控主回路、一个 IGV 防喘振控制主回路和一个 IGV 角度控制子回路，其辅助温控调节器为比例—积分型（PI 型），防喘振调节器为比例型（P 型）。下面利用该图对 IGV 控制系统的工作原理进行介绍。

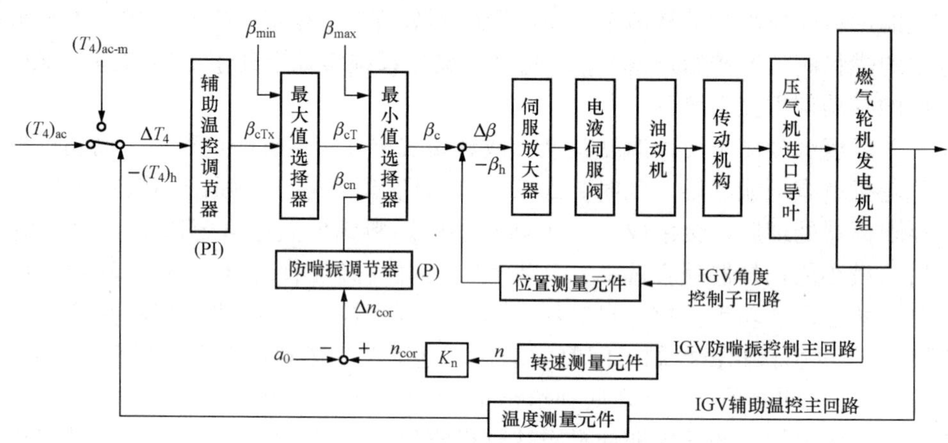

图 6-14　压气机 IGV 角度控制系统方块图

$(T_4)_{ac}$—排气温度辅控给定值；$(T_4)_{ac-m}$—排气温度辅控手动给定值；$(T_4)_h$—排气温度实测值；ΔT_4—排气温度偏差值；β_{cTx}—IGV 角度辅助温控计算值；β_{cT}—IGV 角度辅助温控给定值；β_{cn}—IGV 角度防喘给定值；β_c—IGV 角度有效给定值；β_h—IGV 角度实测值；$\Delta\beta$—IGV 角度偏差值；β_{min}—IGV 最小全速角；β_{max}—IGV 最大全速角；n—转速实测值；K_n—转速修正系数；n_{cor}—修正转速值；a_0—固定偏置值；Δn_{cor}—修正转速偏差值

（一）*启动和停机过程中的 IGV 防喘控制原理*

第四章已述及，在启动或停机过程中适当关小压气机的 IGV 角以减小压气机的空气流量，不仅可以起到防喘振的作用，而且还可以起到减小机组的启动力矩、加快启动过程的作用。

图 6-14 所示的系统以机组的转速 n 为依据来控制 IGV 角。控制的目标是在不同转速范围内使 IGV 处在不同角度，具体策略是：在一定的转速范围内，用实测的转速 n 乘以一个修正系数 K_n 得到修正转速值 n_{cor}，再根据得到的 n_{cor} 的变化情况来调节 IGV 角度。引入修正系数 K_n 是为了把环境温度等因素对喘振的影响也考虑进去，因为 K_n 中可以含有各种影

响因子。另外，为了规定一个 IGV 启动时机，该系统还引入了一个固定偏置值 a_0，在 n_{cor} 大于 a_0 时才调整 IGV 角，小于 a_0 时使 IGV 角保持最小值不变。

如图 6-14 所示，在燃气轮机启动前，IGV 角具有最小值 β_0（β_0 值随机组情况而定，例如 GE 公司一般取 $\beta_0=34°$）。在机组启动升速的最初阶段，转速实测值 n 不高，修正转速值 $n_{cor}<a_0$，这个过程中，由于修正转速偏差值 $\Delta n_{cor}<0$，所以防喘振调节器经运算后所给出的 IGV 角给定值 β_{cn} 很小，可以被最小值选择器选中。在 β_{cn} 被选中的情况下，IGV 角的有效给定值 $\beta_c=\beta_{cn}$ 也很小，会小于 IGV 角度的最小值 β_0。此时，虽然 IGV 角偏差值 $\Delta\beta<0$，但由于 IGV 角已处于最小值，无向下调节的可能性，所以 IGV 角将保持在最小值 β_0 上。

当机组转速 n 升高到预先选定的值（一般为 50%的额定转速）以后，修正转速值 n_{cor} 会变得大于 a_0，引起修正转速偏差值 $\Delta n_{cor}>0$。防喘振调节器经运算后，给出的 IGV 角防喘给定值 β_{cn} 将开始增大，在 β_{cn} 小于最大值选择器输出的最小全速角 β_{min}（β_{min} 值随机组情况而定，GE 公司一般取 $\beta_{min}=57°$）时，最小值选择器将选中 β_{cn} 并将其作为 IGV 角的有效给定值 β_c 输出。在这个阶段，β_c 随 β_{cn} 增大，再通过 IGV 角度控制子回路的闭环调节作用，使 IGV 角随转速增大而增大。

当 β_{cn} 增大到超过最大值选择器输出的最小全速角 β_{min} 时（此时，燃气轮机的转速已接近额定转速），最小值选择器必然抛弃 β_{cn} 而另选 β_{min} 作为 β_c 输出。其后在转速升至全速的过程中，尽管 β_{cn} 仍随 n_{cor} 增大，但最小值选择器仍会持续选中 β_{min} 并通过 IGV 角度控制子回路使 IGV 角一直保持在 β_{min} 上。

机组正常停机过程中的 IGV 角度调节情况与启动过程正好相反，但机组跳闸时，IGV 将会迅速关小并将角度保持在最小值 β_0 上。

（二）低负荷时的 IGV 辅助温控原理

第四章曾指出，在压气机 IGV 角不可调的情况下，燃气轮机唯一可采取的调节手段是改变初温 T_3（也同时改变排气温度 T_4，二者是相联系的），从而改变出力。这样，初温 T_3 和排气温度 T_4 必然要随着负荷的降低而降低，无法维持较高水平，从而也无法把燃气轮机或联合循环的热效率维持在较高水平上。然而，在 IGV 角可调的情况下，如果在燃气轮机负荷下降时适当地关小 IGV 角以减小进入压气机的空气量，这一切又都是可以实现的。下面讨论怎样控制 IGV 角才能在低负荷下将燃气轮机或联合循环的热效率维持在较高水平上。

图 6-14 所示的控制系统是以机组的排气温度 T_4 为依据来控制 IGV 的。具体策略是：拟定出可以将燃气轮机或联合循环热效率维持在较高水平上的 T_4 基准线。在机组运行过程中，当排气温度实测值 $(T_4)_h$ 低于 T_4 基准值时就关小 IGV 角；反之则开大 IGV 角。

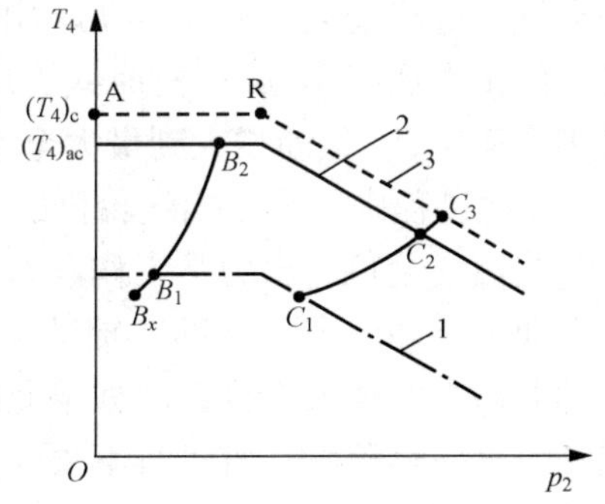

图 6-15　IGV 辅助温控曲线
1—简单循环 IGV 辅助温控线；
2—联合循环 IGV 辅助温控线；
3—温度主控系统温控线；
p_2—压气机出口压力；
$(T_4)_c$—排气温度主控给定值；
$(T_4)_{ac}$—排气温度辅控给定值

图 6-15 所表示的就是这样的 T_4 基准线。图上的曲线 1 是燃气轮机以简单循环方式运行时的 T_4 基准线，这里称其为“简单循环 IGV 辅助温控线”；曲线 2 是燃气轮机以燃气-蒸汽联合循环方式运行时的 T_4 基准线，这里称其为“联合循环 IGV 辅助温控线”；曲线 3 即前

面已经讨论过的“燃气轮机温度主控系统温控线”。在某种程度上可以认为，曲线 1 和 2 分别由曲线 3 向下移动一段距离形成。

由于在简单循环方式下，T_4 升高会在很大程度上抵消高 T_3 所带来的好处，所以通常将曲线 1 上的温度设置得明显低一些，这样运行调节会比较安全。但对于联合循环而言，由于维持比较高的 T_4 不仅可以使燃气轮机循环在低负荷下有较高的热效率，而且可以使汽轮机循环在部分负荷下也有较高的热效率，并且相对稳定的 T_3 和 T_4 对燃气轮机、余热锅炉的安全和寿命都有好处，所以，通常将曲线 2 上的温度设置得相对高一些。例如，GE 公司某机组设置的曲线 1 要比曲线 3 低 167℃（300℉），而其曲线 2 只比曲线 3 低 5.6℃（10℉）。

下面利用图 6 - 14 和图 6 - 15 分别对燃气轮机以联合循环和简单循环方式运行时，机组从全速空载到全速满负荷这一过程中，IGV 辅助温控系统的工作情况进行分析。

1. 联合循环的 IGV 辅助温控

如上所述，当燃气轮机到达全速空载状态时，IGV 角已开大到一个最小全速角 β_{min}。在图 6 - 15 上，此时燃气轮机的工作点处在 B_x 点，B_x 位于“联合循环 IGV 辅助温控线”下方。此后，若燃气轮机是在联合循环系统中工作，那么在其出力从零开始逐渐增大时，其初温 T_3、压气机压力 p_2 和排气温度 T_4 都逐渐升高，其工作点将从 B_x 开始逐渐向右上方的 B_2 移动。如图 6 - 14 和图 6 - 15 所示，在工作点从 B_x 移向 B_2 的过程中，由于$(T_4)_h \leqslant (T_4)_{ac}$、$\Delta T_4 \geqslant 0$，所以辅助温控调节器通过 PI 运算，输出的 IGV 角辅助温控计算值 β_{cTx}将从当前值开始逐渐减小，使 $\beta_{cTx} < \beta_{min}$。此过程中，最大值选择器必然持续选中 β_{min}作为 β_{cT}，最小值选择器也必然持续选中 β_{min}作为 β_c。于是，这一阶段 IGV 一直不动，始终处在最小全速角 β_{min}的位置。

当燃气轮机的出力从工作点 B_2 开始增大时，只要一出现$(T_4)_h > (T_4)_{ac}$，就有 $\Delta T_4 < 0$，辅助温控调节器通过运算就会使 β_{cTx}从当前值开始增大到超过 β_{min}。在此过程中，最大值选择器必然抛弃 β_{min}而选中 $\beta_{cT} = \beta_{cTx}$输出。接下来，最小值选择器也将选中 $\beta_c = \beta_{cT} = \beta_{cTx}$。于是，在 IGV 角控制子回路的闭环调节作用下，IGV 角度将逐渐增大，相对应地，燃气轮机的空气流量将增大，从而将 T_4 “钳制”在曲线 2 给定的$(T_4)_{ac}$上，如图 6 - 15 所示。在燃气轮机的出力从工作点 B_2 沿曲线 2 增大到工作点 C_2 的过程中，IGV 角将随着出力的增大由最小全速角 β_{min}逐渐增大到最大全速角 β_{max}（β_{max}的值随机组情况而定，GE 公司一般取$\beta_{max} = 84°$），此过程中，进入燃气轮机的空气流量也逐渐增加到最大值。

当燃气轮机的出力从工作点 C_2 开始再进一步增大时，如图 6 - 15 所示，由于 IGV 角已没有向上的调节余量，IGV 辅助温控主回路将不再具有调控能力，空气流量不变，T_3 和 T_4 将随着出力的增大而升高。如果此时环境温度低于设计温度，功率主控系统的功率给定值又很高，这一过程将一直进行下去，直至触及曲线 3。在此过程中，燃气轮机的工作点将从 C_2 逐步移动到 C_3。此后，燃气轮机将进入温度主控系统的控制之中，其出力会因温度主控系统的“压制”而不能再提高。

2. 简单循环的 IGV 辅助温控

若燃气轮机是在独立工作，那么在其出力从零开始逐渐增大时，其工作点将从 B_x 开始逐渐向 B_1 移动。这一过程中，IGV 角将一直保持不变，始终处在最小全速角 β_{min}的位置。当燃气轮机的出力从工作点 B_1 开始增大时，IGV 角会逐渐增大，从而将 T_4 “钳制”在曲线 1 上。在燃气轮机的出力从工作点 B_1 沿曲线 1 增大到工作点 C_1 的过程中，IGV 角会随着出力的增大，由最小全速角 β_{min} 逐渐增大到最大全速角 β_{max}。

当燃气轮机的出力从工作点 C_1 开始进一步增大时，由于 IGV 角已没有向上调节余量，排气温度 T_4 将随着出力的增大而升高，直至触及曲线 3。在此过程中，燃气轮机的工作点将从 C_1 开始逐步移动到 C_3。此后，燃气轮机将自动转入温度主控系统的控制之中。

图 6-16 示意性地描述了上述过程中 IGV 角度的变化情况，将该图与图 6-15 联系起来，可以非常清晰地了解 IGV 辅助温控系统的工作过程。

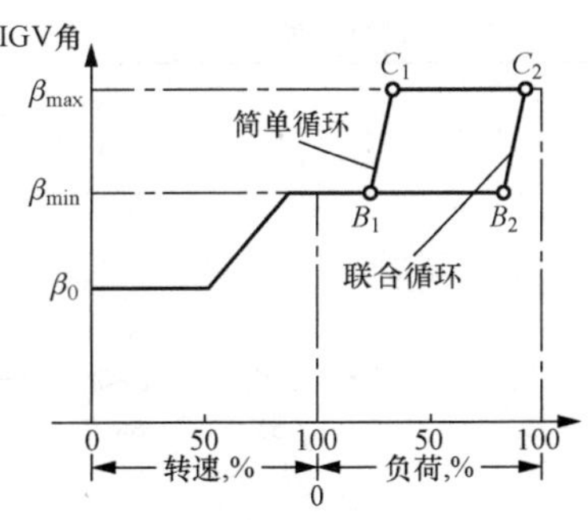

图 6-16　IGV 角与转速、负荷的关系

从上面的论述中可以看出，温度主控与辅助温控是两个完全不同的概念。前者的任务是通过限制 T_4 将 T_3 压制在燃气轮机安全所许可的范围之内，以保证燃气轮机不被烧毁，所采取的控制手段是限制燃料阀的开度，当根据排气温度 T_4 判断出初温 T_3 有超温趋向时，就立刻把燃料阀开度管制起来，使燃料流量不再增大。后者的任务则是将初温 T_3 和排气温度 T_4 “钳制”在安全许可的最高水平上，以保证机组在低负荷下仍然具有比较高的效率，所采取的控制手段是根据负荷的大小调节 IGV 开度，以调节空气流量。所以，图 6-15 上的曲线 1、2、3 尽管有类似的形状和一定的联系，但其本质和用途却有很大不同。

五、燃气轮机的 DLN 燃烧控制

燃气轮机燃烧控制系统的主要任务是通过对多个燃料调节阀的组合来合理地分配进入各个燃烧器的燃料量，以保证燃烧效率和燃烧稳定性，并抑制 NO_x 的生成。目前，大功率燃气轮机已普遍应用干式低 NO_x（DLN）燃烧技术。在这种情况下，不管哪种类型的燃烧室都采用了多个并联或串联的燃烧器，其中有些燃烧器以扩散燃烧方式工作，有些则以预混燃烧方式工作。例如，GE 公司某型号的燃气轮机就配置了 18 个分管形燃烧室，每个燃烧室设有 5 个燃烧区，每个燃烧区设有一个扩散燃烧喷嘴（D5）和一组预混燃烧喷嘴（PM1 或 PM4），如图 6-17 所示。下面就以这台燃气轮机为例，简要介绍一下 DLN 燃烧室的燃烧控制系统的工作原理。简化起见，这里仅介绍燃用天然气时的情况。

1. 燃烧模式控制

如图 6-17（a）所示，该燃烧室的配气系统由燃气辅助截止阀 ASV，燃气速比阀 SRV 和 3 个燃气调节阀 GCV1、GCV2、GCV3 组成。其中，速比阀的作用，一是按照一定的要求调节速比阀后的燃气压力 p_f 以改善燃料调节阀的调节精度；二是在燃气轮机有故障时快速切断燃料供应。3 个调节阀的作用是按照燃气轮机主控系统的燃料阀位有效给定值 V_c 指令，将燃料分配到 18 个燃烧室、90 个燃烧区（18×5）的 D5、PM1 和 PM4 中去。

如表 6-1 和图 6-18 所示，按照要求，该燃气轮机从点火到满负荷的整个燃烧过程将划分为 4 个阶段，每个阶段采用不同的燃烧控制模式，由“燃烧参考温度”控制指令来决定在何种情况下，采用何种燃烧控制模式以及如何进行燃气量分配。

表 6-1　某燃气轮机的燃烧模式

序号	燃烧控制模式	对应工况或燃烧参考温度	燃料调节阀	燃料喷嘴
1	扩散燃烧	点火～95%额定转速	GCV1	D5

续表

序号	燃烧控制模式	对应工况或燃烧参考温度	燃料调节阀	燃料喷嘴
2	扩散＋预混燃烧	426.7～871.1℃	GCV1、GCV2	D5；PM1
3	扩散＋预混燃烧	871.1～1232.2℃	GCV1、GCV2、GCV3	D5、PM1、PM4
4	预混燃烧	超过 1232.2℃	GCV2、GCV3	PM1、PM4

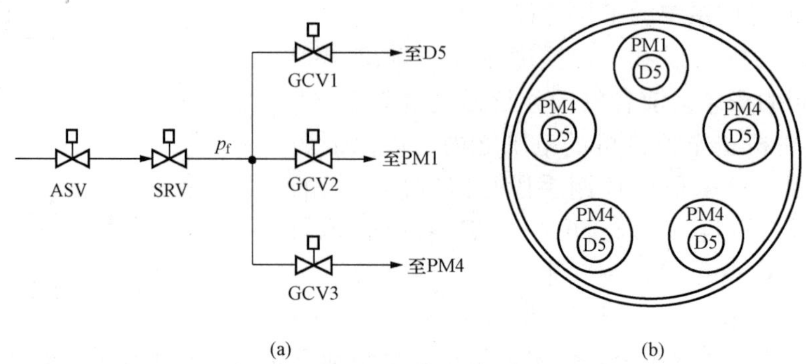

图 6-17　某燃气轮机燃烧室的燃料喷嘴布置与配气系统

（a）配气系统；（b）DLN 型燃烧室燃料喷嘴布置

ASV—辅助截止阀；SRV—燃气速比阀；GCV1、GCV2、GCV3—燃气调节阀；

p_f—速比阀阀后压力；D5—扩散喷嘴；PM1—预混喷嘴 1；PM4—预混喷嘴 4

由表 6-1 和图 6-18 可见：该燃气轮机在启动阶段（第 1 阶段）采用的是扩散燃烧模式，其目的是保证不熄火、燃烧稳定；在加负荷阶段（第 2、3 阶段）采用的是部分扩散、部分预混的燃烧模式，其目的是在保持燃烧稳定的前提下适当地降低一些 NO_x；在高负荷阶段（第 4 阶段）切换到全预混燃烧模式，在这个阶段由于初温已比较高，所以采用全预混燃烧已足以保持燃烧稳定，并可以大幅度地降低 NO_x 排放。

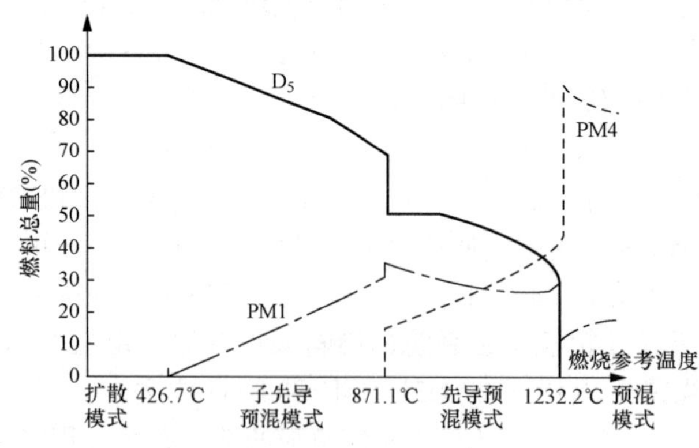

图 6-18　某燃烧室的燃料分配

2. 速比阀控制系统

速比阀的主要功能是控制速比阀阀后燃气压力，使其与燃气轮机转速保持正比关系，为燃气调节阀提供最合适的工作条件，改善燃料调节阀的调节精度。如图 6-19 所示，其控制系统由一个阀后压力控制主回路与一个阀位控制子回路构成。阀后压力给定值$(p_f)_c$与机组转速实测值 n 之间的关系按下式确定：

$$(p_f)_c = K_f n + c_0 \tag{6-5}$$

式中　K_f、c_0——给定的常数。

由图 6-19 可见，在速比阀阀后压力给定值$(p_f)_c$发生扰动，例如在机组启动过程中$(p_f)_c$随转速 n 升高而升高的情况下，$(p_f)_c$与$(p_f)_h$之间的平衡会被打破，这会引起压力偏

差值 $\Delta p_f > 0$，压力调节器经过 PI 运算，会使阀位给定值 $(V_f)_c$ 增大，继而引发阀位控制子回路中的油动机活塞行程增加、速比阀开度增加，速比阀阀后压力随之升高。

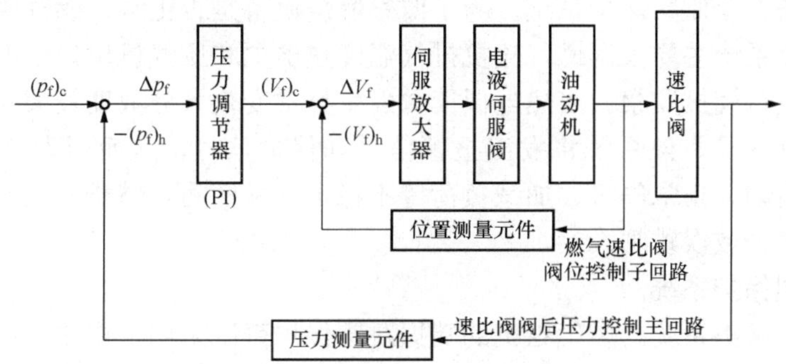

图 6-19　速比阀阀后压力控制系统

$(p_f)_c$—阀后压力给定值；$(p_f)_h$—阀后压力实测值；Δp_f—阀后压力偏差值；$(V_f)_c$—阀位给定值；$(V_f)_h$—阀位实测值；ΔV_f—阀位偏差值

随着油动机活塞行程的增大和速比阀后压力的升高，反馈信号 $(V_f)_h$、$(p_f)_h$ 分别逐渐增强，使偏差信号 ΔV_f、Δp_f 分别逐渐减小并趋于零。当 ΔV_f 和 Δp_f 均减小到零时，系统便达到了新的稳定状态，速比阀阀后压力实测值也相应地达到了新的给定值。

在并网运行阶段，机组的转速受电网频率钳制基本不变，所以速比阀阀后压力也基本不变。

六、燃气轮机的保护

燃气轮机在启动、停机和带负荷运行过程中，有时会遇到设备安全受到威胁的情况，若不及时处理就会造成严重损失，所以配置一个安全保护系统十分必要。燃气轮机的安全保护系统主要由下述几个部分构成：

（1）超速跳闸保护系统。燃气轮机一般设有主、副两套电气超速保护系统，超速跳闸信号值通常设为 $110\% n_0$。除此之外，多数燃气轮机还设有飞锤式机械超速保护系统。

（2）超温跳闸保护系统。超温保护是燃气轮机最重要的保护系统之一。该系统一般设有三道超温保护防线，如图 6-20 所示。第一道防线是以温度主控系统温控线为基础向上平移一个常数形成的，当系统测得的燃气轮机排气温度等于或高于这条线时，会在报警的同时通过功率主控系统减功率；第二道防线是以温度主控系统温控线为基础向上平移另一个更大的常数形成的，当系统测得的燃气轮机排气温度等于或高于这条线时，将立即跳闸；第三道防线是一条可调等值线，也是超温保护系统的最后一道防线，无论在什么情况下，系统只要发现燃气轮机的排气温度等于或高于这条等值线就立即跳闸。

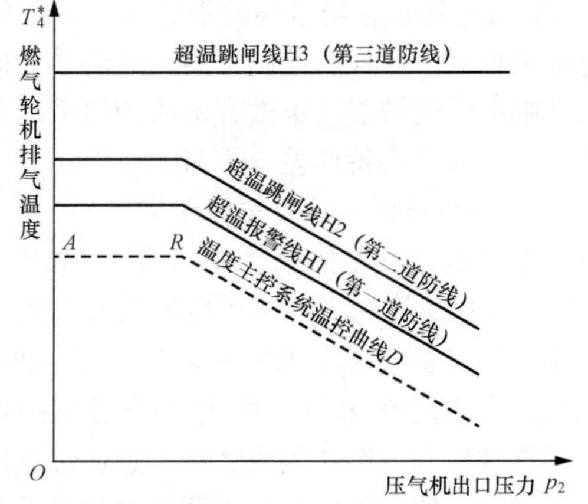

图 6-20　超温保护三道防线

（3）熄火跳闸保护系统。燃气轮机如果在启动期间点火不成功或在运行期间因故熄火而又没有及时关断燃料，这些燃料就会集聚在燃烧室或燃气轮机内并可能引发爆燃等重大事故。燃气轮机的熄火跳闸保护系统即为避免此类事故而设。

（4）燃烧设备安全监察保护系统。为了监察燃烧设备是否正常，燃气轮机一般设有燃烧安全监察系统，该系统主要根据燃气轮机排气温度热电偶和压气机出口温度热电偶的测量数据，对燃烧设备进行间接监察。当热电偶读数发生异常变化（分散度较大）时说明燃烧设备有故障或热电偶有故障，该系统将发出报警信号和保护信号，从而引发燃气轮机报警或跳闸。在燃气轮机启动、正常停机、加减负荷等不稳定工况期间，燃烧安全监察系统将自动退出，以免引起误报警或误跳闸。

（5）振动跳闸保护系统。

（6）喘振跳闸保护系统。燃气轮机的喘振跳闸保护系统采用了快速反应的跳闸模式，它用差压测量元件测量压气机入口高流速处和低流速处的差压，当测得的差压异常小而燃气轮机转速已达到一定值时，就把压气机判为有可能发生喘振，保护系统将立即跳闸停机。

第四节　联合循环发电机组的控制

一、联合循环机组功率的协调控制方案

从承担负荷的角度看，燃气-蒸汽联合循环机组是由燃气轮机和余热锅炉-汽轮机两个单元构成的。在稳态情况下，两个单元的功率存在着一定的比例，燃气轮机的功率一般占三分之二左右，汽轮机的功率一般占三分之一左右。但在动态情况下，这一比例关系很难得到保证，因为两个单元的负荷响应能力有很大差别。燃气轮机由于其结构紧凑、内部容积小、热惯性小、工质流程简单，所以对负荷变化的响应很迅速。余热锅炉-汽轮机由于其结构分散、容积大、热惯性大、还存在着缓慢的换热过程，所以对负荷变化的响应非常迟缓，但是外界又把它们两个当成一个整体对待。这样，当外界负荷发生变化时，如何从机组内部根据两者动态特性上的差别进行协调，以便较好地满足外界的需要，是联合循环控制系统首先要解决的一个问题。以功率分配为基本要求的协调控制方案有三种。

1. *无补偿式功率控制方案*

该控制方案把总的功率要求按照燃气轮机、汽轮机的容量比简单地分配到两者中，如图6-21（a）所示。功率分配系数K_{gt}、K_{st}分别为燃气轮机、汽轮机的容量与联合循环机组总容量的比值。这样的控制方案虽然简单，但由于没有采取任何措施来克服余热锅炉-汽轮机动态响应慢的缺点，也没有采取任何措施来充分地利用燃气轮机动态响应快的优点，所以总体上看，其动态特性差、负荷响应慢。

2. *单向补偿式功率控制方案*

该控制方案先按照功率分配系数K_{st}计算出汽轮机功率需求值，并作为功率给定值$(P_{st})_c$发送给汽轮机的功率控制系统；然后把汽轮机的功率给定值与输出值P_{sto}之差乘以一个功率补偿系数a_{gt}，加到按功率分配系数K_{gt}计算出来的燃气轮机功率需求值上，作为燃气轮机功率给定值$(P_{gt})_c$发送给燃气轮机的功率主控系统，如图6-21（b）所示。

这种控制方案在加载之初有意让燃气轮机额外承担了一些负荷。其后，随着汽轮机功率慢慢增加，燃气轮机相应逐渐减去额外承担的负荷。显然，它充分利用燃气轮机动态响应快的优点，补偿了汽轮机动态响应慢的缺点。当然，其补偿程度取决于补偿系数a_{gt}的大小，

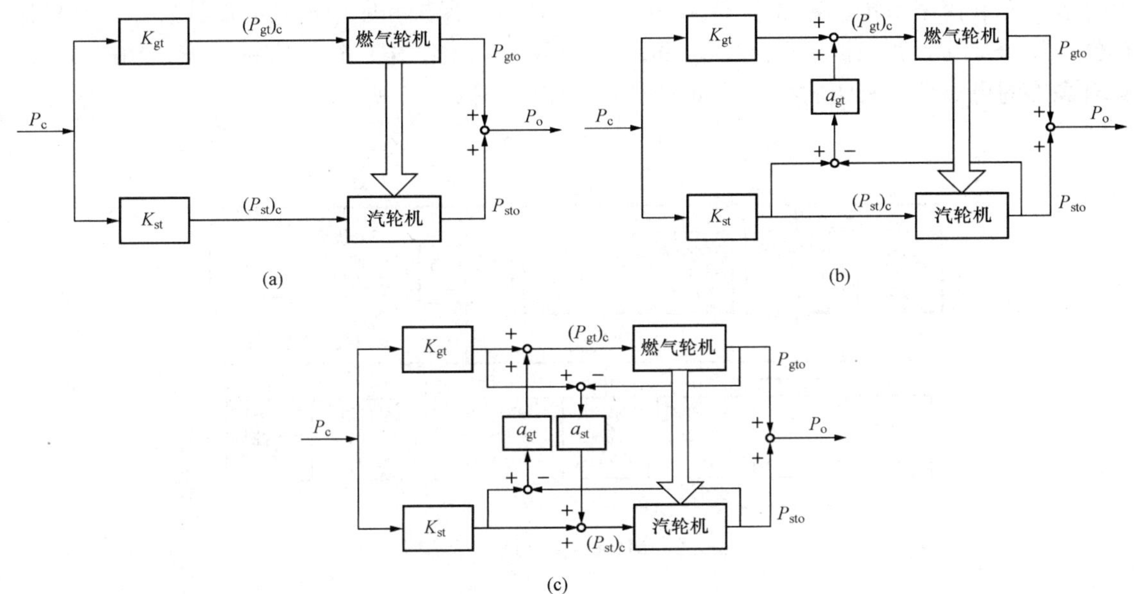

图 6-21　联合循环发电机组功率控制方案示意

(a) 无补偿式功率控制方案；(b) 单向补偿式功率控制方案；(c) 双向补偿式功率控制方案

P_c—联合循环总功率给定值；$(P_{gt})_c$—燃气轮机功率给定值；$(P_{st})_c$—汽轮机功率给定值；

P_{gto}—燃气轮机功率输出值；P_{sto}—汽轮机功率输出值；P_o—联合循环总功率输出值；

K_{gt}—燃气轮机功率分配系数；K_{st}—汽轮机功率分配系数；

a_{gt}—燃气轮机功率补偿系数；a_{st}—汽轮机功率补偿系数

a_{gt}的取值需要结合机组情况进行优化。

3. 双向补偿式功率控制方案

该控制方案与单向补偿式控制方案的原理完全相同，只是在前述单向补偿的基础上增加了另一个补偿，即将按功率分配系数 K_{gt} 计算出燃气轮机功率需求值，再把此需求值与燃气轮机的功率输出值 P_{gto} 之差乘以另一个补偿系数 a_{st}，加到按功率分配系数 K_{st} 计算出来的汽轮机功率需求值上，作为汽轮机功率给定值$(P_{st})_c$发送给汽轮机的功率主控系统，如图 6-21（c）所示。

研究表明，这种控制方案不仅利用燃气轮机动态响应快的优点补偿汽轮机动态响应慢的缺点，而且还挖掘了汽轮机自身的潜力，还能够减轻汽轮机在响应外界负荷变化时所造成的蒸汽侧参数波动。这种控制方案的补偿程度同时取决于 a_{gt} 和 a_{st} 的大小，a_{gt} 和 a_{st} 的取值都需要结合机组情况进行优化。

二、典型单轴联合循环发电机组控制系统简介

燃气-蒸汽联合循环机组可以由一套分散控制系统（DCS）来进行一体化控制，也可以由一套 DCS 与燃气轮机、汽轮机制造商分别提供的专用控制系统相组合来控制，还可以全部由燃气轮机制造商提供的专用控制系统来控制。目前比较典型的燃气-蒸汽联合循环发电机组控制系统有下述几种。

1. GE 公司的 SPEEDTRONIC Mark Ⅵ控制系统

SPEEDTRONIC Mark Ⅵ控制系统是 GE 公司于 1999 年推出的一套在原 Mark Ⅴ基础

上升级的先进控制系统。它沿用了GE公司透平调节、保护和顺序控制的设计思想，其控制模件（R，S，T）和保护模件（R8，S8，T8）的三冗余结构、软件容错功能（SIFT）等，具有高度的可靠性和鲜明的特点。Mark Ⅵ的组态如图6-22所示。

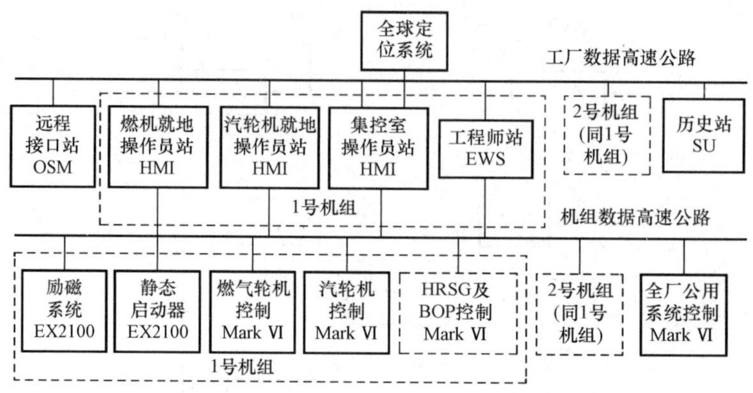

图6-22 Mark Ⅵ控制系统的组态

Mark Ⅵ控制系统包含自动启/停程序控制、跳闸保护和数据存储的全部功能，自启动程序中可以设置控制断点；由于三冗余系统可以在线维护，因此系统可用率很高；燃气轮机、汽轮机安全监测仪表（TSI）选用本特利（Bently）公司产品，配用该公司的System 1TDM系统；汽轮机具有热应力检测计算和寿命损耗管理，燃气轮机具有热应力检测计算；燃气轮机控制要求设置就地操作员站，用作启动或紧急操作。

若由GE公司配套提供全厂DCS，其配置方式有两种。一种是采用在Mark Ⅵ基础上扩展集成的智能控制系统（ICS），其中余热锅炉（HRSG）、电站辅助设施（BOP）的控制另增设Mark Ⅰ机柜，如图6-21中的虚线框所示。另一种是Mark Ⅵ与其他厂商生产的通用型DCS相连，两者间采用以太网通信连接，与工厂数据高速公路（PDH）的通信都是冗余的，通信协议为TCP/IP，应用层按GE公司的GEI-100516规定进行GSM信息传输；除通信连接外，两者间还通过硬接线进行信息交换，硬接线信号约50余点，均是重要操作、保护及状态信息。

2. 西门子公司的Teleperm XP控制系统

西门子公司提供的通用型DCS，即Teleperm XP系统，不但包括了燃气轮机、汽轮机的控制，还包括了余热蒸汽锅炉及电站辅助设施的控制。该控制系统的组态如图6-23所示。一般控制采用AS620B基本型控制系统。针对透平快速控制的特点，在燃气轮机和汽轮机上都采用了AS620T透平控制系统，它由冗余的透平自动处理器APT和专用模件SIM-T组成，采用双通道结构，实现2个相同的闭环控制器以主从方式同时运行，既保证快速响应又保证透平控制的高度可靠性。透平跳闸保护系统设计采用AG-F故障安全型控制装置，它有2对AG-F装置，各对应2块SIM-F安全信号模件，组成二取二比较回路，以保证保护回路的安全。该设计同时符合德国国家标准。

西门子公司设计的联合循环机组控制系统不需要设置就地控制室或就地操作员站，启/停完全自动，甚至可以不设置控制断点；汽轮机具有热应力检测计算和寿命损耗管理；机岛振动监测系统选用瑞士VM600型产品，配用WIN-TS瞬态数据处理装置（TDM）。

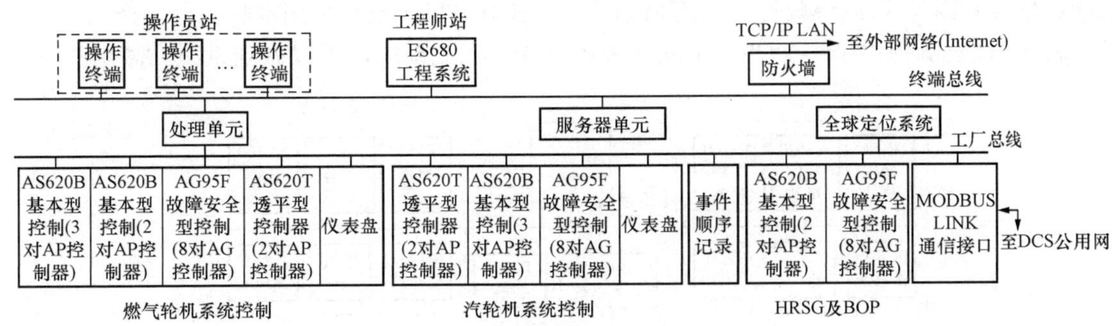

图 6 - 23　Teleperm XP 控制系统的组态

3. 三菱公司的 DIASYS 控制系统

三菱公司的机岛采用集成的 DIASYS 控制系统，系统的组态如图 6 - 24 所示。该系统有用于透平控制的专用模件，能适合透平控制的需要。在 TCS 组态中，燃气轮机和汽轮机集中在统一的一组过程控制器 TCS 中控制，使其具有完整的自动启/停控制功能，自启动中只在同期并网时设有需人工确认的控制断点，系统可用率承诺可达 99.9%。燃气轮机和汽轮机跳闸保护根据三菱公司的一贯规范，采用继电器硬接线装置，厂家认为这种方式比采用 PLC 等方式要可靠，因此该公司除在个别电厂外均采用了这种配置；燃气轮机需要就地操作员站并提供就地集装式控制小室；汽轮机具有热应力检测计算和寿命损耗管理，燃气轮机没有热应力检测计算，但可以通过对运行数据累计等效计算出寿命损耗；TSI 和 TDM 都采用本特利公司产品。

三菱公司对全厂 DCS 的配置方案同样采用 DIASYS 系统，并且在机组级 DCS 上还配置了厂级公共 DCS，如图 6 - 24 所示。

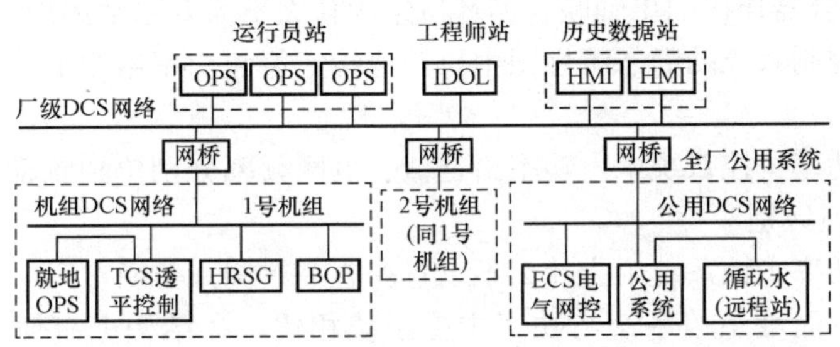

图 6 - 24　DIASYS 控制系统的组态

4. Alstom 公司的 EGATROL8＋TURBOTROL

Alstom 公司提供的机岛控制系统分别是 TURBOTROL 和 EGATROL8（专用于燃气轮机控制）。它们都是基于 ABB 公司 ADVANTDCS 的专用装置，系统可用率承诺达到 99.9%，其组态如图 6 - 25 所示。EGATROL8 系统的温度检测都采用 N 分度热电偶，使用的温度变送器统一为 4～20mA 信号，对外接线都通过 Marshlling 端子柜，全部采用 0.5mm^2线芯截面的电缆接线，这些都不同于我国的常规规范要求。燃气轮机 - 汽轮机启动可以完全自动也可以人工设定执行程序步（断点）；若与中央控制室相距较远，还可以设置就地操作员站；汽轮机具有热应力检测和限制，燃气轮机没有热应力检测计算，但有运行数据计算软件 ODC，可以等效计算出寿命损耗；TSI 和 TDM 也都采用本特利公司产品。

若要 Alstom 提供全厂 DCS，也同样采用 ADVANT 系统，可以做到系统一体化。

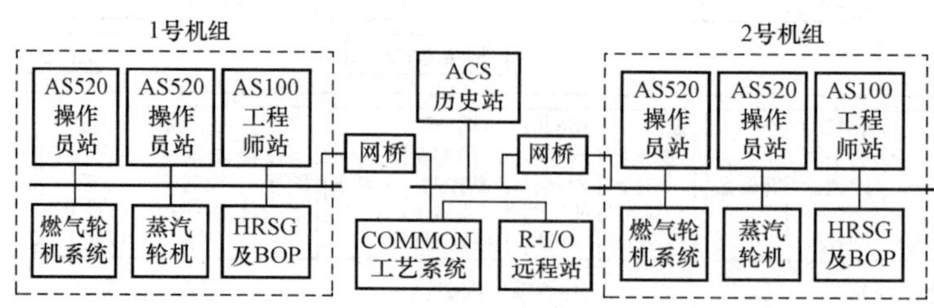

图 6-25 EGATROL8+TURBOTROL 控制系统的组态

1. 简单循环燃气轮机的启动过程一般可分为哪几个阶段？

2. 燃气轮机启动时为什么要吹扫？吹扫时间的长短一般怎么确定？

3. 简单循环燃气轮机的启动方式有哪几种？

4. “热悬挂”的表现形式如何，其实质是什么？

5. 燃气轮机启动过程中，其排气温度一般会出现两次峰值，为什么？

6. 影响联合循环机组启动和加载过程的因素有哪些？

7. 联合循环机组的启动状态分为哪几种？通常以什么标准来区分这些状态？

8. 多轴联合循环机组有没有旁通烟道对其启动过程有哪些影响？

9. 采用刚性联轴器连接的单轴联合循环机组启动时一般要采取哪些措施？

10. 采用 3S 离合器连接的单轴联合循环机组为什么不需要启动锅炉？

11. 燃气轮机控制系统的静态特性图中，转速给定值与功率给定值的数值对应关系如何表示？

12. 燃气轮机功率主控系统中，功率给定值、电网频率分别单独扰动下的调节过程有何不同？调节结果有何区别？

13. 燃气轮机功率主控系统中为什么不设置静态一次调频功能？

14. 燃气轮机的温度主控系统与功率主控系统相比，在结构上有何不同？功能有何区别？如何通过最小值选择器实现两者的自动切换？

15. 燃气轮机进入温控区后，假若环境条件不变，功率是否还可以继续增大，为什么？

16. 燃气轮机的温度主控系统与辅控温控系统各有什么作用？各通过什么手段实施？

17. 燃气轮机的超温保护三道防线是如何形成的？

18. 与燃气轮机的无补偿式功率控制方案相比，单向补偿式功率控制方案与双向补偿式功率控制方案的区别在哪里？

第七章　典型燃煤型联合循环

第一节　燃煤流化床联合循环

一、煤的流化燃烧

（一）流化床原理

如图 7-1 所示，设在一个塔的下部沿横截面布置一块可均匀透气的板子（称为布风板），在板面上以随意填充的方式布上一层尺寸在一定范围内（如 0～10mm）的粉粒状物料。然后让空气自下而上均匀地穿过物料层，并使气流的速度从零开始逐步增大。可以发现，当气流的速度较低时，颗粒基本不动，物料层也基本保持静止。但是，当气流的速度增加到一定值时，颗粒就会被托举起来并发生一定的运动，这种运动是双向的，即在风压的作用下向上浮起，又在重力作用下向下沉降，部分颗粒还会被气流夹带到物料层上部的塔空间，甚至被带到塔外（实验时，被带出的颗粒要用收集器捕捉下来送回塔内，这样塔内的物料总量保持不变）。当气流的速度进一步增加并达到一定值时，几乎全部物料都将被气流夹带走。该过程中，物料层高度 H 和流动压降 Δp 随气流的空截面速度 u（即气流的体积流量与料层处的塔截面之比）的变化情况大致如图 7-2 表示。

由图 7-2（a）可见，上述过程可粗略地划分为三个阶段。在空截面速度 u 低于 u_{mf} 的 AB 段，颗粒因受到的冲击力有限而基本不动，料层高度 H 基本上不变，这种处在静止状态的物料层被人们形象地称为固定床。在空截面速度 u 处在 u_{mf} 与 u_d 之间的 BC 段，颗粒受到的冲击力大到使其无法保持静止但还不至于全部随气流飞出塔外的程度，料层的高度随气流速度的增大而增大，处于这种状态的物料层就是所谓的流化床。在气流速度 u 高于 u_d 的阶段，颗粒将会随气流飞出塔外，形成物料流，这种料物流又被称为喷流床或气流床。

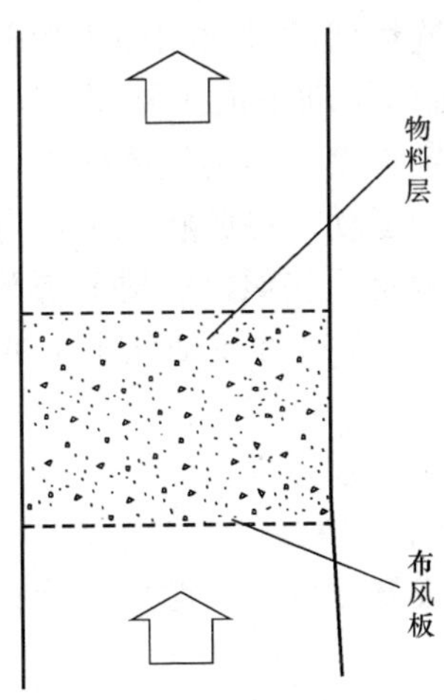

图 7-1　流化原理

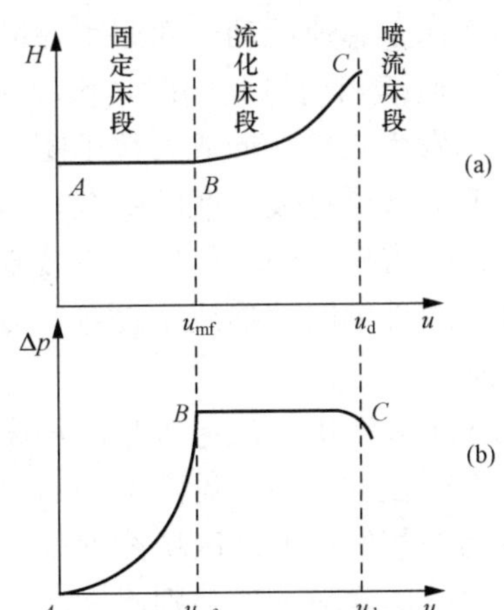

图 7-2　物料层的高度和流动压降与气流速度的关系

（a）高度特性；（b）压降特性

显然，u_{mf}和 u_d 是决定物料层流动状态的两个重要参数。u_{mf}是物料层开始流化的最小空截面速度，称为临界流化速度或最小流化速度。u_d 是物料层可以保持流化状态的最大空截面速度，可称为极限流化速度或最小带出速度。要使物料层保持稳定的流化状态，必须将气流的速度限制在 u_{mf}和 u_d 之间。当然，u_{mf}和 u_d 并不是一个严格确定值，其大小与床料特性、气体特性等都有一定关系。

由图 7-2（b）可见，物料层流动压降 Δp 随气流速度 u 变化的规律对固定床和流化床有相当大的区别：对固定床，Δp 是 u 的幂函数；对流化床，Δp 基本上是常数，只是在流化床即将发展成喷流床时，才有一定的变化。这些规律很容易用流体力学原理解释。在固定床内，颗粒之间的间隙基本上不随气流速度改变，间隙内的气流速度与空截面速度成正比，由于料层阻力与间隙内气流速度的一次方（在层流状态下）或二次方（在湍流状态下）成正比，所以此时 Δp 是空截面速度 u 的幂函数。但在流化床内，空截面速度提高时，料层将会膨胀，这使得颗粒之间的平均间隙增大，而间隙内的气流速度基本不变，结果料层阻力也基本保持不变。

（二）鼓泡床和循环床

前面只是粗略地区分了固定床、流化床、喷流床三种状态下的物料流动特性，而实际上，从物料的起始流化到喷流，有一个宽广的气流速度范围，在这个宽广的范围内，物料的流化状态依气流速度、物料特性、气体特性等有很大不同。

研究表明，当气流速度刚刚达到临界流化速度时，气体可以均匀地分散在颗粒间，形成所谓的乳化相。当气体流量增加，使气流速度 u 比临界流化速度 u_{mf}高，但高出不多时，增加的气体并不是均匀地从颗粒之间流过，而是以气泡形式穿过乳化相向上浮起。气泡最初生成时很小，但在浮起的过程中会逐步合并增大，速度也加快，到达床层表面时即破裂，同时把大量物料颗粒抛入床层上部的空间。这种气泡生成、合并、上升和破裂的现象称为鼓泡，处在鼓泡状态下的流化床称为鼓泡床。由于在此状态下，整个床层看起来像是沸腾的液体，所以鼓泡床又称为沸腾床。

当气体流量进一步增加，使气流速度 u 接近 u_d 时，床内的大气泡将被粉碎成很小的空隙，以曲折的路线向上急速运动，而原来在鼓泡床状态下为连续状的乳化相则成为颗粒团或颗粒带，变成了非连续相。与此同时，大量的细颗粒在气流的带动下向上运动。运动过程中，一部分颗粒会发生团聚，形成大粒子团。粒子团大到一定程度后会逆气流落下，下落的过程中又会被上升的气流打成分散的颗粒，再被气流带动向上运动。在此状态下，有相当数量的颗粒会被连续地带出塔外，如果用高效率的收集器连续地将这些颗粒捕捉下来并重新送回塔内，颗粒在塔内外之间就形成了循环，如图 7-3 所示。处在这种流动状态下的流化床被称为循环流化床。

从以上介绍中可以看出，鼓泡床与循环床之间主要有两个区别：

（1）鼓泡床有明显的床面（见图 7-4），床面上下区域内的颗粒浓度差别很大，下部区域浓度很高，称为浓相区；上部区域浓度很低，称为稀相区或悬浮段。而循环床没有明晰可辨的床面，沿高度方向颗粒浓度差别不大。

（2）鼓泡床中物料的掺混主要依赖大量气泡的生成、合并、上升、破裂等所引起的扰动，而循环床中物料的掺混主要依赖颗粒团的形成和被打散。

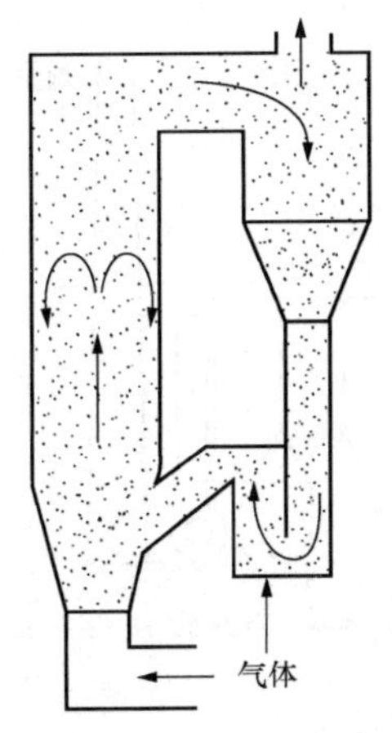

图 7 - 3　循环床气固两相流动示意

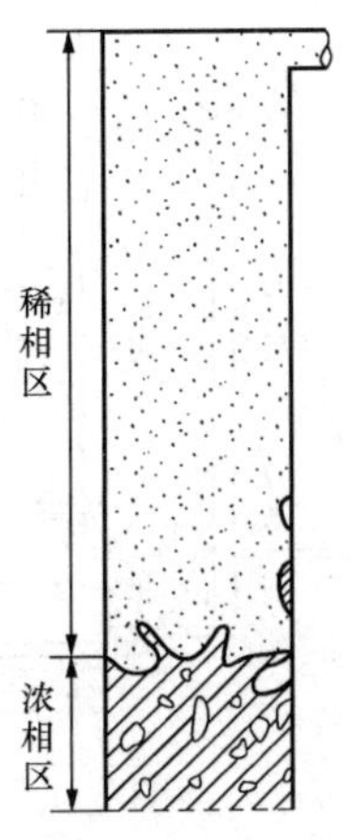

图 7 - 4　鼓泡床气固两相流动示意

（三）流化床锅炉

按照上述流化床原理所设计的锅炉就是流化床锅炉。与两类流化床相对应，流化床锅炉也分为鼓泡床锅炉和循环床锅炉。图 7 - 5 为小型鼓泡床锅炉的示意，图 7 - 6 为循环流化床锅炉的示意。

在结构上，鼓泡床锅炉主要由炉膛、布风装置、给煤装置、排灰（渣）装置、炉内受热面、尾部受热面等组成。工作时，被碾碎成细粒的煤和石灰石（或白云石）通过给煤装置从前墙送入炉膛，空气经风室从炉膛底部的布风板送入床层。煤粒在流化状态下被加热和燃烧，与此同时，作为脱硫剂的石灰石（或白云石）吸附燃烧中放出的 SO_2，生成硫酸钙。燃烧室内埋设的蒸汽加热管道，可吸收燃烧过程中生成的热量并控制床层的温度。

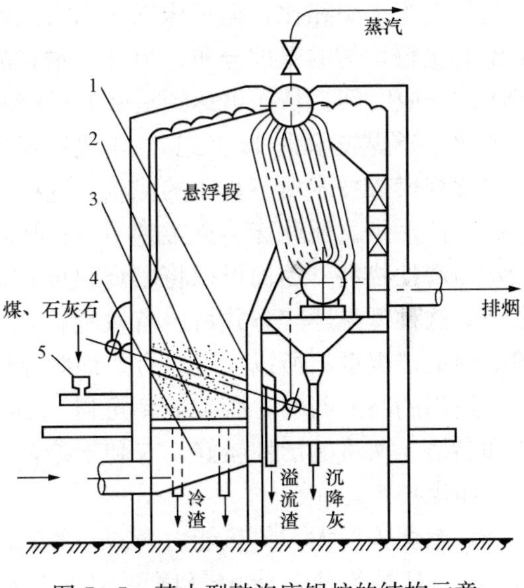

图 7 - 5　某小型鼓泡床锅炉的结构示意
1—溢流口；2—鼓泡床；3—布风板；4—风室；5—给煤机

流化床锅炉的燃烧温度一般控制为 800～900℃，其原因如下所述。

（1）在保持稳定燃烧的同时，避免灰分熔化（因为灰分熔化所引起的结渣会破坏流化）。从稳定燃烧的要求出发，温度一般不能低于 800℃；从避免灰分熔化的要求出发，温度一般不能超过 1000℃。

（2）有利于脱硫。这要求燃烧温度维持在 850℃左右，因为在该温度范围内，石灰石或白云石的脱硫效率最高。

（3）能有效地抑制 NO_x 的生成。这要求燃烧温度适当低一些。

鼓泡床锅炉依靠大量气泡的生成、合并、上升和破裂来强化炉膛中物料的掺混，可实现良好的燃烧和脱硫效果。但是其燃烧效率还不够高，脱硫剂的利用率也还比较低。原因在于

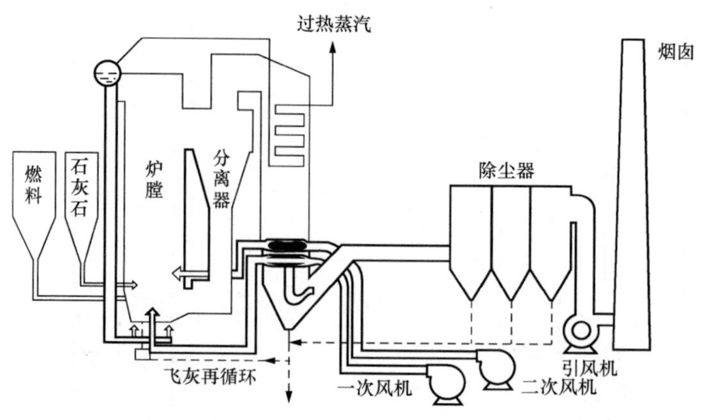

图 7-6 某循环流化床锅炉的流程

鼓泡床沿高度方向固体颗粒的浓度变化太大（特别在悬浮段内），炉膛出口处温度下降很快，使此处未燃尽的细颗粒和氧化钙被带出炉膛。为了克服这些缺点，人们又开发了循环流化床锅炉。

与鼓泡床锅炉相比，循环床锅炉因沿高度方向固体颗粒的浓度变化不大，所以整个炉膛内部都有比较均匀的温度分布。另外，物料的再循环可以大大延长煤粉的燃烧时间及氧化钙与 SO_2 的反应时间，从而可达到更好的燃烧和脱硫效果。

流化床燃煤技术自 20 世纪 60 年代被提出以来，得到了一定发展和应用，主要是因为它有一些常规燃煤技术所不具备的优点。这些优点如下：

（1）低污染。流化床内热物料中的固体含碳量一般很低，通常只占 1.95%～2.18%，其余均为惰性物料，因而可以将燃烧温度控制在 800～900℃的范围内而同时保持稳定和高效燃烧。这种低温燃烧方式可以有效地抑制 NO_x 的生成，同时这个温度又是石灰石和白云石脱硫的最佳温度，所以也可以有效地脱除燃烧过程中生成的 SO_2。当根据煤中含硫量的大小投入适当的石灰石时，脱硫效率可以达到 90%以上。另外，由于燃烧温度低，灰渣不会溶化和黏结，灰渣的活性较好，有利于综合利用。正因如此，流化床燃煤技术被认为是最有效的洁净煤技术之一。

（2）燃烧强度大，传热能力强。一般来说，流化床锅炉的容积热负荷可以达到煤粉炉的 8～11 倍。对鼓泡床，床内气固两相混合物对埋管受热面的传热系数可达 233～326W/(m^2·K)，对循环流化床，炉膛内气固两相混合物对水冷壁的传热系数也达到 50～450W/(m^2·K)，这都比煤粉炉的传热系数大，因此流化床锅炉的体积可比常规锅炉小。

（3）燃料适应性广，负荷调节能力强。由于流化床内比例高达 98%左右的惰性物料中蕴藏着极大热量，同时传热传质又很强烈，所以燃烧温度虽然不高，却可以燃用大多数燃料，包括高灰分、高水分、发热量低的劣质煤。洁净的燃烧方式又可以使其燃用高硫分的低质煤。在 25%～100%的负荷范围内，稳定燃烧都可以保证。

由于流化床锅炉有上述优点，所以人们从 20 世纪 70 年代开始将这项技术与增压锅炉技术综合在一起，发展出了燃煤增压流化床锅炉。它与常压流化床锅炉的主要区别就在于燃烧过程在 1.0～2.0MPa 的正压条件下进行，锅炉的体积可以进一步缩小。从原理上说，燃煤增压流化床锅炉可以采用鼓泡床，也可以采用循环床。但实践上，采用循环床的增压流化床锅炉占主流。

综上所述，流化床（fluidized bed combustion，FBC）锅炉按照流态化程度可以分为鼓泡床或沸腾床（仍简记为 FBC）和循环流化床锅炉（cycling fluidized bed combustion，CFBC）两种类型；按照炉内压力又可以分为常压流化床锅炉（atmospheric fluidized bed combustion，AFBC）和增压流化床锅炉（pressurized fluidized bed combustion，PFBC）两种类型。

二、常压流化床联合循环发电系统

常压流化床锅炉一般用在燃劣质煤的常规发电系统中，但也可用于组成燃气-蒸汽联合循环。理论上，以常压流化床为基础，可以组成“半闭式燃气轮机-余热锅炉型联合循环”、“半闭式燃气轮机-补燃余热锅炉型联合循环”两种方案，图 7-7 和图 7-8 分别为这两种方案的示意。

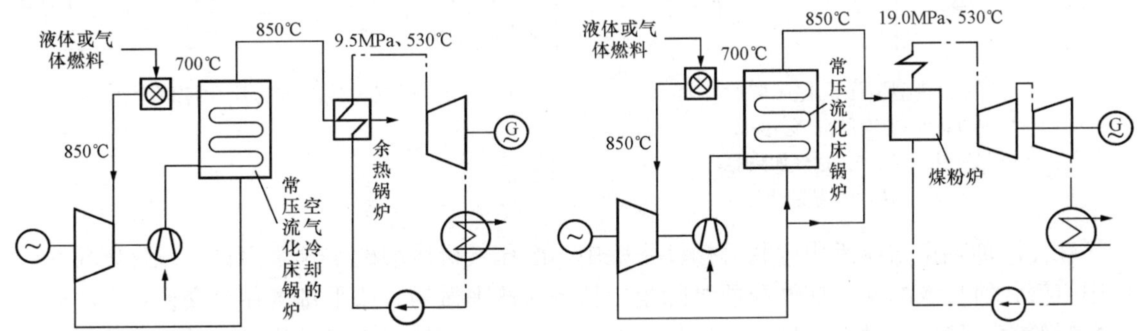

图 7-7 半闭式燃气轮机-余热锅炉型常压流化床联合循环

图 7-8 半闭式燃气轮机-补燃余热锅炉型常压流化床联合循环

图 7-7 所示的方案从燃气循环一侧来看，与闭式燃气轮机装置很类似。从压气机出来的空气通过埋设在常压流化床锅炉中的管道被加热至 700℃，然后通过补燃被进一步加热至 850℃左右后进入透平做功。透平排气的一部分用于流化床燃烧，另一部分可用于加热给水（图中未示出）。流化床锅炉中产生的 850℃的高温烟气通至余热锅炉，所产生的 9.5MPa、530℃的蒸汽送入汽轮机做功。由此实现燃气-蒸汽联合循环。

图 7-8 所示的方案在图 7-7 方案的基础上增加了一台煤粉锅炉，可使流化床烟气中没有燃尽的炭粒在煤粉炉中继续燃烧。与此同时，也将蒸汽循环的参数提高到常规燃煤发电机组的水平，以蒸汽发电为主。

在常规燃煤发电机组的扩容增效改造中，图 7-8 所示的方案应该是一个可以采用的选择。事实上，联邦德国就曾采用该方案，在福可林根萨尔茨堡工厂（Volklingen Searberg-werk AG）改造过一台小功率的燃煤机组，并取得了良好效果。

三、增压流化床联合循环发电系统

（一）增压流化床联合循环发电系统的基本型式

根据 PFBC 锅炉所用冷却工质的类型，可将增压流化床联合循环系统分为空气加热型和蒸汽加热型两种类型，分别如图 7-9 和图 7-10 所示。

在空气加热型增压流化床联合循环系统中，经压气机压缩的空气进入 PFBC 锅炉时分为两部分，大约占总流量 1/3 的部分进入流化床作为燃烧用空气，其余部分进入流化床作为冷却介质使用。两部分气体经由不同的方式被加热升温后，在 PFBC 锅炉的出口重新汇合，然后进入透平做功。透平排气在余热锅炉中放出热量后排空。余热锅炉产生的蒸汽通过汽轮机循环做功。从本质上看，这是一种余热锅炉型联合循环，以燃气轮机发电为主。

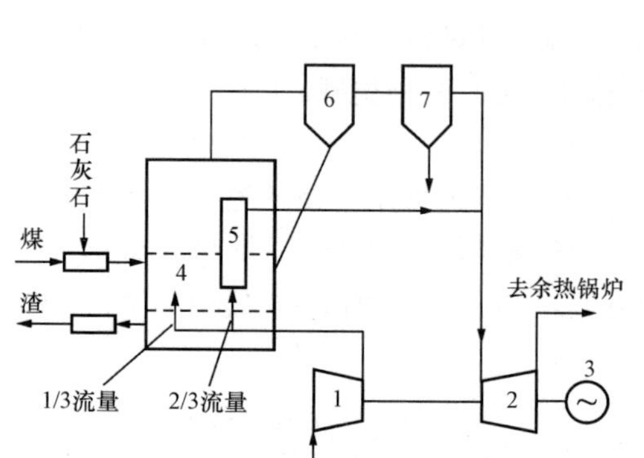

图 7-9　空气加热型增压流化床联合循环
1—压气机；2—透平；3—发电机；
4—增压流化床锅炉；5—空气加热器；
6—第一级除尘器；7—精除尘器

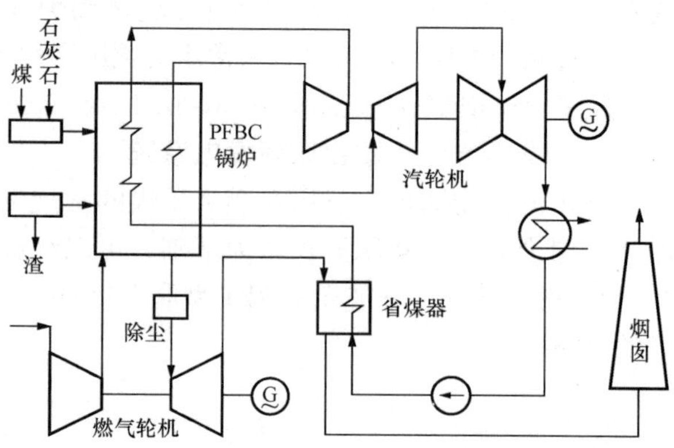

图 7-10　蒸汽加热型增压流化床联合循环

在蒸汽加热型增压流化床联合循环系统中，经压气机压缩的空气全部进入流化床作为燃烧用空气，所形成的高温烟气经两级除尘后被送入透平做功。透平排气在热交换器中将热量传递给给水，然后通过烟囱排空。给水在 PFBC 锅炉的蒸发器中吸收热量，转化为蒸汽，然后进入汽轮机做功。这是一种典型的增压锅炉型联合循环，以汽轮机发电为主。

分析表明，空气加热型的优点是烟气除尘指标容易保证、负荷适应性好；缺点是所需的换热面积大、材料要求高，蒸汽循环部分也难以达到很高的参数。蒸汽加热型的优缺点则正好相反。当然，仅凭这些还不能判定哪种系统更优越。不过，迄今为止已投入商业运行的 PFBC 联合循环机组基本上都采用了蒸汽加热型系统，极大可能是因为这种系统可更方便地与常规高参数再热蒸汽循环技术相结合，同时造价也相对较低。

（二）典型 PFBC 联合循环发电系统简介

世界上第一座进入商业化运行的 PFBC 联合循环发电装置由 ABB 公司生产，安装在瑞典斯德哥尔摩市的凡登热电厂。该厂的 PFBC 联合循环发电装置如图 7-11 所示，它是由两台总流量为 435t/h 的增压鼓泡床锅炉、两台 17MW 的燃气轮机和一台 108MW 的背压式汽轮机组成的热电联合生产装置，总发电功率为 135MW，供热量为 225MW，热电联产的总热效率为 86%。该装置于 1990 年建成投运。

由图 7-11 可见，该装置的增压鼓泡床燃烧室和由两级串联组成的旋风分离器组合在同一压力容器之内。煤的颗粒尺寸为 0～6mm，它和颗粒尺寸为 0～3mm 的白云石及水混合成浆状，用泥浆泵送入炉膛。炉膛的压力为 1.2MPa。经压气机增压的空气由一同心套管的外管送入压力容器内，然后由鼓泡床燃烧室底部的布风板进入炉膛。鼓泡床燃烧室产生的高温烟气经两级旋风分离器除尘后，通过前述同心套管的内管送入燃气轮机做功。从燃气轮机排出的烟气用布袋除尘器进一步除尘后经烟囱排出。

有资料表明，全世界已有几十座 PFBC 联合循环电厂。图 7-12 为建造于日本、容量为 360MW 的 PFBC 联合循环电厂。它是世界上第一座单机容量达到 300MW 以上水平的 PF-

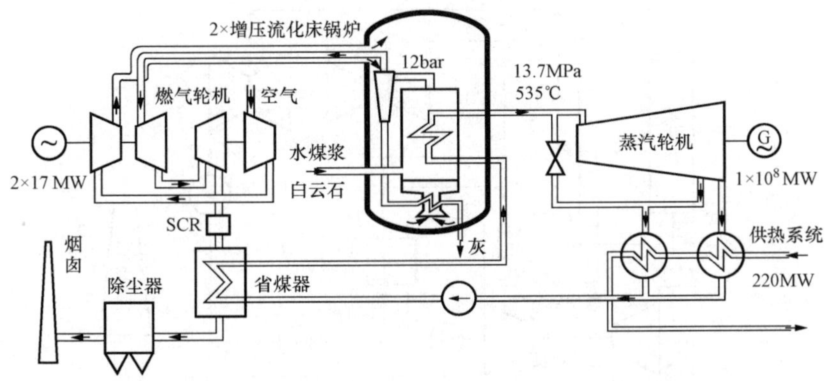

图 7-11　瑞典凡登热电厂的 PFBC 联合循环装置

BC 联合循环电厂。其燃气轮机的发电功率为 70MW，进口参数为 1.3MPa/850℃；汽轮机的发电功率为 290MW，蒸汽参数为超临界的 24.6MPa/566℃/566℃。

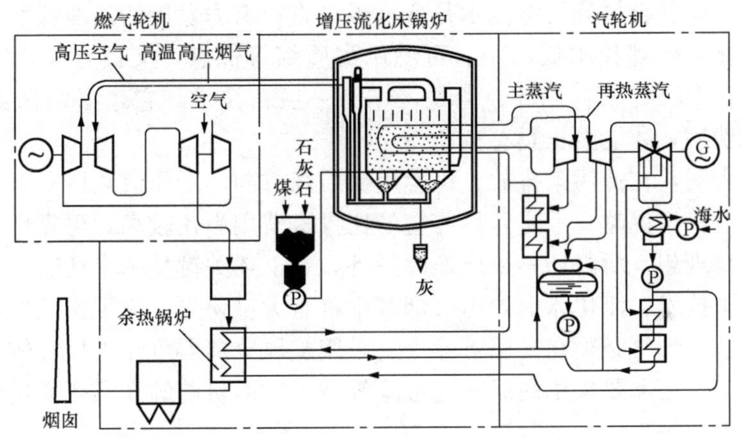

图 7-12　建于日本的 360MW PFBC 联合循环电厂

（三）第二代 PFBC 联合循环发电系统

以上介绍的 PFBC 联合循环发电系统，其燃气轮机的入口温度只能在 900℃以下，这是由 PFBC 锅炉的燃烧温度所决定的。这样，即使蒸汽循环部分采用超临界参数，所能达到的供电效率也不过 42%左右。由此可见，要使 PFBC 联合循环发电技术具有更大的竞争力，必须设法提高燃气轮机的入口温度。为此，美国、英国、瑞典等曾相继提出第二代 PFBC 联合循环发电技术的概念及开发计划。

第二代 PFBC 联合循环的系统如图 7-13 所示。该系统是在前述 PFBC 联合循环系统（称为第一代 PFBC 联合循环）的基础上，增加一个碳化炉（或部分气化炉）和一个燃气轮机顶置燃烧室形成的。碳化炉或部分气化炉产生两种燃料，一种是低热值的煤气，另一种是半焦。低热值煤气经过高温陶瓷过滤器过滤后送入顶置燃烧室进行补燃，将来自增压循环流化床锅炉的烟气进一步提温后再送入燃气轮机。半焦则作为锅炉的燃料使用。在碳化炉和锅炉内均加入脱硫剂进行炉内脱硫。这样就在保持第一代 PFBC 联合循环低温燃烧优点的基础上，克服了燃气轮机进口温度低、效率低的缺点。预计这种联合循环的供电效率最终可达到

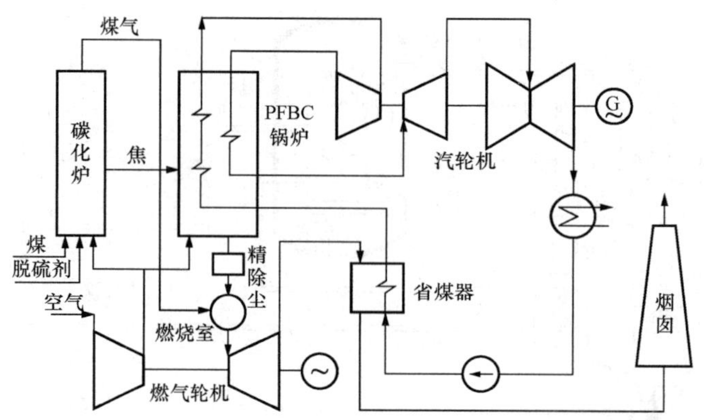

图 7-13　第二代 PFBC 联合循环发电系统示意

50%以上，但目前尚未看到商业运行的实例。

四、燃煤增压流化床联合循环发电技术展望

燃煤增压流化床联合循环发电技术是全世界一直在努力发展的洁净煤发电技术之一，这种技术既具有流化床燃煤技术低污染、可燃用劣质煤等优点，又具有联合循环高效率的优点，特别是第二代 PFBC 联合循环。但是，作为一项新技术，它还必须做到高的运行可靠率、低的比投资费用，才能真正具有竞争力。

已有的实践表明，在低污染排放、可燃用劣质煤方面，增压流化床联合循环发电机组确实比常规煤粉发电机组优越。但是，目前它的比投资费用尚比较高，可靠性和可用率还比较低，效率也不是很理想，所以还不很成熟。另外，在下述关键技术上还需要有突破。

（1）高温除尘技术。流化床锅炉出口烟气中含有大量粉尘，为了保证燃气轮机的安全运行并达到排放要求，烟气必须在高温下除尘。采用旋风分离器可除去尺寸较大的粉尘，但是要除去微细的粉尘，还需要采用高温陶瓷过滤等技术，而目前的高温陶瓷过滤器的寿命、可靠性、造价都还不够理想。

（2）增压循环流化床技术。第一代增压流化床多采用鼓泡床。不管是鼓泡床还是循环床锅炉，炉内风帽、埋管和水冷壁等部件的磨损问题都是需要进一步研究解决的关键问题。

（3）以空气为气化剂的碳化炉或部分气化炉。

（4）能够燃烧低热值煤气和具有低 NO_x 排放特点的燃气轮机。

从全球来看，第一代 PFBC 联合循环发电机组已经进入商业运行，在一定的条件下，有望扩大市场份额。第二代 PFBC 联合循环目前虽未见有商业运行的例子，但应该有发展潜力。

我国的 PFBC 联合循环发电系统研究起步于 20 世纪 80 年代，90 年代已进行过中试。但在大型增压流化床锅炉及燃气轮机的设计制造、PFBC 联合循环电站成套设计等方面仍缺乏实践。国家曾将该技术列为 21 世纪重点发展项目，并为了加快发展进程，曾计划从 ABB-Carbon公司引进 4 套与瑞典斯德哥尔摩热电厂机组类似的 P200 型 PFBC 联合循环机组和相应的设计制造技术。但是由于天然气发电技术的兴起，该计划没有执行。

第二节　整体煤气化联合循环

一、基本思想

整体煤气化联合循环（integrated gasification combined cycle，IGCC）是 20 世纪 70 年代石油危机时期西方国家开始发展的一项燃煤发电技术。它的技术路线非常清晰，那就是：首先使煤在气化炉中气化成为中热值或低热值的煤气，然后通过处理，去除其中的灰分、含硫化合物、重金属等有害物质，代替天然气供到常规燃气-蒸汽联合循环中去，从而实现洁净燃煤发电。IGCC 发电系统如图 7-14 所示。

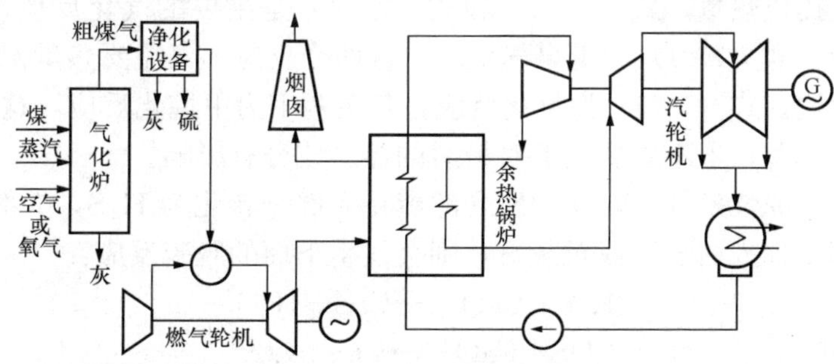

图 7-14　IGCC 发电系统示意

整体煤气化联合循环中的“整体”一词有两层含义：

（1）在这个系统中，气化炉所用的蒸汽和空气多数情况下都直接来自系统内的汽轮机和燃气轮机。反过来，气化过程中所产生的各种显热，都在系统适当的工艺环节中充分地利用，这样的系统是一个有机的整体。

（2）系统流程及系统内各处的参数都要从机组整体性能最优的角度仔细考虑和设计。

显然，在 IGCC 发电系统中，燃气轮机、余热锅炉、汽轮机都是成熟的技术，所需要解决的只是煤的大规模气化和煤气的净化问题。所以，就设备而言，气化炉和煤气净化系统是整体煤气化联合循环发电技术的关键。

二、煤的气化及气化炉

（一）气化原理

众所周知，煤是由多种有机物和无机物混合组成的固体燃料。煤中的可燃元素主要是碳，其次是氢。要使煤气化，最理想的莫过于将其转化为以气态形式存在的 CO、H_2及碳氢化合物（如 CH_4等）。因此，对煤进行气化，实质上主要是使煤中的 C 与 O_2反应生成 CO。

然而，实际中煤的气化过程远非如此简单。尽管煤气化的历史已有 200 余年，但对其涉及的某些问题至今也未完全研究清楚。概括地说，煤的气化大体上这样进行：在缺氧的条件下，对煤进行加热，使其释放出所含的水分而变干燥；随着温度的升高，原先以固态形式存在的碳氢化合物分子中的一些较弱的化学键被破坏，开始析出挥发分，生成煤焦油、油、酚和某些气相碳氢化合物；接下来，析出挥发分后的固定碳将与氧气、蒸汽发生反应生成 CO、CO_2和 CH_4等气体。在以上过程中，挥发分与氧之间可能还会发生反应，最终形成粗煤气。煤气化过程中，气化炉内所发生的化学反应主要有以下几个：

$$4C+3O_2 \longrightarrow 2CO_2+2CO+热量 \tag{7-1}$$

$$3C+2O_2 \longrightarrow 2CO_2+CO+热量 \tag{7-2}$$

$$C+CO_2 \longrightarrow 2CO-热量 \tag{7-3}$$

$$C+H_2O \longrightarrow CO+H_2-热量 \tag{7-4}$$

$$H_2O+CO \longrightarrow H_2+CO_2+热量 \tag{7-5}$$

$$CO+3H_2 \longrightarrow CH_4+H_2O+热量 \tag{7-6}$$

$$C+2H_2 \longrightarrow CH_4+热量 \tag{7-7}$$

不同的反应所需的条件不同。式（7-1）在温度低于1200℃的条件下进行，而式（7-2）则在温度高于1300℃的条件下进行，这两个反应实际上是不完全的燃烧反应，其作用是为主要的气化反应提供热量。式（7-3）和式（7-4）是主要的气化反应，其中式（7-3）为CO_2的还原反应，式（7-4）为水煤气反应，这两个反应不仅需要热量，而且只有在高温下才能进行得足够快。式（7-5）为氢化反应，其余两个为甲烷化反应，这三个反应均在低温下相对容易发生一些，虽不主要，但对最后的煤气成分有影响。

在气化过程的还原性条件下，煤中所含的硫将大部分转化为H_2S，少部分转化为COS。因此若在气化过程中加入白云石或石灰石，则会发生下面的脱硫反应：

$$H_2S+CaO \longrightarrow CaS+H_2O \tag{7-8}$$

$$COS+CaO \longrightarrow CaS+CO_2 \tag{7-9}$$

由上所述，煤气化所需要的基本条件及解决的办法是：

（1）一定的温度。一般采用部分燃烧的方法来获得该温度。

（2）一定的气化剂。气化剂可以是氧气，也可以是空气与蒸汽或者氧气与蒸汽等。采用的气化剂不同，所得到的煤气成分、热值就不同。依据热值的高低可将煤气划分为低热值煤气、中热值煤气和高热值煤气，它们的热值范围分别为标准状态下4187～10 467kJ/m^3、10 467～20 934kJ/m^{3}和20 934～41 868kJ/m^3。

（二）气化炉的分类和性能指标

要使IGCC成为一项高效、洁净、具有竞争力的燃煤发电技术，气化炉必须满足一系列指标要求，其中衡量气化炉能量转化情况的指标有以下几个。

（1）碳的转化率η_C。其定义为

$$\eta_C=\frac{转化成煤气成分的碳量}{煤中的碳量}$$

它表示煤中所含的碳元素在气化炉中转化为煤气成分的百分数。性能良好的气化炉，其η_C应达99%以上。

（2）冷煤气效率η_l。其定义为

$$\eta_l=\frac{所生成煤气的化学能}{气化用煤的化学能}$$

如以低位发热量为计算依据，目前性能良好的气化炉的η_l已可达80%以上。

（3）热煤气效率η_r。其定义为

$$\eta_r=\frac{(所生成煤气的化学能+在气化炉产生蒸汽时所利用的热能)}{气化用煤的化学能}$$

目前性能良好的气化炉的η_r可达91%～95%。

（4）能量转化效率η_E。焦树建等提出用下式所定义的η_E来评价煤气化系统的能量转化

效率：

$$\eta_E=\frac{(\text{所生成煤气的化学能}+\text{煤气燃烧前的物理焓}+\text{在气化炉产生蒸汽时所利用的热能})}{\text{气化用煤的化学能}}$$

$$-\frac{(\text{气化用煤的物理焓}+\text{供气化炉的气化剂的物理焓}+\text{供煤气净化系统用的蒸汽和水的焓})}{\text{气化用煤的化学能}}$$

这个指标可以比较完善地反映煤气化系统的能量转化情况。一般情况下，$\eta_E<\eta_r$。

除以上几个能量指标外，煤种适应性、负荷适应性、单台炉的容量（日处理量或年处理量）、煤气含尘率、煤气中有害物质的可去除性、气化炉关键部件寿命等也都是衡量气化炉性能的重要技术指标。

目前，人们已经研制出具有不同特点的各种各样的气化炉，其中，最主要的可归为三种类型，分别为喷流床式、流化床式和固定床式。

（三）各种类型的气化炉简介

1. 喷流床气化炉

喷流床式气化炉又称为气流床式气化炉，是目前世界各地 IGCC 示范工程中用得最多的一种气化炉。属于这种类型的气化炉有美国的 Texaco 炉（德士古）和 CE 炉、荷兰的 Shell 炉、德国的 Prenflo 炉等、我国的两段式干煤粉加压气化炉。图 7 - 15 所示为 Texaco 气化炉及其系统。

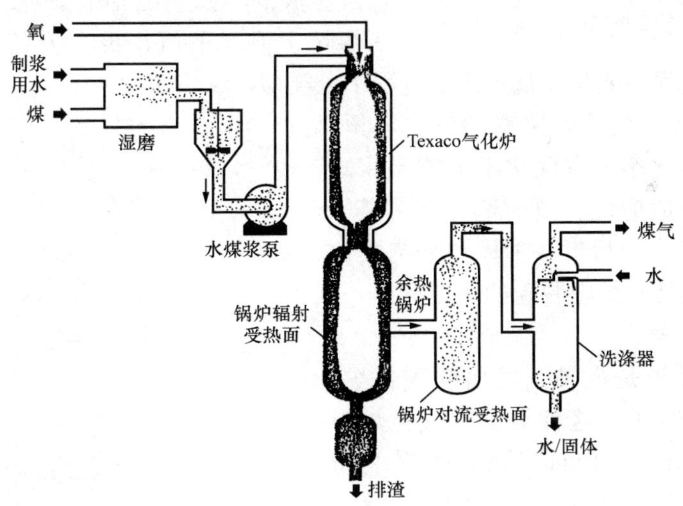

图 7 - 15　Texaco 气化炉及其系统示意

Texaco 气化炉采用氧气作气化剂，炉膛中心部位的火焰温度很高，离开气化炉的热煤气的温度高达 1000℃以上。由于在脱硫时，粗煤气的温度需降低到接近常温，所以，在煤气炉出口处设置了具有辐射受热面和对流受热面的余热锅炉，以利用煤气的显热产生蒸汽。

喷流床式气化炉一般都以氧气、氧气和空气、氧气和蒸汽作为气化剂，所产的煤气温度很高，属于高温高压气化炉。这种气化炉的优点是反应速率高，单炉容量大，碳的转化率高，热煤气效率高，煤种适应性广，粗煤气因不含焦油而容易净化；缺点是热回收系统复杂，负荷适应性差，控制技术要求高。

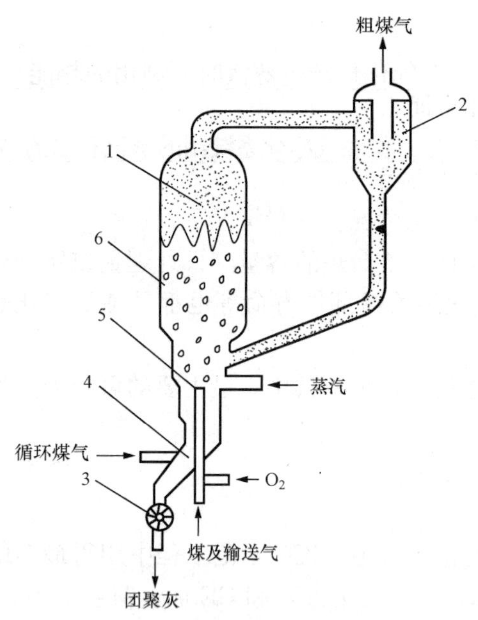

图 7 - 16 KRW 气化炉的本体结构及工作过程
1—游离层；2—旋风除尘器；3—旋转阀；
4—灰分离；5—喷射燃烧；6—气化层

2. 流化床气化炉

IGCC 系统中使用的，属于这种类型的气化炉有 KRW 炉、U - Gas 炉和高温的温克勒炉等。KRW 气化炉的本体结构及工作过程如图 7 - 16 所示。

由图 7 - 16 可见，KRW 炉的本体由三段直径不等的圆筒形壳体组成，壳体的内壁有一层保温层和耐火层。该炉所用的气化剂为氧气和蒸汽或者空气和蒸汽，所用原料煤的粒度为 0～6mm。正常工作时，采用已除尘并增过压的煤气作为输送气（循环煤气）将煤和石灰石颗粒从炉子下部的送料管输送到炉膛的中心，原料在流出送料管的同时，立即与同轴进入炉膛的氧气或空气混合着火燃烧，并在送料管出口处形成一个高温射流燃烧区。在射流的携带作用下，送料管出口周围的煤粒将向上运动。但当射流动量消失后，煤粒和已经生成的半焦将会沿着炉壁下降。如此便形成了煤粒上升、下沉、再上升的物理过程。显然，这种气化炉内的过程与流化床锅炉内的过程十分类似。

流化床式气化炉在反应速率、单炉容量、热煤气效率、碳转化率等方面比不上喷流床式气化炉，但在煤种适应性、负荷适应性、煤气易处理性等方面则优于后者，本体和系统也比后者简单，特别是具有炉内脱硫的优点。

3. 固定床气化炉

固定床式气化炉是最早开发出的气化炉。IGCC 系统中使用的属于这种类型的气化炉有德国的鲁奇炉（Lurgi）和英国的液态排渣鲁奇炉。单段鲁奇炉的结构如图 7 - 17 所示。鲁奇炉所用的气化剂为氧气和蒸汽或者空气和蒸汽，采用的原料煤的粒度为 6～38mm。正常工作时，原料煤从炉子的顶部进入炉内，经旋转式配煤器分配后均匀地向下降落，最后到达炉子底部的旋转炉排上。与此同时，气化剂从炉子下部进入炉内并向上运动。煤在与热气流逆向运动的过程中，依次经历了干燥、析出挥发分、气化、燃烧等几个过程，最后在旋转炉排上燃尽，灰渣从炉子底部的排灰口排出。由此可见，鲁奇炉内由上而下温度逐渐升高，在不同的温

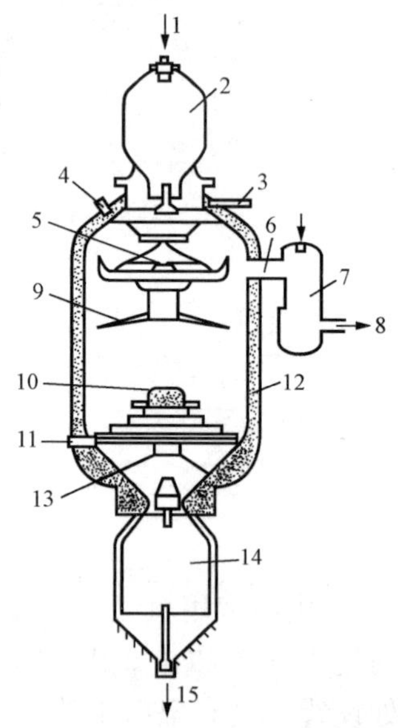

图 7 - 17 固态排渣单段鲁奇炉的结构
1—煤入口；2—煤闭锁室；3—冷却水套所产蒸汽出口；
4—配煤器驱动装置；5—配煤器；6—粗煤气出口；
7—洗涤冷却器；8—无尘煤气出口；9—破煤叶片；
10—旋转炉排；11—旋转炉排驱动装置；12—水套；
13—气化剂入口；14—灰闭锁室；15—排灰口

度区域内发生着不同的反应，如图 7 - 18 所示。

固定床式气化炉的优点是碳的转化率高（可达 99.5%），负荷适应性好，冷煤气效率高，因操作温度低而相对安全；缺点是单炉容量有限，煤气中含有较多的煤焦油、酚等有害物质，净化处理比较困难，炉内有旋转部件，这些部件的可靠性要求高。

上述几种类型的煤气化炉目前还都在发展之中，很难说哪一种更具有前途。但从已建的 IGCC 电站来看，选择喷流床式气化炉者居多，原因可能在于它单炉容量大，生产能力高的特点比较符合大功率 IGCC 机组的需要。

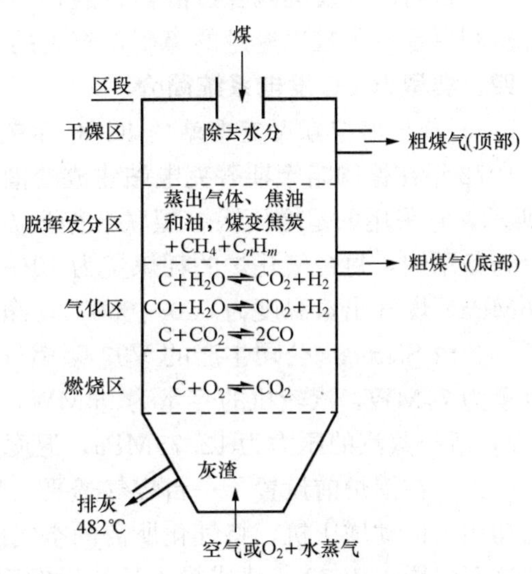

图 7 - 18　固定床气化炉内不同的温度区和反应区

三、粗煤气的净化

从气化炉引出的煤气中，含有大量灰分、硫化物、碱金属盐和卤化物等有害物质，含量的多少与原煤的性质和气化炉的形式有关。这种含有大量灰尘和有害物质的煤气称为粗煤气。如果将粗煤气供应到燃气 - 蒸汽联合循环系统中去，不仅会导致输送设备和燃气轮机的腐蚀、磨损、结垢及堵塞，影响其使用受命和工作可靠性，而且会造成与直接燃煤相类似的污染问题，达不到洁净燃煤的目的。因此，粗煤气必须净化，经过净化的煤气称为精煤气。

IGCC 中使用的净化系统有“常温湿法净化系统”和“高温干法净化系统”之分。前者是成熟技术，后者则正在研究开发之中。不管是常温湿法净化系统还是高温干法净化系统，在工艺上都由除尘和脱硫两个环节组成，只不过除尘和脱硫环节的技术细节不同而已。

由于采用湿式方法对煤气进行脱硫时，须将煤气的温度降到 30～40℃，所以，常温湿法净化系统往往在除尘之前，先将粗煤气的温度冷下来。这有两个目的：一是尽量将煤气的显热利用起来，以提高气化炉的热煤气效率；二是降低除尘难度。常温湿法净化系统一般采用两级除尘，第一级为旋风分离器，第二级为文氏洗涤器。旋风分离器的作用是把大部分含有未燃尽炭质的粗颗粒飞灰分离出来，并使它们返回气化炉。文氏洗涤器的作用是把细颗粒飞灰除净。进入旋风分离器的粗煤气的温度一般为 200～250℃，从文氏洗涤器中出来的无尘煤气的温度一般为 150℃左右。

从文氏洗涤器中出来的无尘煤气进一步冷却到 30～40℃后，进入脱硫设备中去脱硫。脱硫设备一般有三个功能。

（1）采用湿式方法将 H_2S 等硫化物从煤气中清除出来。

（2）把清除出来的 H_2S 制成元素硫。

（3）将制硫后剩余的微量有害物质焚烧掉。

常温湿法净化的优点是技术成熟，但在采用冷却方法利用煤气显热的过程中要产生一定损失，同时，还导致 IGCC 系统复杂化。于是，人们希望发展出能直接对高温煤气进行除尘和脱硫处理的高温干法净化系统。

高温除尘目前仍然存在难题，因为在高温下，除了过滤，很难有效地除去煤气中的细颗粒飞灰。目前已开发的陶瓷过滤器普遍存在着设备庞大、使用寿命短、清灰困难的问题。高温脱硫则更是一个难以逾越的障碍，有关的方法至今还都在研究之中。

四、典型 IGCC 发电系统简介

（一）德国略宁斯蒂克电站的 IGCC 示范装置

1972 年在德国略宁斯蒂克电站建成的世界上第一台 IGCC 示范装置的热力系统如图 7-19 所示，它采用的是增压锅炉型联合循环方案。这台机组使用了五台鲁奇式气化炉，其中一台为备用炉，每台气化炉的耗煤量为 10～15t/h，以空气和水蒸气为气化剂，炉内压力为 2.06MPa，煤气出口温度为 550～650℃，净化煤气的低位发热量为 6.62MJ/m^3。系统中采用了一台由 Siemens 公司生产的 V93 型燃气轮机、一台汽轮机和一台增压锅炉。燃气轮机的容量为 74MW，汽轮机的容量为 96MW，增压锅炉所产烟气的压力为 1.08MPa，温度为 820℃，所产蒸汽的压力为 12.75MPa，温度为 550℃。由于增压锅炉的炉膛压力低于煤气压力，所以，在锅炉前设置了一台煤气透平，将煤气压力由 2.06MPa 降至 1.08MPa。煤气透平的功用来拖动增压机，将气化所需的空气的压力由 1.08MPa 提高至 2.06MPa。

这套装置于 1972 年建成投入运行后发现了下列问题：煤气化炉运行不正常，达不到设计指标；粗煤气中含有较多的煤焦油、酚和硫化氢，难以处理；对煤种和煤粒度要求较严。因此，在获得一定实验结果和运行经验后，已于 1977 年停运。尽管如此，它开创了采用整体煤气化联合循环进行发电的先例，对后人有很大启发。

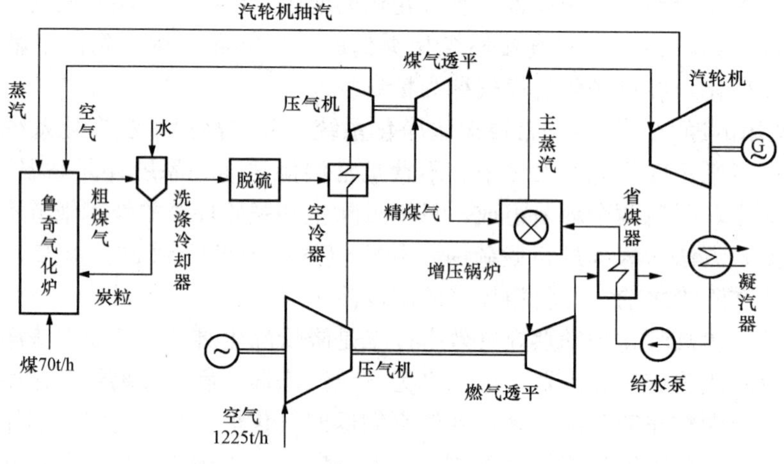

图 7-19 德国略宁斯蒂克电站的 IGCC 示范装置的热力系统

（二）美国加州冷水电站的 IGCC 示范装置

1984 年在美国加州冷水电站建成的 IGCC 示范装置的工艺流程如图 7-20 所示。这台机组是世界上第一台真正成功的 IGCC 示范装置，它采用的是余热锅炉型联合循环方案。在煤的气化方面，该机组使用了两台德士古气化炉，一台为主气化炉，一台为备用气化炉，备用炉采用的是激冷式气化炉。主气化炉的处理能力为 1000t/d，炉膛压力为 4.23MPa，温度 1200～1538℃，净化煤气的低位发热量为 9.87MJ/m^3。系统中使用了一台 MS7001E 型燃气轮机、一台汽轮机和一台单压余热锅炉。燃气轮机的容量为 65MW，汽轮机的容量为 55MW，主气化炉的辐射冷却器和对流冷却器与余热锅炉一起构成蒸汽发生系统，所产蒸汽的参数为 8.62MPa/510℃。

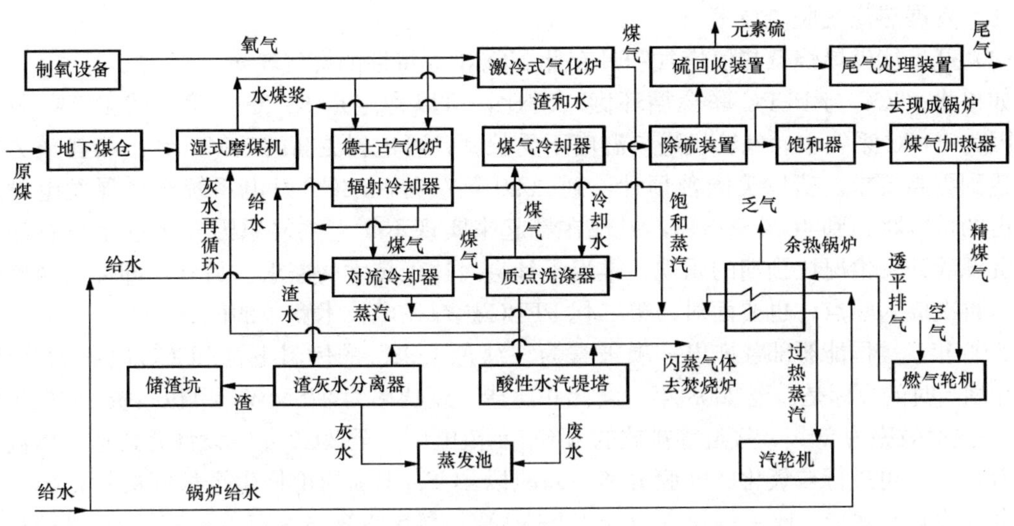

图 7-20　美国加州冷水电站的 IGCC 示范装置的工艺流程

这台机组于 1984 年建成后曾成功地运行了 4 年。实践表明，其可靠性尚可以接受，特别是比较彻底地解决了燃煤电站的污染问题，被誉为“世界上最清洁的燃煤发电装置”。所存在的主要问题是：比投资费用过高，当时达 2828 美元/MW；厂用电率高，供电效率低。

（三）我国华能煤气化发电公司的 IGCC 发电机组

2012 年，我国华能煤气化发电有限公司在天津临港经济区建成了国内第一套 IGCC 发电机组。该系统采用的是余热锅炉型联合循环方案。其煤气化装置为西安热工研究院开发的具有自主知识产权的两段式干煤粉加压气化炉（属于喷流床炉型），处理能力为 2000t/d，气化压力为 3.0MPa，气化温度为 1300～1600℃，碳转化率为 98%～99%，冷煤气效率为 80%～83%，粗煤气净化采用带有陶瓷过滤器的常温湿法净化系统进行净化，净化煤气的低位发热量为 10.77MJ/m^3。其动力岛为一套 250MW 级的一拖一多轴联合循环机组，燃气轮机为 Siemens 公司改型设计后的 SGT5-2000（LC）机型，其容量为 171MW；余热锅炉为杭州锅炉厂设计生产的卧式、三压、再热、自然循环、带整体式除氧器的余热锅炉，其高压蒸汽的参数为 9.235MPa，522℃；汽轮机为上海汽轮机厂设计生产 LZN92-9.0/4.0/0.55 机型，其容量为 94MW；机组总容量为 265MW。

该机组从基建、调试，再到后来的商业运行，曾遇到过不少问题，但都得到了解决，目前已正常运行了四年多。实践表明，其运行可靠性基本可以被接受，燃煤污染问题得到了很好的解决。所存在的问题主要是比投资费用高、厂用电率高、检修维护复杂、供电效率（仅为 36%左右）有待于进一步提高等。

五、整体煤气化联合循环发电技术展望

与燃煤增压流化床联合循环类似，整体煤气化联合循环发电技术也是全世界一直在努力发展的洁净煤发电技术之一。已有的实践表明，在控制污染排放方面，IGCC 确实比常规燃煤机组优越，但也存在着比投资费用较高、可靠性较低，效率不理想的问题。为解决这些问题，下述技术方面还要有一些突破：

（1）开发更先进、可靠的气化炉，特别是大容量、高压力的气化炉。

（2）进一步完善高温高压煤气除尘技术，开发新型高温除尘技术。

（3）发展热煤气脱硫技术。

（4）开发能够燃烧低热值煤气和具有低 NO_x 排放特性的燃气轮机。

如果将 IGCC 与 PFBC 联合循环做一对比，可以肯定是 IGCC 比第一代 PFBC 更有潜力，因为 IGCC 系统中燃气轮机进口温度不受限制，可达到更高的效率，在污染排放方面也可以达到更高要求。所以美国曾预计，到 2020 年左右，IGCC 发电系统在世界发电设备市场所占的份额将达到 40%～45%，但现在看起来实现不了。主要原因在于近年来石油和天然气资源的开发情况比预期的乐观，推迟了社会对这项技术的需求。另外，即使洁净燃煤发电技术再次成为热点，也要面对与第二代 PFBC 燃煤发电技术竞争的问题。

2003 年，美国能源部曾推出一项被誉为“绿色未来”的燃料电池/IGCC 电站示范计划。这项计划当时的目标是：至 2008 年，设计并建造一座功率为 275MW，单位投资为 1000USD/kW，高热值效率为 50%，接近零排放的 IGCC 示范电厂；至 2012 年，设计并建造一座高热值效率为 60%，可进行二氧化碳薄膜分离，并能以 4USD/Btu 的价格生产氢能的示范电厂；至 2015 年，设计并建造一座单位投资为 850USD/kW，高热值效率达 65%，零排放的燃料电池/IGCC 示范电厂。不管这项计划执行的情况如何，至少，它预示了 IGCC 可能的技术走向。

我国在发展 IGCC 发电技术方面一直比较积极，从 2012 年在天津成功投运的大容量示范电厂的建造和运行情况来看，我们已经掌握了 IGCC 的大部分关键技术，并积累了一定的应用经验。所以，如果将来我国的天然气资源受到比较大的约束，IGCC 发电技术有可能会再次成为一个发展热点。

思考题

1. 燃煤流化床锅炉的燃烧温度一般被控制在什么样范围？为什么？
2. 燃煤流化床锅炉有哪些主要优点？
3. 能否用常压流化床构成联合循环？怎样构成？
4. 第一代 PFBC 联合循环存在哪些缺点？第二代 PFBC 联合循环怎样克服了这些缺点？
5. PFBC 联合循环的关键技术有哪些？
6. 试阐述 IGCC 的基本技术路线，并解释“整体”一词的含义。
7. IGCC 的关键技术有哪些？
8. 煤气化炉的主要技术指标有哪些？
9. 煤气化炉有哪些主要类型？德士古炉和鲁奇炉分别属于哪种类型？
10. 喷流床、流化床、固定床气化炉各有哪些特点？
11. 煤气净化系统有哪两种主要类型？当前的技术状况分别如何？
12. 整体煤气化联合循环是否必须得设计成余热锅炉型的？

第八章　其他形式的联合循环简介

第一节　程　氏　循　环

一、热力系统和过程

程氏循环（Cheng Cycle）又称为双工质燃气轮机循环或并联型联合循环，由美籍华人程大酉博士于 1974 年提出。程氏循环的热力系统如图 8-1 所示，理想程氏循环的温熵图如图 8-2 所示。

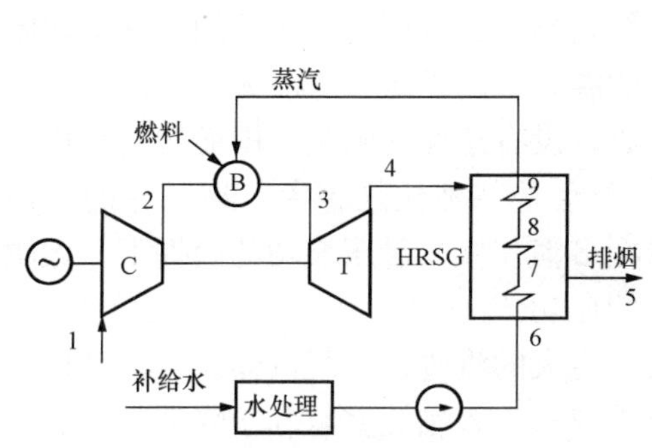

图 8-1　程氏循环的热力系统

C—压气机；B—燃烧室；T—透平；HRSG—余热锅炉

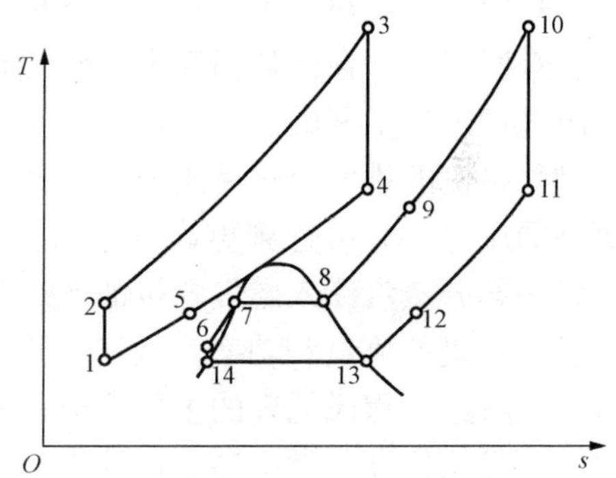

图 8-2　理想程氏循环的温熵图

由图 8-1 可见，这种循环的设备构成与余热锅炉型联合循环有相似之处，但其余热锅炉所产生的蒸汽不是被送到汽轮机中去做功，而是被送到燃气轮机的燃烧室，与压气机供来的空气一起被加热到透平初温后，再共同进入透平膨胀做功（也可以使一部分低压蒸汽不经燃烧室加热而直接进入透平的低压部分做功）。由于该循环同样将燃气循环和蒸汽循环耦合在一起，所以也是一种燃气-蒸汽联合循环。又由于该循环中，燃气轮机中同时有燃气和蒸汽两种工质，所以又被称为双工质燃气轮机循环。还由于其中的燃气循环和蒸汽循环并行地通过燃气轮机实现，所以又被称为并联型联合循环。

在图 8-2 所示的理想程氏循环温熵图中：

过程 1-2-3-4 表示燃气轮机内部的压缩、燃烧和膨胀过程；

过程 4-5 可理解为燃气轮机排气中的烟气在余热锅炉中对补给水进行加热的过程；

过程 5-1 可理解为燃气轮机排气中的烟气在大气中放热的过程；

过程 14-6 表示补给水在水泵中被压缩的过程；

过程 6-7-8-9 表示补给水在余热锅炉中吸热并转换为过热蒸汽的过程；

过程 9-10 可理解为余热锅炉所产生的蒸汽在燃气轮机燃烧室中吸热的过程；

过程 10-11 表示蒸汽在透平中膨胀做功的过程；

过程 11-12 可理解为燃气轮机排气中的蒸汽在余热锅炉中对补给水进行加热的过程；

过程 12-13-14 可理解为燃气轮机排气中的蒸汽在大气中放热的过程。

图上的一些热力参数之间存在着一定的关系，即：$T_{10}=T_3$；$T_{11}=T_4$；$T_{12}=T_5$；$T_9<T_4$；$T_{12}>T_6$；$p_S>p_2$（p_S 为余热锅炉出口处蒸汽的压力）。

二、性能及特点

从热力学上看，程氏循环既与余热锅炉型联合循环相近，也与采用空气回热的燃气轮机相近。但实质上，这种循环的性能与由简单燃气轮机循环和简单汽轮机循环叠置而成的余热锅炉型联合循环有很大差别，也与回热型燃气轮机循环有很大差别。

与余热锅炉型联合循环相比，该循环的最大特点是省去了对最高工作温度有极大限制的汽轮机及系统（包括汽轮机、凝汽器及其辅助设备）。这不仅使蒸汽循环系统大幅度简化，投资降低，而且把蒸汽循环的最高工作温度提高到了燃气轮机的水平。当然，此时蒸汽循环排汽温度低的优点将无从发挥，而且要消耗大量经过严格处理的补充水。

与采用空气回热的燃气轮机循环相比，该循环的最大特点是，削弱了对燃气轮机压比的限制。众所周知，在回热循环中，燃气轮机的排气余热由经过压气机压缩的空气来回收，此时，压气机出口空气的温度一定要低于透平排气的温度，所以压比不能太高。而在程氏循环中，燃气轮机的排气余热采用温度很低的水来回收，没有这样的限制，因而燃气轮机可以采用更高的压比，并可达到更高的效率。同时，由于水是一种比热容大、易压缩的工质，所以，将一部分蒸汽注入燃气轮机的燃烧室，可以在多消耗极少量压缩功的前提下，大幅度地提高燃气轮机的流量和功率，从而使其具有更大的比功。

综上所述，程氏循环的主要优点是不需要尺寸庞大的汽轮机、凝汽器及其辅助设备，投资少，而且压比高、效率高、比功大。另外，由于蒸汽注入燃烧室有利于降低火焰温度，所以 NO_x 排放量低；又由于含有水蒸气的烟气的传热系数高，所以其余热锅炉的换热效果好，效率高。其主要缺点是工作中有大量蒸汽排向大气，所以需要补水。这不仅需要庞大的水处理设备，而且浪费水资源。一般来说，双工质燃气轮机循环的耗水量要比余热锅炉型联合循环多 38％左右，其回注蒸汽用水为 0.2～0.4kg/kWh。

研究表明，程氏循环非常适合机车、舰船等对发动机的机动性、超载能力有较高要求的场合，也特别适合热电联产。以 Allison 公司生产的 501 - KB 燃气轮机为例，如果用该机组和一台余热锅炉构成一套以简单循环方式工作的热电联产装置（余热锅炉所产生的蒸汽全部作为外界要求的工艺蒸汽输出），并且采用“以热定电”的模式运行，如图 8 - 3 所示，当外界要求提供 9072kg/h 的蒸汽量时，机组可以发出 3086kW 的电功率。但是当外界需求的蒸汽量降为 4536kg/h 时，机组只能允许发出 1050kW 的电功率，否则，或者多出的蒸汽没办法处理，或者多出的烟气余热要被排放掉。此时，燃气轮机的初温 T_3^* 必须降低，不仅机组的效率和功率都得不到充分发挥，而且其热部件的寿命也要受到一定影响。

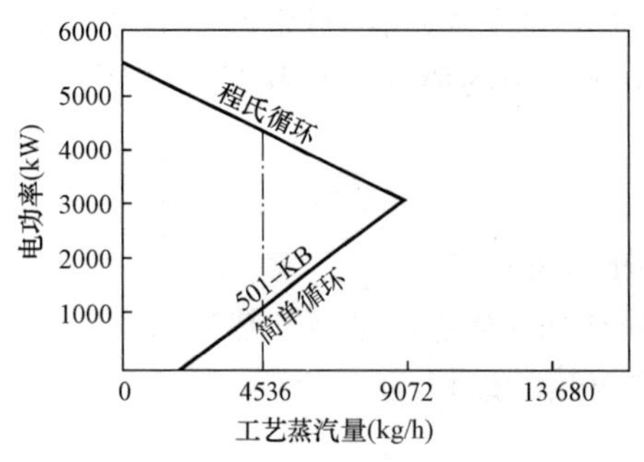

图 8 - 3　用 501 - KB 机组构成的热电联产机组的运行图

但是，如果用该机组和一台余热锅炉构成一套以程氏循环方式工作的热电联产装置时，情况就会得到改善。例如：当外界需求的蒸汽量降低为 4536kg/h 时，可以把多余的那部分蒸汽送到燃烧室去，使机组能够在 4300kW 工况下运行；当外界需求的蒸汽量降为零时，送回到燃烧室中去的蒸汽量将增至最大值，此时机组的电功率将达到最大值 5400kW。在整个热负荷的变动范围内，燃气轮机的初温 T_3^* 基本维持不变，这对于机组的热效率和热部件的寿命都有好处。由此可见，程氏循环热电联产机组不仅能始终在很高的效率水平下运行，而且其热电比可变动范围也很大。

由于这种机组有其特别适合的场合，所以国外已经将其商品化，并形成了系列产品。

第二节　湿空气透平循环

一、热力系统和过程

湿空气透平（humid air turbine，HAT）循环，由日本人 Y Mori 教授于 1983 年提出，其热力系统如图 8-4 所示。由图可见，该循环与回热型燃气轮机循环很相似。所不同的是，HAT 循环在回热器之后增加了一个给水预热器，并在压气机和回热器之间增加了一个给水蒸发器。预热器利用温度很低的给水来吸收回热器排出的烟气的热量，以降低排烟温度，减少放热损失。蒸发器利用给水的蒸发来吸收高压空气的热量，以降低空气温度，增强回热效果。该过程中有一定量的给水变成蒸汽，并与空气一起参与循环。给水量的大小受到一定限制，最大只能达到使高压空气成为饱和湿空气的程度。由于该循环的工作介质是湿空气，所以被称为湿空气透平循环。同时该循环也是将燃气循环和蒸汽循环耦合在一起，所以也可归入燃气-蒸汽联合循环之列。

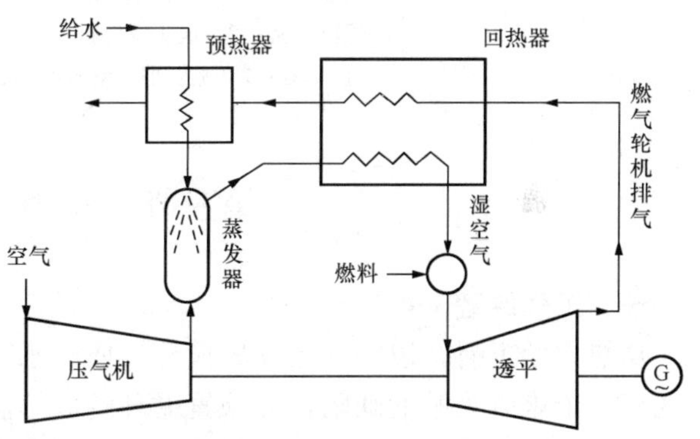

图 8-4　HAT 循环的热力系统

二、性能及特点

从本质上看，HAT 循环也是一种双工质并联型燃气轮机循环。所以，该循环也有程氏循环所具有的一些特点，即不需要尺寸庞大的汽轮机、凝汽器及其辅助设备，设备投资低；压比高、效率高、比功大；燃烧室中的火焰温度低，NO_x 排放量低，同时也存在着水资源浪费的缺点。

不过，程氏循环中的燃气轮机排气余热用水蒸气来吸收，与余热锅炉型联合循环更接近；HAT 循环的燃气轮机排气余热用高压空气和水蒸气的混合物来吸收，相比较而言，与回热型燃气轮机循环更接近。

研究表明，图 8-4 所示的 HAT 循环的热效率比余热锅炉型联合循环的热效率要低一些，但是，HAT 循环的热力系统可改进和优化设计的余地很大。例如，若将图 8-4 中的单转子压气机改为双转子、间冷式压气机，并在高低压压气机之间增加一个间冷器，在高压压气机出口增加一个后冷器，压缩空气在间冷器和后冷器中放出的热量均被用来预热给水，形成图 8-5 所示更为先进的系统，则 HAT 循环的热效率可能会超过余热锅炉型联合循环，达到 60%以上。不过，为了实现 HAT 循环，必须对现有燃气轮机的结构进行大幅度改造，所以到目前为止，采用 HAT 循环的燃气轮机尚未实现商业化。

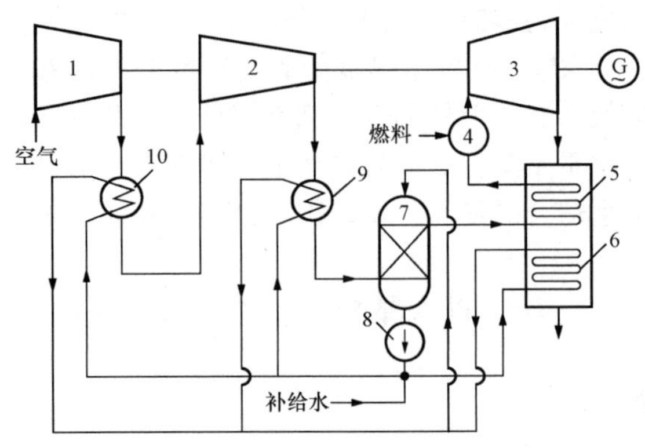

图 8-5 具有间冷器的 HAT 循环的热力系统

1—高压压气机；2—低压压气机；3—透平；4—燃烧室；5—回热器；6—预热器；7—蒸发器；8—回水泵；9—后冷器；10—间冷器

第三节 卡林那循环

一、工作原理

从热力学上看，以空气为顶置循环工质、水蒸气为底置循环工质的余热锅炉型联合循环存在着一个难以克服的缺陷，即顶置循环的放热温度线和底置循环的吸热温度线之间很难合理匹配，导致余热锅炉换热面上的传热温差分布不均匀（见图 5-2），不可逆损失大。虽然采用多压余热锅炉可以改善这种匹配，但毕竟要付出使系统复杂化的代价，而且不能从根本上解决问题。

顶置循环放热线和底置循环吸热线之间的理想关系应该是相互平行。要实现这一点，必须使底置循环的工质在温度连续改变的条件下汽化。但是，我们知道，水（以及任何一种晶体物质）在等压条件下的蒸发过程只能是等温的，要实现连续、变温蒸发，只能连续改变压力，而在技术上这几乎无法实现。

那么，目前是否存在技术上能够实现可以使工质变温蒸发的方法呢？答案是肯定的，那就是使用非共沸混合工质。卡林那循环就是一种以氨水混合物为工质的新型动力循环。该循环是以其发明人卡林那（Kalina）博士的名字命名的，其热力过程如图 8-6 所示。

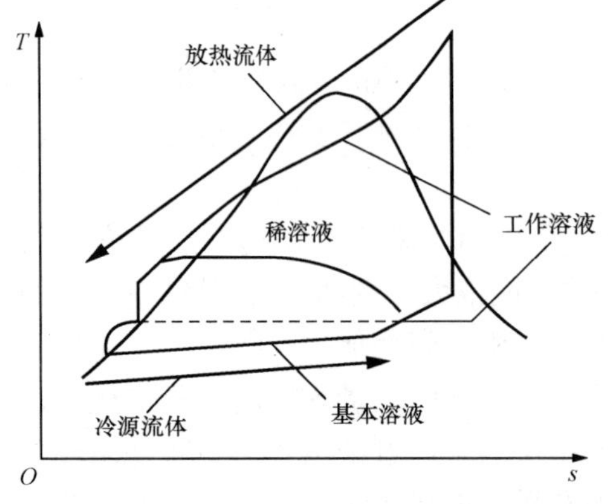

图 8-6 卡林那循环的温熵图

卡林那循环采用一套蒸馏-冷凝装置使氨水分别与热源和冷源进行热交换。在该装置的蒸馏器内，高压的浓氨水溶液（根据大气环境温度的不同，最佳浓度为 68%～80%）吸收放热流体的热量后，蒸馏出氨气。在蒸馏器出口处浓溶液已被分离成氨气和稀溶液两个组成部分。氨气进入汽轮机膨胀做功后返回蒸馏-冷凝装置的冷凝器，稀溶液经降压后也返回冷凝器。在冷凝器内，稀溶液与氨气在冷源的作用下会重新混合成浓溶液，将此溶液增压后送往蒸馏器，便实现了工质的热力循环。

由于在该循环的蒸馏过程中，溶液的浓度逐渐降低，相应的沸点温度逐渐升高，所以整个蒸发过程是一个变温（温度逐渐升高）过程。这一特点使卡林那循环成为一种特别适合于利用变温显热源的动力循环。如果用该循环替换掉余热锅炉型联合循环的朗肯循环（以水蒸气为工质的底置循环），就可构成一种燃气-氨气联合循环。

应该指出，从原理上说，并非只有氨水溶液才可以作为卡林那循环的工质，采用其他非共沸混合工质也可以实现这样的循环。但是，由卡林那担任总裁的美国 Exergy 公司经过研究认为，到目前为止还没有发现任何工质可以与氨水混合物相竞争。卡林那曾声言："我们对工质的研究越多，就越发现氨水混合物是最好的。它易于处理，易于挥发，可迅速获得。由于这里不需要高品质的氨，所以，可以从化工厂直接购买。"

二、性能及特点

理论研究的结果表明，相对于常规的余热锅炉型燃气-蒸汽联合循环而言，卡林那循环具有更加优越的性能，主要表现在以下几个方面。

（1）热效率更高。Exergy 公司的研究表明，不管采用什么类型的燃气轮机，与以朗肯循环为底置循环的余热锅炉型联合循环相比，以卡林那循环为底置循环的联合循环的效率均可高出 3%左右。例如，传统的采用三压余热锅炉的再热 7FA 联合循环电厂的净效率大约为 54.5%，而如果采用卡林那循环，7FA 联合循环电厂的净效率至少可以达到 57.5%。若将前 ABB 公司的 GT26 型燃气轮机与卡林那循环相配，其净效率将可达到 60%。

（2）经济性更好。Exergy 公司的研究表明，与余热锅炉型联合循环相比，以卡林那循环为底置循环的联合循环的投资大约高出 10%，但是，出力可以提高 25%，单位功率的投资依然是降低的。效率的提高和投资的相对降低，使卡林那循环比余热锅炉型联合循环具有更好的经济性。

（3）启停更加迅速。卡林那循环从启动到满负荷运行大约需要 90min，只有余热锅炉型联合循环启动时间的 60%左右。

另外，卡林那循环所采用的闭式工作方式和氨水混合物工质，使得它可以几乎不加改造地采用各种已经商业化的透平。至于人们担心的氨泄漏问题，Exergy 公司认为，通过"零泄漏设计"可以在相当大程度予以克服。"任何流到地上的氨都会迅速分解到大气的氢和氧中"，"运行中补充一些工质是需要的，但是补充量仅为朗肯循环的 1%。"

这项技术曾引起很多人的兴趣。据悉，GE 公司与 Exergy 公司曾就设计和推广卡林那联合循环电厂的燃气轮机签订了一份全球性的专利转让协议，并成立了一个专门的小组来发展卡林那联合循环示范电厂。ABB 公司也曾取得发展卡林那循环火电厂的许可权，Ansaldo 公司取得了发展卡林那循环地热电厂的许可权。卡林那本人曾预测，他所发明的这种循环在若干年内会成为世界上的一种必需。

第四节　热电（冷）联产的联合循环

一、热电联产的联合循环

前面论述的燃气-蒸汽联合循环都是单纯发电的联合循环。事实上，这些联合循环都可以用于热电联产（combined heating and power，CHP）。热电联产的燃气-蒸汽联合循环，按照所供应的产品的特点大体上可以分为三种类型：①同时供应电力和蒸汽的联合循环；②同时供应电力和热水的联合循环；③同时供应电力、蒸汽和热水的联合循环。按照所采用的设备组合方式则可以分为四种类型：①燃气轮机＋余热锅炉＋背压式汽轮机；②燃气轮机＋余热锅炉＋抽汽凝汽式汽轮机；③燃气轮机＋余热锅炉＋抽汽背压式汽轮机；④燃气轮机＋余热锅炉。另外，每一种类型又有补燃和不补燃之分。严格地讲，燃气轮机＋余热锅炉型的联产系统不能算作燃气-蒸汽联合循环，因为这种系统中没有汽轮机，不是两个热机循环的耦合，但是可以把它看做是热电联产燃气-蒸汽联合循环的一个极端。

热电联产的燃气-蒸汽联合循环的基本原理很简单，其能源利用率高的优点也显而易见。但是，热电联产机组类型及参数的选择则很有讲究，如果选择不当，不仅得不到好的经济效果，而且也不能实现高的能源利用率。在热电机组的选择上，有一个重要的依据，叫做功率系数，又称为功热比。它是机组供电量与供热量的比值。不同类型、不同功率等级的热电机组各有其最合理的功率系数和功率系数变化范围。在这一点上，所有的热电联产机组都是一样的。

与常规的热电联产机组相比，燃气-蒸汽联合循环型热电机组的一个重要特点是功率系数大。这是因为，在燃气-蒸汽联合循环中，燃气轮机发电所占的比重较大。假若热电联产的总效率（能源利用率）为80%，其中发电效率为40%左右，则功率系数差不多就是1.0。因为功率系数大，所以联合循环型热电机组相对来说更适合于电能需求多、热能需求相对少的场合。功率系数大，也使整个能源系统具有更好的节能效果。

燃气-蒸汽联合循环型热电联产非常适合于油田、海上石油平台、炼油厂等应用场合，也适合于大型钢铁企业、化工企业等。这些场合或企业一般既有稳定的电力需要，也有稳定的热量需要，而且往往也有自制的适合于燃气轮机燃用的廉价燃料，如渣油、高炉煤气等。在这些场合，采用燃气-蒸气联合循环型热电联产不仅可获得最佳的经济效果，而且可以改善环境污染情况。因此，世界各国对发展这种形式的热电联产都给予鼓励。据估计，就台数而言，目前用于热电联产的燃气轮机大约可占到燃气轮机总数的50%。

二、冷热电联产的联合循环

目前，分布式能源系统正在普及之中。这种系统是建造在用户附近或者直接与建筑物集成在一起，由小型或微型设备组成，可独立地向所在地区供应冷、热、电和生活热水的冷热电三联产（combined cooling heating and power，CCHP）系统。CCHP的形式很多，不同形式的CCHP具有不同的技术特点和可靠程度，适应于不同的地域环境、用户类型和规模。这里仅介绍基于燃气轮机和燃气-蒸汽联合循环的CCHP系统。

理论上，我们可望构造一个如图8-7所示的基于燃气-蒸汽联合循环的CCHP方案（框架），该方案的原理是：将燃料供给燃料电池，燃料电池将燃料的化学能直接转换为电能，同时将转换过程中产生的热能提供给热气轮机；热气轮机将燃料电池排放的余热中的一部分转换为电能，然后将不能利用的较低品位的余热提供给余热锅炉；余热锅炉吸收热气轮机排放的余热中的一部分，产生蒸汽并带动汽轮机发电，然后将更低品位的余热提供给吸收式冷热水机组；冷热水机组利用余热锅炉排放的余热产生空调用的冷水、热水和生活用的热水，最后把没有利用价值的极低品位的余热排向大气。该方案如能实现，其能源利用率将会达到90%以上，电效率将会达到70%以上。

然而，目前投入应用的都是比此简单得多的方案。图8-8所示为一个以天然气为燃料、

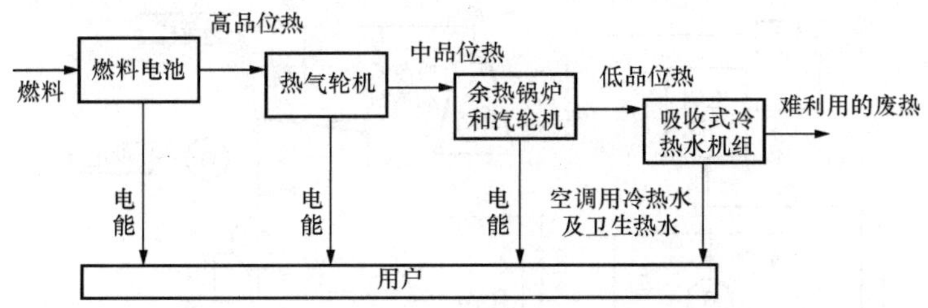

图 8-7　基于燃气-蒸汽联合循环的 CCHP 方案

基于燃气轮机的 CCHP 系统。其工作原理是：将燃料供给燃气轮机，燃气轮机将燃料的部分热能转换为电能，然后将其余的热能提供给吸收式冷热水机组；冷热水机组利用燃气轮机排放的余热产生空调用的冷水、热水和生活用的热水，最后把低品位的余热排向大气。其冷热水机组前所设的补燃装置可使系统摆脱“以热定电”或“以电定热”的运行模式，使系统能随时独立地生产出用户所需要的热能（冷）和电能。燃气轮机前所设的进气冷却装置可使燃气轮机摆脱环境温度升高所产生的不利影响。实践证明，如果系统配置得当，该方案的能量利用率可达到 70%以上，电效率可达到 25%～30%。

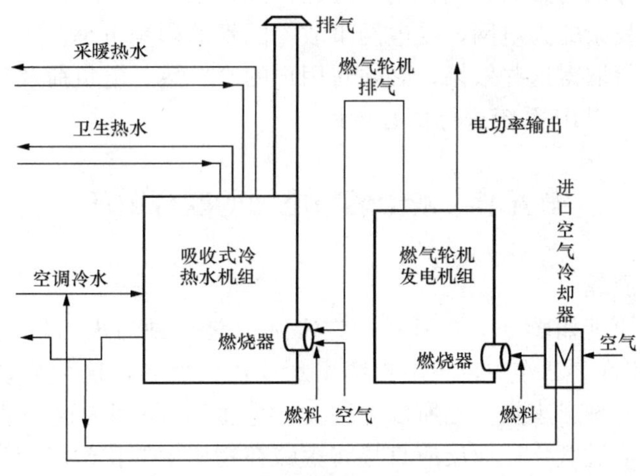

图 8-8　基于燃气轮机的 CCHP 系统

图 8-9 所示为建造于国内某大学城的一套以天然气为燃料、基于燃气-蒸汽联合循环的 CCHP 系统。系统中装有两台燃气轮机（图中只画出了一台）、两台单压余热锅炉、一台抽汽凝汽式汽轮机、两台蒸汽驱动的吸收式制冷机、两台电驱动的压缩制冷机。燃气轮机的电功率为 2×50MW，余热锅炉的产汽量为 2×120t/h，汽轮机的抽汽量为 100t/h，抽汽除供应吸收式制冷机外，还满足大学城的其他需要，电压缩制冷和吸收式制冷所占的比例分别为 80%和 20%。系统发出的电可满足大学城 80%的电能需要。据计算，该系统的能量利用率为 80.9%。

理论上，基于燃气轮机和燃气-蒸汽联合循环的 CCHP 系统有很多优点。首先这种系统具有很高的能源利用率，它按照能量梯级利用的原则，用高品位的能量发电，用低品位的能量制冷制热（和热水）及调节空气湿度，可切实做到“物尽其用”，从而可使能源利用率从目前的 30%～40%提高到 80%以上。即使与传统的热电联产相比，由于 CCHP 系统布置在

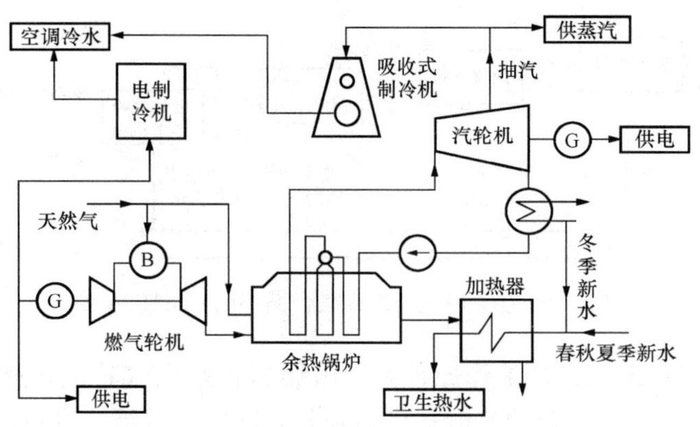

图 8-9　建于某大学城的 CCHP 系统

用户附近，没有输配电损失和冷热水管网损失，其能源利用率也更高一些。其次，CCHP 系统有很好的环保性能，它产生单位电能和热能所消耗的燃料少，并且由于燃烧技术先进，燃烧过程中产生的 NO_x 等污染物也很少。再其次，由小型或微型设备组成的 CCHP 系统具有很高的可靠性，它以分散的方式布置在用户附近，并以独立的方式向用户供应冷、热、电和生活热水，不需庞大复杂的大电网，受电网事故等因素的影响也小。

但实践表明，要想取得这些效果，必须对用户的冷、热、电负荷及其变化规律有深刻的研究和把握，并须对 CCHP 系统进行精心设计。

第五节　基于燃料电池的联合循环

一、燃料电池的原理

燃料电池的工作原理如图 8-10 所示，它实际上是一种与火力发电装置功能相似、由“燃料”驱动的发电装置。工作中，只要连续不断地供给燃料，这种装置就可以连续不断地向外界输出电能，同时排出废热。之所以被称为“电池”，是因为这种装置的内部过程与普通原电池一样，都是通过氧化还原反应直接将蕴藏在物质中的化学能转换为电能。

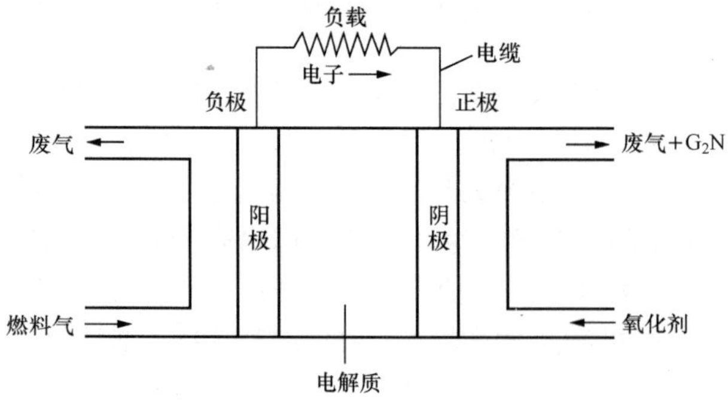

图 8-10　燃料电池工作原理示意

由图可见，要使燃料电池正常工作，必须连续不断地向其供应一定的燃料和氧化剂。目前燃料电池所使用的燃料本质上都是氢，所使用的氧化剂本质上都是氧。氢与氧在燃料电池

中所发生的反应为

$$2H_2 + O_2 \longrightarrow 2H_2O(+电流)$$

在自然界，氧大量地以分子状态存在于空气中，很容易获得，而氢则很少能以原子或分子状态存在，一般需要利用含氢化合物制备和提取。目前，能用于高效地制备氢气的物质主要是天然气、石油、甲醇等碳氢化合物，煤气经过转化（通过化学反应 $CO+H_2O \longrightarrow H_2+CO_2$）和分离（分离出 CO_2）也可以高效地制备出氢气。利用天然气、石油、甲醇、煤气等通过化学反应制备氢的过程称为重整，被重整的燃料称为原燃料，重整后所得到的燃料气被称为重整气。重整可在燃料电池本体外进行，也可在本体中进行，前者被称为外重整，后者被称为内重整。对具有内重整能力的燃料电池，燃料并不限于氢气。

这样，从用户的角度看，燃料电池的燃料可以是纯氢，也可以是天然气、石油、甲醇、煤气等；燃料电池的氧化剂可以是纯氧，也可以是空气。

如图 8-10 所示，在结构上，燃料电池由两个电极和夹在这两个电极之间的电解质构成。被供给燃料的电极称为“燃料极”，按照原电池的定义称为“阳极”（对化学反应）或“负极”（对外电路）；被供给氧化剂的电极称为“空气极”，按照原电池的定义则称为“阴极”（对化学反应）或“正极”（对外电路）。电解质是一种允许离子通过，而不允许电子通过的物质。电解质不同，燃料电池的阳极和阴极上就发生不同的反应，并产生不同的离子。在磷酸型燃料电池中，阳极和阴极所发生的反应分别为

$$H_2 \longrightarrow 2H^+ + 2e^-$$

$$\frac{1}{2}O_2 + 2H^+ + 2e^- \longrightarrow H_2O$$

其中，氢离子和电子分别在电解质中和外电路中从阳极迁移到阴极。

理论上，燃料电池可以达到 80%以上的发电效率。但在实际中，由于各种因素的限制，燃料电池的发电效率一般只能达到 40%～60%，其余的燃料能量只能以热量的形式排出。

二、燃料电池的类型及特点

燃料电池根据使用的电解质不同可分为碱性型燃料电池（alkaline fuel cell，AFC）、固体高分子型燃料电池（polymer electrolyte fuel cell，PEFC）、磷酸型燃料电池（phosphoric acid fuel cell，PAFC）、熔融碳酸盐型燃料电池（molten carbonate fuel cell，MCFC）、固体氧化物型燃料电池（solid oxide fuel cell，SOFC）五种类型。各种燃料电池的工作温度差别极大。按照工作温度，燃料电池可大致分为低温型和高温型两种类型。不同种类的燃料电池在燃料选择、系统构成、性能上有很大差别，用途也有很大差别。表 8-1 列出了各种燃料电池的技术特点。

表 8-1　燃料电池的类型及技术特点

类　型	碱性型（AFC）	固体高分子型（PEFC）	磷酸型（PAFC）	熔融碳酸盐型（MCFC）	固体氧化物型（SOFC）
电解质	强碱（KOH）	质子交换膜	高浓度磷酸（H_3PO_4）	碱金属碳酸盐（$LiCO_3$、K_2CO_3等）	氧化锆（ZrO_2）
电解质中传导的离子及方向	OH^- 阴→阳	H^+ 阳→阴	H^+ 阳→阴	CO_3^{-2} 阴→阳	O^{-2} 阴→阳

续表

类　型	碱性型（AFC）	固体高分子型（PEFC）	磷酸型（PAFC）	熔融碳酸盐型（MCFC）	固体氧化物型（SOFC）
工作温度（℃）	50～200（低温型）	60～80（低温型）	160～210（低温型）	600～700（高温型）	900～1000（高温型）
氧化剂	纯氧	氧气或空气	氧气或空气	氧气或空气	氧气或空气
燃料	纯氢	氢气或重整气	氢气或重整气	氢气、重整气或各种原燃料	氢气、重整气或各种原燃料
内重整能力	无	无	无	有	有
适用的发电规模（kW）	1～100	1～250	20～1000	数千至数十万	数千至数十万
余热可利用性			制冷、制热及热水	与汽轮机的联合循环、其他	与燃气轮机、汽轮机的联合循环、其他
本体发电效率（%）	50～70	35～45	35～45	45～60	50～60
联合循环发电效率（%）				60～70	70～80
主要用途	航天器	电动车、微型可移动电源	分布式电站	各种类型的电站	各种类型的电站
技术状况	已高度发展	正在发展，需降低成本	已商品化	正在发展，需延长寿命	正在发展，需降低造价

碱性型燃料电池（AFC）以氢氧化钾（KOH）等强碱为电解质，以纯氢为燃料，以纯氧或脱除CO_2的空气为氧化剂，工作温度为50～200℃，属于低温型燃料电池。这种燃料电池由于对燃料和氧化剂的要求非常高，所以一般只用在航天器上，发电效率为50%～70%。

固体高分子型燃料电池（PEFC）以只允许氢离子（即质子）通过的质子交换膜为电解质，以氢气或净化重整气为燃料，以氧气或空气为氧化剂，工作温度为60～80℃，属于典型的低温型燃料电池。这种燃料电池由于可在室温下快速启动，所以是电动车的理想选择，其发电效率为35%～45%。

磷酸型燃料电池（PAFC）以高浓度的磷酸溶液（H_3PO_4）为电解质，以氢气或净化重整气为燃料，以氧气或空气为氧化剂，工作温度为160～210℃，也属于低温型燃料电池。这种燃料电池由于对燃料和氧化剂的要求相对较低，且排出的废热还可以用于制冷、供暖及加热卫生用水，所以是小型分布式冷热电三联供系统（CCHP）的理想选择。基于该燃料电池的CCHP系统的发电效率为35%～45%，综合效率可望达到70%～80%。

熔融碳酸盐型燃料电池（MCFC）以熔化的碱金属碳酸盐（如$LiCO_3$、K_2CO_3等）为电解质，以氢气、重整气或天然气、煤气和各种碳氢化合物为燃料，以氧气或空气为氧化剂，工作温度为600～700℃，属于高温型燃料电池。这种燃料电池具有内重整能力，且排出的废热温度高，容易实现与汽轮机的联合循环及冷热电三联产，适用于各种规模的电站。该燃料电池本身就具有40%～50%的发电效率，如果构成与汽轮机的联合循环，发电效率可望达到 60%～70%。如果构成联合循环型的热电联产、冷热电三联产，在发电效率达到 60%～70%的同时，综合效率可达到 80%以上。

固体氧化物型燃料电池（SOFC）以氧化锆（ZrO_2）为电解质，以氢气、重整气或天然气、煤气和各种碳氢化合物为燃料，以氧气或空气为氧化剂，工作温度为 900～1000℃，也属于高温型燃料电池。这种燃料电池也具有内重整的能力，并且排出的废热比 MCFC 还要高，容易实现与燃气轮机、汽轮机的联合循环，适用于各种规模的电站。燃料电池本身的发电效率可达到 50%～60%，如果与燃气轮机、汽轮机构成联合循环，发电效率可望达到 70%～80%。如果构成联合循环型的热电联产、冷热电三联产，在发电效率达到 60%～70%的同时，综合效率可望达到 90%以上。

总的来说，燃料电池具有效率高、污染少的优点。不过，在目前，由于燃料电池价格高，技术上也还存在不少问题，总体上还处在研究、开发、改进和小规模示范运行阶段。但是，随着人们对环保问题的日益重视和能源短缺矛盾的日益突出，它一定会成为一项引人注目的能源技术。

三、基于燃料电池的联合循环发电系统

如上所述，可能与燃气轮机、汽轮机相组合，构成燃气-蒸汽联合循环的燃料电池主要是熔融碳酸盐型和固体氧化物型两种高温型燃料电池。但是，由于这两种电池目前都处在发展阶段，所以还很难找到较完整的应用实例。一个基于固体氧化物型燃料电池（SOFC）的燃料电池/汽轮机发电系统如图 8-11 所示。一个基于 4 台加压固体氧化物型燃料电池（PSOFC）组件的燃料电池/燃气轮机发电系统如图 8-12 所示。

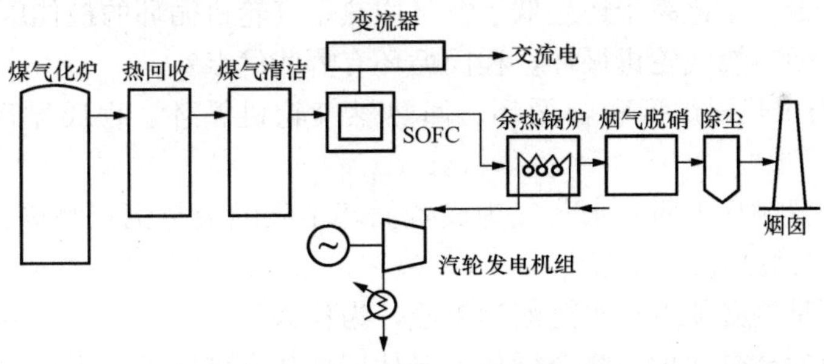

图 8-11　基于 SOFC 的燃料电池/汽轮机发电系统示意

图 8-12 所示系统的发电功率为 2.5MW。该系统由两部分组成：第一部分包含 1 台燃气轮机和 2 台 500kW 的 PSOFC 组件，燃气轮机没有净功输出，只用来驱动压气机，为燃料电池组提供空气；第二部分包含 1 台 500kW 的燃气轮机和 2 台 500kW 的 PSOFC 组件。燃料气也分两路进入再生式燃料气/空气预热器，预热器的热源来自于发电燃气轮机排气。预热后的第一路燃料气被送入第一个 PSOFC/GT 系统，第二路燃料气被送入第二个 PSOFC/GT 系统。由压气机出来的压缩空气先进入第一个 PSOFC/GT 系统，然后再进入第二个 PSOFC/GT 系统。据估计，该系统的供电效率可达到 70%以上，而目前所有其他热力型发电系统都难以达到这个水平。

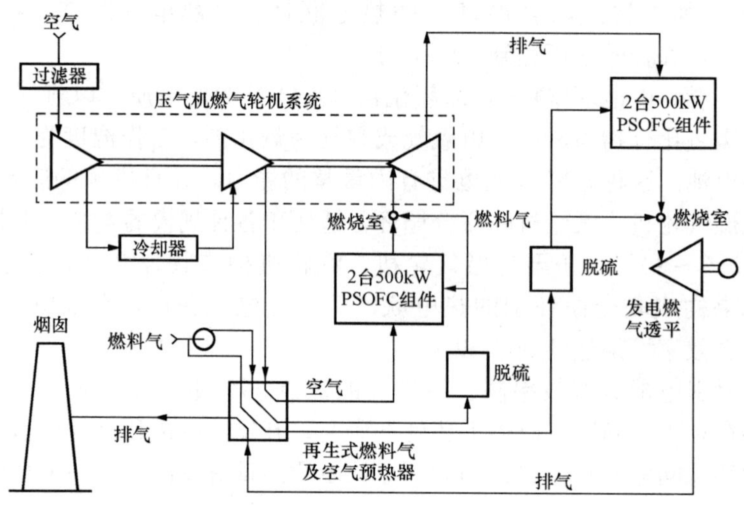

图 8-12 基于 PSOFC 的燃料电池/燃气轮机发电系统示意

思考题

1. 试绘出理想程氏循环的温熵图，并说明图上各状态点的热力参数之间满足哪些关系？

2. 试分析程氏循环与余热锅炉型联合循环之间有哪些主要区别？

3. 程氏循环的最佳压比高于还是低于空气回热燃气轮机循环的最佳压比？为什么？

4. 相对于空气回热燃气轮机循环，程氏循环有哪些优点？

5. HAT 循环与余热锅炉型联合循环、回热燃气轮机循环、程氏循环各有哪些联系和区别？

6. 以空气为顶置循环工质、水蒸气为底置循环工质的余热锅炉型联合循环的什么缺陷可以由卡林那循环克服？怎样克服？

7. 卡林那循环是否必须以氨水溶液为工质，为什么？

8. 相对于常规的余热锅炉型联合循环，卡林那循环有哪些更加优越的性能？

9. 燃气-蒸汽联合循环型的热电联产有哪些设备组合方案？

10. 何谓功率系数？燃气-蒸汽联合循环型热电联产机组的功率系数一般大于还是小于常规热电联产机组，为什么？

11. 何谓重整？普通燃料在用于燃料电池时为什么要重整？

12. 电解质在燃料电池中的作用是什么？

13. 按照电解质的不同，可将燃料电池分为哪几种类型？

14. 何谓外重整？何谓内重整？哪些燃料电池有内重整能力？

15. 哪些燃料电池有希望用于燃气-蒸汽联合循环？

参 考 文 献

[1] 王仲奇. 透平机械原理. 北京：机械工业出版社，1981.
[2] 沈炳正. 燃气轮机装置. 北京：机械工业出版社，1982.
[3] 朱梅林. 燃气轮机. 武汉：华中工学院出版社，1982.
[4] 佐藤豪. 燃气轮机循环理论. 王仁，译. 北京：机械工业出版社，1983.
[5] 钟芳源. 燃气轮机设计基础. 北京：机械工业出版社，1987.
[6] 翁史烈. 燃气轮机. 北京：机械工业出版社，1989.
[7] 朱行健，王雪瑜. 燃气轮机工作原理及性能. 北京：科学出版社，1992.
[8] 任其智. 燃气轮机的检修. 北京：机械工业出版社，2004.
[9] 韩介琴. 燃气轮机传热和冷却技术. 程代京，等译. 西安：西安交通大学出版社，2005.
[10] 翁史烈. 燃气轮机与蒸汽轮机. 上海：上海交通大学出版社，1996.
[11] 黄庆宏. 汽轮机与燃气轮机原理及应用. 南京：东南大学出版社，2005.
[12] 钟史明. 燃气-蒸汽联合循环发电. 北京：水利电力出版社，1995.
[13] 焦树建. 整体煤气化燃气-蒸汽联合循环（IGCC）. 北京：中国电力出版社，1996.
[14] 焦树建. 燃气-蒸汽联合循环. 北京：机械工业出版社，2000.
[15] 焦树建. 燃气-蒸汽联合循环的理论基础. 北京：清华大学出版社，2003.
[16] 杨顺虎. 燃气-蒸汽联合循环发电设备及运行. 北京：中国电力出版社，2003.
[17] 姚秀平. 燃气轮机及其联合循环发电. 北京：中国电力出版社，2004.
[18] 林汝谋，金红光. 燃气轮机发电动力装置及应用. 北京：中国电力出版社，2004.
[19] 刘万琨. 燃气轮机与燃气-蒸汽联合循环. 北京：化学工业出版社，2006.
[20] 清华大学热能工程系动力机械与工程研究所，深圳南山热电股份有限公司. 燃气轮机与燃气-蒸汽联合循环. 北京：中国电力出版社，2007.
[21] 中国华电集团公司. 大型燃气-蒸汽联合循环发电技术丛书：设备及系统分册. 北京：中国电力出版社，2007.
[22] 中国华电集团公司. 大型燃气-蒸汽联合循环发电技术丛书：性能试验分册. 北京：中国电力出版社，2007.
[23] 武学素. 热电联产. 西安：西安交通大学出版社，1988.
[24] 刘德昌. 流化床燃烧技术. 北京：中国电力出版社，1995.
[25] 毛健雄. 煤的清洁燃烧. 北京：科学出版社，1998.
[26] 徐文渊. 天然气利用手册. 北京：中国石化出版社，2002.
[27] 路春美. 循环流化床锅炉设备与运行. 北京：中国电力出版社，2003.
[28] 衣宝廉. 燃料电池——原理·技术·应用. 北京：化学工业出版社，2003.